U0394203

纺织服装高等教育“十四五”部委级规划教材

中国化妆史

李　芽　著

東華大學出版社
·上海·

图书在版编目（CIP）数据

中国化妆史 / 李芽著. -- 上海 : 东华大学出版社,
2024.10. -- ISBN 978-7-5669-2379-0
Ⅰ. TS974.1-092
中国国家版本馆CIP数据核字第2024SL4774号

策划编辑：陈　珂
责任编辑：高路路
版式设计：上海程远文化传播有限公司
装帧设计：上海雅昌设计中心

中国化妆史
ZHONGGUO HUAZHUANGSHI

著：李　芽
出版：东华大学出版社（地址：上海市延安西路1882号 邮编：200051）
出版社网址：http://dhupress.dhu.edu.cn
天猫旗舰店：http://dhdx.tmall.com
营销中心：021-62193056 62373056 62379558
印刷：上海雅昌艺术印刷有限公司
开本：889mm × 1194mm 1/16
印张：14.5
字数：353千字
版次：2024年10月第1版
印次：2024年10月第1次印刷
书号：ISBN 978-7-5669-2379-0
定价：98.00元

线上配套资源

《中国化妆史》配套视频课程资源，可扫码在线观看，在线客服一对一答疑，学习社群互动分享……更多丰富精彩的内容，等你来发现！

微信扫码 立即听课

添加客服 在线答疑

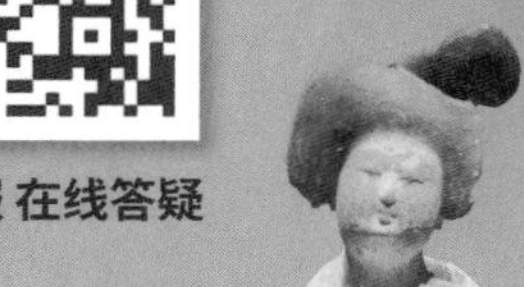

《中国化妆史》视频课程

亮点特色

1 学术性 具备完整的学术体系，第一次完整梳理中国化妆通史

2 跨度大 横跨万年历史，自新石器时代至2020年

3 涵盖广 涉及历史上的生活化妆、舞台化妆和艺术化妆三个门类

4 国粹美 详细讲述了中国戏曲化妆的俊扮、丑扮和净扮的历史及文化

5 图谱化 结合妆容复原和文物资料，编辑了第一部完整的“中国历代妆容图谱”

6 趣味性 遍览历代妆品、妆具，深入了解中国历代“妆”文化

视频课程目录

前　言

化妆，从狭义上来讲，是指用脂泽粉黛等化妆品修饰容颜，以满足人们对容貌美的诉求，也就是我们通常所讲的涂脂抹粉、描眉画眼；从广义上来讲，是指对人体肉身的修饰与塑形，其涵盖脸部、躯干、手、脚、指甲等人体部位，包括凿齿、缠足、文身、穿耳等对皮肤及肢体再造的小手术，也包括易容、图腾模仿、戏曲脸谱等带有特定目的性的化妆。

化妆根据修饰的目的不同，又分为生活化妆、舞台化妆和艺术化妆三个门类。生活化妆，是指人们在日常生活中对个人外形容貌的打扮和修饰，其主要目的是美化外观形象，这是一般人接触最多的化妆类型；舞台化妆，主要是根据剧情的需要，改变演员的外形，使之符合表演中所扮演的角色，简言之就是为了塑造角色，例如话剧、戏曲和影视剧化妆都属于这类；艺术化妆，则是指将人体通过彩绘或者塑形等手段，创作一种艺术展示品或者观念展示品的化妆，其既不是单纯为了美化，也不是为了塑造角色，而是为了表达某种艺术理念或者某种思想观念，例如人体彩绘艺术。

这三类化妆的滥觞在史前社会就已经存在，只是当时并未有像如今这般泾渭分明的场合划分，而是在生活中水乳交融的。例如原始部落出于成人礼目的或者图腾崇拜目的而进行的文身习俗，既是为了展示某种部族观念（类似艺术化妆），也会在祭祀典礼上用以娱神或者拟神（类似舞台化妆），同时也延续到每天的日常生活当中，其功能是多元的。随着中国社会步入周代，《孝经·开宗明义篇》载："身体发肤，受之父母，不可毁伤。"再加上服装的普遍穿用，裸露身体被视为不守礼法，导致需要在身体上修饰的文身和绘身，与以破坏肉身为手段的化妆（如打牙、穿鼻、穿唇等）在汉族地区不再有施展的空间，只在边疆地区有所延续，艺术化妆门类日趋式微，而以面部装饰为主的生活化妆和舞台化妆则日益兴盛。中国古代的舞台化妆主要以戏曲化妆和歌舞类化妆为主，分为花面化妆和素面化妆两种类型。花面又称"粉墨化妆"，需要用浓重和对比强烈的色彩与线条来达到夸张演员脸部造型的目的，明清成熟之后也称"脸谱"，主要用于戏曲中的丑角和净角，脸谱是戏曲化妆中最有特色的部分。素面又称"本脸""洁面"，主要用于歌舞类化妆和戏曲的生角和旦角。素面化妆是以美化演员形象为主，故又称俊扮，在清代以前，旦角演员化妆和歌舞类化妆基本一致，生角演员则是多加了髯口，清代以后随着戏曲走向精致和成熟，戏曲化妆才逐渐形成自己独有的程式，成为中国化妆史中一朵异常璀璨的花朵。为了更清晰地展示中国戏曲化妆的独有脉络，这一部分会放在十二章单独分章论述。生活化妆由于其彩妆和歌舞类化妆是互相影响的，在古代并未有明显的区分，因此在各章中会综合阐述，不再分述。

随着社会分工越来越细致，生活场景越来越丰富，化妆的三种门类逐渐有了清晰的分化。戏曲化妆在宋元时期开始和生活化妆分野，并在清代逐渐走向成熟；话剧和影视剧化妆是20世纪初才有的新事物；而人体彩绘这类艺术化妆则是20世纪晚期才在中国出现的。因此，本书的总体脉络还是以生活化妆为主线进行阐述，毕竟，生活本身才是最丰富的，舞台表演和纯艺术展示只是生活的点缀而已。

随着人们生活水平的提高和戏剧影视业的蓬勃发展，人们对于化妆的需求越来越高，对于化妆史的科学梳理也就变得越来越重要。但一直以来，对中国化妆史的研究并非显学，属于极其小众的专业领域，其主要原因是研究资料的稀少。我们知道，研究古代物质文化的第一手资料来自出土文物，其次来自典籍记载，再次来自传世绘画与雕塑中的物质造像。结合以上资料，研究者一般可以勾勒出不同时代物质形态的大致轮廓。然而，妆容是个例外，因其必须依附于人的肉身而存在，肉身一旦腐烂，妆容也就无从依附，正所谓"皮之不存，毛将焉附"。由此，妆容几乎是没有出土实物资料可以借鉴的。在典籍记载方面，历代官方舆服制度中，对于面部妆饰的提及，除了明代后妃礼服制度中作为首饰的一个门类记载——"珠翠面花"[1]之外，其他朝代无一记载。其在正史笔记、诗文小说、戏曲杂记中虽然有大量提及，描绘得天花乱坠，但大多只见其名，不知其形，真正要细究起来，又都如雾里看花一般。因此，我们只能从留存下来的人物绘画和雕塑造像中去做一些探寻。但妆容又有极其微妙的色彩变化，且不论凭借当时画师的写实水平与画材，是否能够通过绘画作品准确传达原貌，单单经历漫长的岁月侵蚀，又有多少真实能够有幸留存？汉代以前的绘画中只能大致看出人物眉形和唇形，要到魏晋才有比较可靠的面妆图像资料。但图像无声，文字无像，研究者又只有通过个人的想象与理解，为图像与典籍中记载的名称寻找一种相对合理的对应，这样一来，和历史真相的出入便很难判断了，这就是这门学科研究的不易与艰难。

尽管有无数疏漏和不确定性，但历史研究永远只能是部分的真实。因其艰难，在这方面进行尝试性的探索也就具有特殊的挑战意义。

1 （明）李东阳，等敕撰：《大明会典》，江苏广陵古籍刻印社，1989，第1088页。

目录

第一章

原始社会的化妆

一、概述

二、绘身与绘面

三、凿齿

四、黑齿

五、穿耳

六、当代原始部落的化妆：锉齿

七、当代原始部落的化妆：穿鼻

八、当代原始部落的化妆：穿唇

九、当代原始部落的化妆：文唇与画唇

十、当代原始部落的化妆：长颈

十一、当代原始部落的化妆：环腿

十二、当代原始部落的化妆：瘢痕

一、概述

据考古界考察报告，云南元谋县四百万年以前已有人类生存，并创造了早期生产工具，开始步入旧石器时代。大约在一万年前，由于人们掌握了石器磨光、钻孔等工艺技术，并进行了一系列工具改革，又跨入新石器时代。人类随着对种植、用火、饲养、制陶、缝衣、碾玉等技艺的掌握，逐渐从茹毛饮血步入男耕女织的生活，并渐渐衍生出交感巫术与图腾崇拜等宗教活动。在原始社会晚期，随着生产资料逐渐向少数人集中，贫富开始分化，化妆需求也就在这个过程中逐渐衍生出来。

化妆乍一听起来，好像是我们文明人的专利。大多数人会认为只有在满足了基本的衣食住行的基础上，才会进一步考虑化妆这种审美需求。实际上，在服饰的起源问题上，学术界普遍认为，“饰”往往是先于“服”出现的。首先，在人类目前已发现的史前服饰遗物中，主要是“饰”，而不是“服”。当然，不是绝对没有服装，只是即使发现了服装，实物也已变成了碳化物。而佩饰却因其石、牙、玉、骨等质料的坚固、耐腐，得以保留下来。但从现存的大量原始人类活化石——原始部落的人们来看，许多原始部落的男人女人，不穿衣服的情况非常常见，却几乎没有不化妆或不戴饰物的。美国赫洛克在《服装心理学——时装及其动机分析》中表述：“在许多原始部落，妇女习惯于装饰，但不穿衣服，只有妓女才穿衣服。在萨利拉斯人中间，更加符合事实。”这充分证明了化妆修饰在原始部落的人们心目中的地位要远远高于服装。

二、绘身与绘面

最古老的化妆方式，从出土文物来看，便是绘身与绘面了，它是用矿物、植物或其他颜料，在人体上绘成各种有规律的图案，代表着原始人类特殊而复杂的精神世界。中国现存最早的一批远古面妆文物，为新石器时代马家窑文化时期（约6000年前），在甘肃广河出土的三件彩绘陶塑人头像（图1-1～图1-3）。头像的面部有不同方向的规则花纹，应是绘面的具体写照。在甘肃、青海地区，由庙底沟类型基础上发展而来的马家窑、半山、马厂等文化类型中，史前绘身习俗表现得尤为明显（图1-4）。在属于仰韶文化半坡类型的人面纹彩陶盆上，其图案化圆形人面上的纹饰，很有可能也是绘面的写照，其共同特征是双目闭作一线者居多，圆睁者仅见一例，皆张口，口边和耳边对称饰两鱼或鱼尾纹，额头和鼻子以下都涂彩。而且，绘身与绘面这种人体化妆手法也广泛流行于世界各地的原始民族及当代原始部落（图1-5）。

学者何周德先生有一观点颇为新颖，他认为史前人类的绘身习俗与彩陶的兴衰有一定的关系。在陶器尚未出现的旧石器时代，绘身现象就已出现了。由于当时人类还没有发明衣服，仅用兽皮或树叶等局部遮体，日常身体大部分裸露于外。原始人类或为了防止蚊虫叮咬，或为狩猎时的伪装，或为宗教祭祀，或为节庆，常常在身体上涂上颜料或画出一些图案，久而久之，便形成一种绘身习俗。到了新石器时代，随着陶器的发明，人们自然而然地便将以

图 1-1 （半山）人头形器口彩陶瓶上保留的绘面形象（甘肃广河出土）[1] ∧

图 1-2 （半山）人头形器口彩陶瓶上保留的绘面形象（甘肃广河出土）[2] <

图 1-3 绘面彩陶人头[3] <

图 1-4 （半山）人头形器口彩陶瓶上保留的绘面形象[4] >

图 1-5 埃塞俄比亚卡罗部落（Karo）的绘身 ∨

往熟悉而常用的一些绘身图案绘在了陶器上，可以说，陶器是绘身图案的另外一种载体或表现寄托形式。而且，彩陶在新石器早期刚开始出现，便表现出了较高的绘画技巧，线条流畅、手法娴熟、构图巧妙、布局合理。这也绝非短时间内所能达到的一种水平，而是原始人类在陶器尚未发明以前，经过很长时期的观摩和实践，并通过在人体上反复以绘身的方法练习，才使得早期彩陶图案具有较高的起点。如果何先生的观点是正确的话，那么一系列的人头形器的彩陶罐则是最好的例证。如在甘肃秦安大地湾出土的人头形器口彩陶瓶，人物面部虽未涂彩，而在代表人体的陶瓶腹部，则以黑彩画出了三横排大致相同的弧线三角纹和斜线组成的二方连续图案，应可看作是绘身在陶器上的反映（图 1–6）。马家窑文化出土过大量的这类人头形器口彩陶瓶，不仅脸部绘有条纹，颈部和壶体上也都绘有各种线条组成的图案，好似人体皆经绘身一般，华丽而高雅（图 1–7）。

关于史前人类绘身的原因，笔者认为主要有三个方面。其一为“驱虫说”，即为了防止蚊虫叮咬。当然，也有可能是出

1 沈从文：《中国古代服饰研究·增订本》，上海书店出版社，1997，第 7 页。

2 中国美术全集编辑委员会：《中国美术全集雕塑编 1·原始社会至战国雕塑》，上海人民美术出版社，1989，图一〇。

3 王志安：《马家窑彩陶文化探源》，文物出版社，2016，第 24 页。

4 朱勇年：《中国西北彩陶》，上海古籍出版社，2007，图 17。

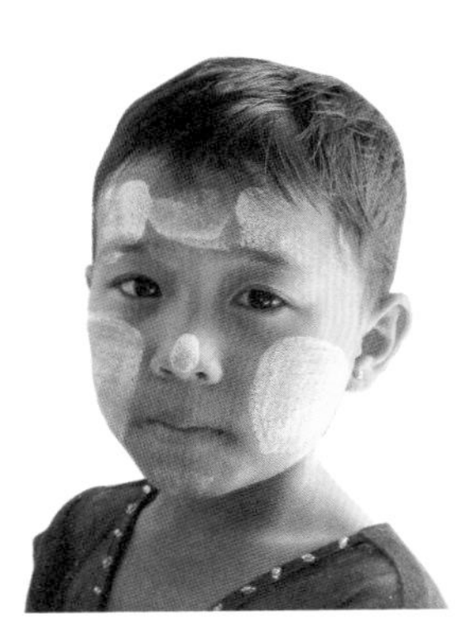

图 1-6　人头形器口彩陶瓶（甘肃秦安大地湾出土）∧

图 1-7　人头形器口彩陶瓶上保留的绘面与绘身（马家窑文化出土）∧

图 1-8　脸上涂“萨纳卡”面膜的缅甸男孩（李芽摄影）∨

图 1-9　采用绘身和插羽饰的方法来伪装人体（摘自《世界知识画报》）∨

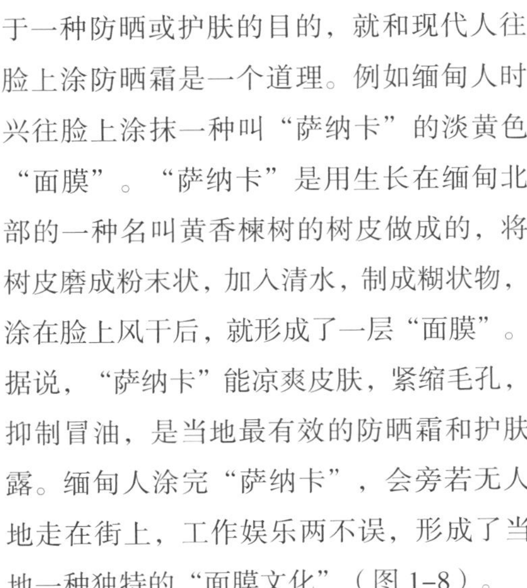

于一种防晒或护肤的目的，就和现代人往脸上涂防晒霜是一个道理。例如缅甸人时兴往脸上涂抹一种叫“萨纳卡”的淡黄色“面膜”。“萨纳卡”是用生长在缅甸北部的一种名叫黄香楝树的树皮做成的，将树皮磨成粉末状，加入清水，制成糊状物，涂在脸上风干后，就形成了一层“面膜”。据说，“萨纳卡”能凉爽皮肤，紧缩毛孔，抑制冒油，是当地最有效的防晒霜和护肤露。缅甸人涂完“萨纳卡”，会旁若无人地走在街上，工作娱乐两不误，形成了当地一种独特的“面膜文化”（图 1-8）。

其二，狩猎的需要。因为旧石器时代的人类以采集和狩猎为主要生活来源，所以狩猎在旧石器时代的人类生活中占有很重要的地位。在长期的狩猎活动中，人类积累了很多经验，其中，伪装狩猎就是一种很有效果的方法。除了在头上插羽毛，身披动物皮毛之外，人们也常常采用绘身的方法来伪装人体，以便更有效地猎获动物（图 1-9）。

其三，则有可能将绘身作为祭祀、节庆或享受殊荣的一种妆饰或标志。云南沧源岩画上画了许多表现祭祀、节庆、游戏

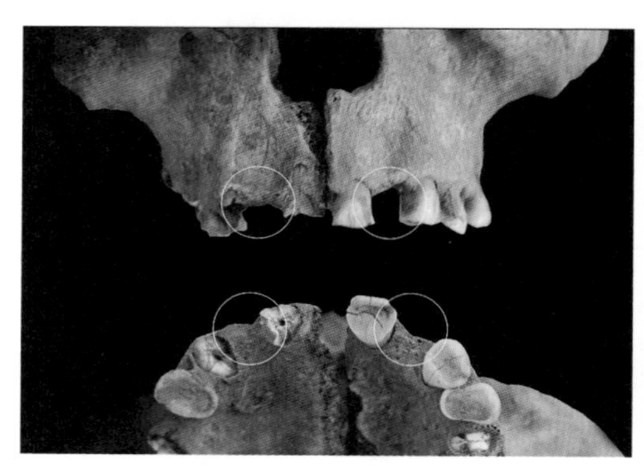

图 1-10　云南沧源岩画上原始部落的服饰形象＜

图 1-11　后李遗址中北辛文化墓葬的拔牙现象＞

等场面的剪影人物。虽然从“剪影”上不可能看到绘身的图案，但从他们头上插的羽毛和鹿角，便可判断出在他们的脸上和身上，必然应该是绘有鸟兽的纹样与之对应的（图 1-10），这一点在现存的很多原始部落中也都可以看到。如今居住在巴布亚新几内亚的乌美达人，笃信男女分别由食火鸡的骨头和血肉变成，于是他们把这种飞鸟作为供奉的图腾。每逢良辰吉日，那些受尊敬的长辈和村落首领便用木炭把皮肤涂成食火鸡的颜色，头上佩戴食火鸡羽毛并身插凤尾草，以表示自己的尊严和对祖先的敬仰。而男性晚辈们平时狩猎并侍奉长辈，此时他们尽管可以随意涂抹，但最终需扮成弓射手的模样。女性则多扮成蚂蚁，全身染成白色并绘以红黄色斑纹。他们在绘制身体时，都不注重个性的表现，而刻意追求一种群体生活的准则和意义。

原始人绘身与绘面的原因除去以上这三种之外，还有着其他许许多多可能的因素。有可能是为了吸引异性的注意；也有可能起到辨别族外婚姻的作用；在山顶洞人尸骨旁的赭石粉末，则有可能是受灵魂不死观念的影响，在人死后，遍体涂抹红色矿物颜料或撒于尸体周围，以此表示为死者注入新鲜血液，使死者死而复生，这是人类早期原始信仰的一种表现形式。

三、凿齿

根据学者对山东大汶口新石器时代墓葬部分人骨的研究，发现当地的男性和女性大多有拔牙的习俗。他们拔牙大多“是 12 至 13 岁以后，在 18 至 21 岁的一段时间，主要是青年时期。至于拔牙的牙组，大都属于上颌两侧切牙。……观察本组拔去牙的齿槽部分凹陷特别深，拔牙的方式亦可能是敲打。”此外，在山东北辛文化（前 5440—前 4310），海岱地区遗址、江苏青莲岗文化邳县大墩子遗址（前 4510），安徽亳县富庄遗址，山东胶县三里河二期龙山文化遗址（前 2410—前 1810）中，都发现有拔牙的习俗。这些遗址发现的拔牙个体的年龄为 14 岁至 25 岁，拔牙率男女均达 60% 以上，普遍拔除上颌侧门齿，也有拔除上犬齿和上中门齿（图 1-11）。

我国古代文献一般把拔牙的习俗称之为“凿齿”。如《淮南子·坠形训》一书中记载：“凡海外三十六国……自西南至东南方……凿齿民……自东南至东北有……黑齿民。”《山海经·海外南经》记载：“羿与凿齿战于寿华之野，羿射杀之，在昆仑墟东。羿持弓矢，凿齿持盾，一曰戈”。这里的“凿齿”明显是因为有特殊的拔牙习俗而得名的部落民，“黑齿”则是一种染齿的习俗。

我国古代仡佬族也有拔牙的习俗，称为“打牙”。其记载始见于宋，（南宋）朱辅著《溪蛮丛笑》记：“仡佬妻女，年十五六，敲去右边上一齿。”元代周致中撰《异域志》记：“有打牙者，谓‘打牙仡佬’。”此类记载，在后来的明、清也屡见不绝。除了仡佬族，其他，如唐代的乌武獠和赤口濮也有打牙习俗，史籍记其俗为“凿齿”“折齿”或“断齿”。如《新唐书·南蛮传》记：“赤口濮，裸身而折齿”。台湾高山族古代也有过打牙习俗，其最早记录见于三国时沈莹著《临海水土异物志》：“女以嫁，皆缺去前上一齿”。（康熙）蒋毓英修《台湾府志》记吐蕃风俗：“女有夫，去其一齿”。时至 20 世纪初，在台湾地区高山族的泰雅人、赛夏人、布农人和曹人当中，还保留着打牙习俗，就是用人工的方式把健康的恒齿去掉。打牙的年龄，一般在十二三岁至十五六岁。打牙的齿型，在布农人和曹人当中，男女青年去除的是两个门齿和两个犬齿。赛夏人女子也是去除两个门齿和两个犬齿，而男子只除去两个门齿。泰雅人男女是只去除两个门齿。

古人为什么要在年轻的时候凿齿呢？有这样几种说法。其一是“生存说”，如《新唐书·南蛮传》记载：“乌武獠，地多瘴毒，中者不能饮药，故自凿齿。”这里所记凿齿目的是在当时的瘴毒环境中求生存。其二是“崇牛说”，即一种崇拜和模仿牛的习俗。例如居住在非洲赞比西河流域的巴托卡部落，有一种为了模仿牛而拔去自己的上齿，并以此为美的习俗。模仿牛的原因是他们把牛当作神来崇拜。牛是没有上颌门齿和犬齿的。拔牙是役使牛进行耕作的人安抚耕牛的一种行为。其三是“审美说”，到 20 世纪，仡佬族已经不再有打牙的习俗，但据仡佬族老人回忆，打牙的动机是为了爱美，不打牙的青年女子会被别人讥笑说：“看她还留着两块白碑呢！”台湾地区高山族的原住民则认为前面的门齿和犬齿露出来是很难看的，不打牙的人会被耻笑为像猴子一样丑陋。其四是“婚姻说”，（乾隆）范咸修《台湾府志》记载风俗：“成婚后男女俱折去上齿各二，彼此谨藏，以矢终身不移”，明确其打牙习俗与婚姻有关。台湾地区布农人和曹人的打牙还与成年礼有关，他们当中曾经流行这样一条不成文的规矩：只有把前面的门齿和犬齿去掉，才能进入青年人的级别，有资格承担成年人的义务和享受成年人的权利。

四、黑齿

除了凿齿，上文《淮南子·坠形训》中还提到了“黑齿民”，何谓“黑齿”？《楚辞·招魂》汉代王逸注：“黑齿，齿牙尽黑”，即把牙齿染成黑色。

《山海经》是最早记载“黑齿”民族

的一部古籍，该书《大荒东经》载："有黑齿之国，帝俊生黑齿，姜姓，黍食，使四鸟。"《海外东经》载："黑齿国在其北，为人黑齿，食稻啖蛇，一赤一青，在其旁。"《山海经》明言"黑齿"为古代东方民族帝俊的苗裔，故可知"黑齿国"位居我国东部。据许多研究者所云"黑齿"在"汤谷""扶桑"之南进一步考定为山东半岛的东夷地区，即今鲁南、苏北，大致在曲阜及其周围一带。到殷商时期，又逐渐扩展到陕西、甘肃、四川及其交界地区的羌族地区。到东周时期，文献显示我国整个南部地区都有"黑齿"民族存在。春秋时期，《管子·小匡》云："南至吴越、巴、牂牁……雕题黑齿、荆夷之国。"《战国策·赵策》更确指吴国时尚"黑齿"："黑齿雕题，鳀冠秫缝，大吴之国也。"到了战国后期，《楚辞·招魂》曰："魂兮归来，南方不可止些，雕题黑齿，得人肉以祀，以其骨为醢些。"总的看来，先秦时期我国东部、东南部、西南部，在夷人、荆蛮、越人和濮人的广大地区内，都曾流行"黑齿"习俗，秦汉以后，随着汉文化的壮大和民族融合的增强，奉行"黑齿"习俗的人群便越来越少。近代，我们则仅能在西南地区及海南、台湾地区的一些越、濮裔族中，追寻到这种古俗的遗存了。

图 1-12　越南染黑齿的青年男子

远古的先民们是如何把牙齿染黑的呢？主要有两种方法。

一种是有意识的人工染齿，染齿的原料因地而异，主要取自植物、动物或矿物，染法也各不相同。汉代杨孚《异物志》明确指出"以草染齿，用白作黑；一染则历年不复变，一号'黑齿'。"近代云南的基诺族、布朗族、傣族、广西的京族和台湾的高山族等仍留有染齿遗风。高山族，张仲淳《南国漫录·水事钞》云："多以酸石榴枝及药染齿使黑。"因为石榴中含有生物碱、有机酸和大量色素，大量食用后会导致色素沉淀，出现牙齿变黑的现象。基诺族则是点燃梨木，使木烟熏在铁片上，从而制成可供染齿的黑色原料。越南的安南人中，有些妇女专门从事染齿的工作。她们把芭蕉叶切成 3 厘米大小的窄片，在叶片上捏上固齿胶，让被染齿的人仰卧张口，然后把胶粘到牙齿上。这项工作一般要在晚上进行，因为粘好蕉叶片后，染牙的人必须整夜不动牙齿，到第二天早晨才能从嘴里取出蕉叶，然后用上等安南酱油洗牙。这以后两周的时间，需要时时张口让东南风吹牙，两周过去，再以手指加一种磨牙粉擦牙，就可使满口牙齿又黑又亮（图 1-12）。

长期嚼食槟榔是造成"黑齿"的另一原因。

槟榔一经嚼食成瘾，则须臾不可离之。正如宋代罗大经《鹤林玉露》所说："岭南人以槟榔代茶，且谓可以御瘴。余始至不能食，久之，亦能稍稍。居岁余，则不可一日无此君矣。”至于上瘾之后嗜食之状，宋代周去非《岭外代答》一书有一段淋漓尽致的描写：“食槟榔以广州为甚。不以贫富长幼男女，自朝至暮，宁不食饭，唯嗜槟榔。富者以银为盘置之，贫者以锡为之，昼则就盘更啖，夜则置盘枕旁，觉则啖之。中下民一日费槟榔钱百金，有嘲广州人曰：‘路上行人口似羊。’”槟榔含有丰富的槟榔碱，食用时，除蒌叶外，必探以石灰。长期嚼食槟榔可驱除寄生虫、增进食欲、还具有提神兴奋的功效，但也可令人牙齿发黑，因其是热带、亚热带植物，故南人多有黑齿之俗。

那么人们为什么要把牙齿染黑呢？这点文献并无记载，根据近代尚存这种习俗的民族学材料，学者大致推断有以下两种原因。

一是成人的标志。从染齿时间上来看，绝大多数民族染齿是在成年至结婚这段时间施行的，具有明显的成人礼性质。成年染齿既是氏族图腾的象征，同时也意味着对族内青年男女成人资格、成婚资格以及其他一切权利和义务的正式确认。明代钱古训《百夷传》说傣族少女结婚时之所以必须染齿，“此一面断绝其少女时代自由恋爱之特权，一以示其对男夫爱情之专一。”可知结婚染齿已成为妇女带有约束性质的身饰标记。

二是爱情的衍生物。在风行嚼槟榔之俗的广大地区，槟榔历来就是人们日常生活和交际中的一种不可或缺的媒介，借以联络感情表示友谊，而久嚼槟榔，又有“齿牙尽黑”之效，“以黑齿为美”的流风余韵使嚼槟榔习俗披上一层香艳的色彩，渗入男女的恋爱、婚姻生活之中，从而成为爱情和幸福的象征。因此，在黎族、基诺族、傣族等民族中，槟榔演化为爱情的信物。《崖州志》记海南俗重槟榔：“婚礼纳采，用锡盒盛槟榔，送至女家。尊者先开盒，即为定礼，谓之出槟榔。凡女受聘者，谓之吃某氏槟榔。”求婚聘礼一般有“两块光银、两串槟榔干”，等等。现在广西龙州一带壮族妇女仍时尚嚼槟榔，有些地方结婚聘礼中，槟榔仍是必须赠送的礼物。[1]

学者龚维英认为：黑齿习俗是对凿齿的改进与发展，是某些原始族类的初民及其绵延后世的胤裔的一种文化进步的标识。在极其简陋的医药、手术条件下，凿齿的痛苦是可以想象的，有时甚至有生命危险。但民俗一经形成，都有经久不变的传承性，是不可能轻易改变的，于是用黑齿代替凿齿作为一种变通。黑齿使牙齿在别人的视觉中泯灭无迹，给别人以已经打掉牙齿的感觉；而自己又免去拔牙的苦痛，是一举两得的方法。[2]

五、穿耳

穿耳，即在耳朵上打洞，并穿挂饰物的一种化妆方法。

穿耳之俗在中国起源于何时，史籍中并没有明确的记载。但至少在新石器时代，先民们就已经用穿耳戴饰来美化自己了，

1　唐星煌：《“黑齿”管窥》，《东南文化》1990年第3期。

2　龚维英：《关于〈“黑齿”管窥〉的通信》，《东南文化》1991年第8期。

图 1-13 薛家岗文化玉人（安徽含山县凌家滩出土，安徽省文物考古研究所藏）

且不分男女。出土的耳部穿孔人俑是史前人佩戴耳饰的一个直接证据。如安徽含山县凌家滩出土的一中年男性玉人，高 8.1 厘米，厚 0.5 厘米，除了有层层的手镯之外，他的两耳都有穿孔（图 1-13）；甘肃天水蔡家坪出土的一个陶塑女头像，蒙古人种的特征十分显著，似正在张口歌唱，她的双耳耳垂部位也有穿孔，据考古工作者研究，这是新石器时代仰韶文化时期的遗物，至今已有 5000 年的历史。同一时期的还有甘肃礼县高寺头村仰韶文化遗址出土的陶人头，甘肃秦安寺嘴村出土的人头形器口陶瓶等，他们的耳垂上都穿有耳孔，这些人耳上的小孔显然是穿挂耳饰用的，这样的例子在新石器时代的人物形象中并不少见。

穿耳戴饰在史前具有彰显财富的功能，也是身份、地位和等级的象征。象玦这类耳饰还具有生殖崇拜的意义。

由于原始社会离我们今天实在是太遥远了，虽然，随着考古工作的深入，挖掘出的文物越来越多，但有关人物形象的文物却极其有限。而且，因为大多数的岩画与器物上的人物形象都只是一些人物的剪影，考察化妆几乎是不可能的。再加上原始社会时期时还没有产生文字，没有第一手的资料可供研究，只能依据后世的神话与传说来展开想象，这就给化妆史的研究带来了很多难以逾越的障碍。但是，我们探索艺术起源的途径除了从史前考古学角度对史前艺术遗迹进行分析研究之外，还有一个很重要的资料获取来源就是当代原始部落，因为他们的社会发展阶段和原始社会比较接近，所以他们的生活方式和文化观念具有很重要的参考价值，在化妆领域也不例外。从现存的大多数原始部落来看，他们化妆的手法无奇不有，只是他们的化妆观念与现代人有着很大的不同，大多是出于实用的需求。

六、当代原始部落的化妆：锉齿

在对牙齿的修饰上，除了凿齿和黑齿之外，还有锉齿。所谓锉齿，就是指把牙齿用锉刀锉成他们想要的形状。例如老挝的卡族人有一个分支，讲究在小时候就用铁锉把牙锉齐，认为只有这样才美观。印度尼西亚的巴厘岛居民，也讲究把牙锉齐，不过不是在儿时，而是在结婚仪式上。巴厘岛居民相信，一口长短不齐的牙齿，尤其是有突出的犬齿，象征着人身上带有兽性，必须把它锉齐，否则来世只能变成狗。印度尼西亚的加里曼丹岛居民则有把牙锉尖的传统（图 1-14）。非洲的玛孔德老人则讲究把门牙锉成锯齿状；班布蒂人习惯把门牙锉得尖尖的；卡姆巴人讲究锉尖上门牙，去掉两个下门牙；巴库图人讲究把门牙锉齐；丁卡人、马夸人和南迪人讲究锉尖上门牙，锯掉下门牙。

图 1–14　印尼加里曼丹岛的居民有文身并把牙齿磨尖的习俗

关于热带人锉牙的原因，其说法不一。有的民族认为锉牙是为了追求美，有的民族认为是为了驱除兽性。人类学家则认为，锉尖牙的习俗明显起源于原始人类吃生肉，后来慢慢演化成一种审美追求。

七、当代原始部落的化妆：穿鼻

穿鼻，是指在鼻子上穿孔并佩挂饰物的一种化妆方法。有的从鼻翼处穿孔，有的则是从鼻中隔穿孔。

生活于印度尼西亚的安斯马特部落，他们就喜欢在鼻梁上穿孔，并悬挂漂亮的贝壳。印度人认为首饰比服装重要，所以已婚妇女多在鼻翼上穿孔来佩戴鼻环，鼻环大都由金银制成，这是彰显财富的一种方式。在尼日利亚的坎巴里部落，大部分妇女使用长约 6 厘米的白色小棍，从鼻子下端横穿而过，小棍的两头从两侧鼻孔伸出，同时在下唇与下巴之间也伸出一根同样粗细的小棍，这些饰件穿肉而过，很容易使人想到初生的象牙。巴布亚新几内亚的高地人，把穿鼻作为男孩的成人礼，以此获得部落中成年人的权力和义务，在这个典礼上，男孩必须在鼻翼上穿孔，然后以小树枝插入，再将野猪牙或鸟爪等佩饰品从孔中穿过，男孩能够忍受穿鼻带来的剧痛，这说明他已经成熟了。鼻子上除了穿孔戴饰，还有戴鼻栓的。比如印度北部有一个叫作阿帕塔尼的部落，那里的女性在成年后会做一件事，就是在两侧鼻翼嵌入木质鼻栓，据说这样做的目的是让自己变丑，以防止遭到其他部落的劫掠（图 1–15）。

八、当代原始部落的化妆：穿唇

穿唇，是指在嘴唇上穿孔并佩戴饰物的一种化妆方法。在非洲和南美的原始部落比较常见。

例如非洲莫桑比克境内的马科洛洛人，女子都要在自己嘴唇上穿上 1 至 2 个孔眼，以挂上金属环，当地人认为，男人有胡须而女人没有，因此，女子穿唇是为了达到精神上的满足（被认同，被赞美，不受歧视）。位于南美巴西的博托库印第安人中，

他们从幼年起就把耳垂和下唇刺穿，插进一个小木塞，以后逐渐换成较大的木塞，使刺穿的孔眼越来越大，直到达到合适的程度而止，然后就在孔眼内嵌进一块名叫“博托卡”的圆形软木片作为饰物，为了让木片放得稳固，他们往往还要敲掉 1 至 2 个门牙。东非北部埃塞俄比亚的苏尔马人（Surma people），成年时就用刀把下嘴唇和下巴割开，并把嘴唇用橡皮筋那样有弹性的东西拉长，再拉圆，然后用一个木盘撑着（图 1–16）。与南美印第安人不同的是，这个木盘不是唇饰全部，日后还会戴上金的或铜的链子。

这种在我们看来奇怪的妆饰，在他们的眼中却是美的，而且撑得越大越美丽。追究其用意，一是防止恶灵附身，建立本部落的文化标记，以避免与外族通婚，保持本部落血统的纯净；二是不易成为邻邦掳掠的目标。非洲的奴隶交易在 16 世纪渐趋扩大，而有唇盘的人则因为找不到买主而幸免于被掳之祸。从此，戴唇盘的族群愈来愈多，唇盘的尺寸也逐步增大，尤其在最常被奴隶贩子掳掠的地区里，戴大唇盘的人格外的多。这些地区的美色标记也就集中在唇盘的尺寸上了，而且女性尤其讲究戴大唇盘，这恐怕也是防止妇女被其他部落或侵略者性侵犯的手段之一。

图 1–15　印度阿帕塔尼部落女子的鼻栓 <

图 1–16　埃塞俄比亚的苏尔马人的唇盘 >

九、当代原始部落的化妆：文唇与画唇

文唇是文身的一种，即将嘴唇文刺成黑色。画唇即在嘴唇上画画，以表达某种思想观念。

日本的伊努族（Ainu），是日本北方的一个原住民族群，女性保留着很有特色的文唇传统，她们会把自己的嘴唇及周围的皮肤文成一个菱角的造型。当地的涂灰婆会用锋利的小刀，麻利地在女孩的嘴唇上割出一道道口子，然后用艾蒿蘸上锅底灰擦干流出的血并涂在刀口上，数日后，刀口愈合，锅底灰浸入唇内，两片黑黑的嘴唇便文成了，他们认为这是美的标志。按当地习惯，女孩子从 7 或 8 岁开始，一直到结婚，要接受三次锅底灰文唇术（图

图 1-17　日本伊努族女性的文唇

1-17）。

西非贝宁的贝西拉人则有一种唇画艺术，唇画是用一种很柔软的鼠须笔，蘸上颜料，精心地在嘴唇上勾画图画。唇画的内容可以十分丰富，有神话传说，也有宗教题材的故事。唇画内容的选择，往往是根据被画者的年龄及身世特点决定。如老年人一般都画长寿、养生、爱抚等方面的内容和与此相关的故事；未婚男女一般画纯洁的爱情故事；老年寡妇通常只画滚滚的流水，表示年华已去；而年轻的寡妇，则画月下的花卉，表示虽然死了丈夫，但仍然可以祈求获得幸福。用来画唇画的青珈粉调料，黏着力特强，一般每画一次，可以保持一两个月。

十、当代原始部落的化妆：长颈

长颈，是指通过逐渐增加套在颈部的金属环数量，人为地拉长脖子的一种装饰手法。当然，金属环本身也是一种装饰。

长颈风俗留存最典型的民族是缅甸的一个少数民族喀伦族（Karen）的一支巴东族（Padaung），这里女性在五六岁开始就在脖子上套铜项圈，逐年增加，直至把脖子拉长。戴铜项圈的过程并不复杂，女孩的脖子经过几个小时的推拿按摩之后，就有精通此道的人在其脖子上缠上铜圈，铜线截面直径可达 1.5 厘米。这个仪式完成后，女孩的家人要请全村人一起来热闹庆祝一番。此后的几个月里，女孩要一直戴着那些铜圈，等脖子适应了这些铜圈后，再换成更紧的铜项圈，而且要多加上几只。据中国《珠海特区报》文字报道和照片显示，巴东人中 33 岁的三子之母默塔是村里最美丽的女人，因为她具有世界上最长的脖子，戴有 42 个铜、银和金圈，具有 55 厘米的长度。这些项圈借助锁骨的支撑拉长脖子，直到女孩长到青春期、身体完全定型为止。由于铜圈平均重量有 5 公斤，所以巴东族女子的脖子并不是真的被拉长，而是肩部被这沉重的铜环给压低了（图 1-18）。

她们为什么要拉长脖子呢？文献并没有记载。有人说巴东族女人这样打扮是为了使自己看起来像长颈龙，这种龙被巴东

族人视为天地万物之父；还有人说，巴东族男人是故意把自己妻子的脖子弄长的，为的是不让她们被敌对部族掳走；还有一种说法是巴东族人相信他们的祖先，男人是龙，女人是凤，因此，他们转世为人也还是要追求做龙做凤，于是给女人的颈上套上铜环，直到将颈项脊椎骨拉得畸形变长为止，这种长而微微前倾的颈项，确实有点像鸟类，再加上她们在手臂和小腿上也套了一圈圈的铜环，走起来的姿态确实有点像凤凰腾飞。

十一、当代原始部落的化妆：环腿

环腿，是指在脚踝部戴金属环或者金属护腿的一种装饰方法。

居住在扎伊尔西北部热带密林地区的巴库图人，讲究妇女要有一副铜护腿。只要丈夫付得起钱，就会请来村庄中的铁匠，用黄铜片将妻子的脚踝至膝盖的腿部包裹起来，然后铆焊得结结实实。只要丈夫健在，这个铜护腿就要一直戴到女子死去。如果该女子的丈夫先死了，就会有村庄中的铁匠奉命前来砸开她的铜护腿。一副铜护腿有5公斤重，焊上它以后，明显影响了女性的腿部发育。而一旦被除掉以后，女性的整个腿部肌肉因已经失去弹性，需要别人搀扶才能站立起来，女子可依靠拐杖勉强行走，经过一段时间锻炼，才能基本恢复正常。

巴库图女性为什么要戴铜护腿呢？一是因为铜片锃光闪亮，戴上非常美丽；但最重要的原因是巴库图部族是一夫多妻制，只有受丈夫宠爱的妻子，丈夫才愿意拿出巨款为她打造令人羡慕的铜护腿（图1-19）。

十二、当代原始部落的化妆：瘢痕

瘢痕，作为一种化妆方式，是指皮肤经过创伤后留下一种凸起的痕迹，借此进行皮肤雕塑的一种方法，通常在深色皮肤人种中使用。

英国人罗伯特·路威在《文明与野蛮》书中写澳洲人时说：“皮色较黑的民族，文身不显，就在身上制造瘢痕。……他们用红土在孩子的胸前画些线条，沿着这些

图1-18 缅甸巴东族女子的铜项圈（李芽摄影）<

图1-19 扎伊尔巴库图女性的铜护腿 >

图 1-20　苏丹努巴地区土著的瘢痕

线条用石刀割皮肤，血出方止。然后把沙土、油、鸟羽等塞进创口。”用皮肤愈合后凸起形成的花纹来作为一种皮肤化妆，类似浅肤色人种的文身。《文明与野蛮》中还说道：“西部非洲的黑人用木炭画些十字形、三角形和星形，然后刺破皮肤使成此式，并用各种刺激物使疤痕加深。”刚果的尤利克兰巴妇女，身上都有瘢痕，甚至太阳穴上还有一个牡蛎形的瘢痕。恩贡贝人的头人，用刀在面部割许多伤口，再塞入刺激性的物品，使其长出许多肉瘤，这些肉瘤做工精细，排列整齐，可以组成许多图案。用瘢痕装饰的身体既可以吸引异性，也显示了自己极强的忍耐力与执行力，在部族中这是受人尊敬的一种方式（图 1-20）。[1]

原始部落的化妆术可谓千奇百怪，除了以上介绍的种种，还有头部塑形、指甲文刺、束腰、髡发等。总体来讲，在人类童年时期，尚属处于争取最低生存条件的阶段，化妆对于原始人和当代原始部落来说并不仅仅是作为纯粹的对美的追求，而是被当作有明确用途的东西。其或为生存，或为了吸引异性用于繁衍，或为了彰显财富，或用于成人的标志等。总之，对于原始人来说，重要的不是他们的化妆按照我们的标准看起来美不美，而是它能不能“发挥作用”。我们学习化妆史，学习的也并不是一部技术和技艺的发展史，而是一部思想和观念的演变史。从一开始就了解这一点，是非常必要的。

课后思考

1. 中国原始社会的化妆依据文物和文献的证据，有哪几种形式？
2. 当代原始部落都有哪些化妆形式？和我们当代日常化妆的主要区别是什么？
3. 原始社会和原始部落的人们化妆的主要诉求是什么？

1　华梅：《人类服饰文化学》，天津人民出版社，1995。

第二章

夏商周的化妆

一、概述

夏商周（包括西周和东周）三代是我国奴隶社会由开始走向灭亡，并过渡到大一统社会的历史时期。这期间自夏朝建立至前221年秦始皇统一中国，共历时近1800年之久，是华夏文化形成的非常重要的起始阶段，也是中国古典文化的最初基石。

《礼记·表记篇》记载孔子言论：夏代尊命（天命），畏敬鬼神，但不亲近，待人宽厚，少用刑罚，夏俗一般是蠢愚朴野不文饰；商代尊神，教人服事鬼神，重用刑罚，轻视礼教，商俗一般是掠夺不止，求胜无耻；周代尊礼，畏敬鬼神但不亲近，待人宽厚，用等级高低作赏罚，周俗一般是好利而能巧取，文饰而不知惭愧，作恶而能隐蔽。因此，我们说夏文化是一种尊命文化，商文化是一种尊神文化，而周文化则是一种尊礼文化。

中国化妆史，在盘庚迁殷以前，缺乏可信的史料。但商代出现的甲骨文中，便已有“𡜊”字，右边是一张竖起来的“床”之象形，左边则是“女”的象形，意思是女人起床后便要梳妆（图2-1）。可见，商人便已有相应的梳妆习俗，而这里的妆多半是狭义的特指，并且主要是女性所为。但甲骨文毕竟晦涩难懂，从文物遗存上看，商代除了由原始社会绘身习俗发展演化而来的文身和穿耳形象尚可见到外，其他的妆容元素几乎无从稽考。

周朝尚文，长时期积累起繁复的礼制，而人物的衣冠服饰便是承载礼制的一个非常重要的方面。周代的礼文化要求人要“正容体，齐颜色，顺辞令”[1]，一方面使得服装开始日益考究，发展出一系列繁缛的礼服制度，这使绘身、文身等需要大量裸露皮肤的化妆手段没有了用武之地，同时《孝经·开宗明义章第一》中便写道：“身体发肤，受之父母，不敢毁伤，孝之始也。”该书虽然成书于秦汉之际，但内容来自孔子“七十子之徒之遗言”，说明禁止毁伤肌肤的观念是传承自周代，这也使得原始社会那些需要通过在肉身上穿孔、拔牙、染齿等破坏肉身原初性的化妆手段也在中原汉族地区迅速绝迹，只在边陲少数民族地区还有余续；另一方面，儒家强调“美”和“善”的统一，追求“文质彬彬，然后君子”[2]。因此，人物以美为诉求的妆容修饰开始精致考究起来，敷粉施朱点黛这类我们如今耳熟能详的化妆手法逐渐风行。可以说，自周代开始，中国化妆史进入了一个崭新的纪元。

二、文身与文面

文身，又名镂身、扎青、镂臂、雕青等。文面，又名绣面、凿面、黥面、黵面、刻额、雕题、刺面等。两者都是用刀、针等锐利铁器，刻画在人体的不同部位，然后涂上颜色（多为黑色），使之永久保存。

文身习俗是由绘身发展演化而来的，因为绘身的方法不能使图案长期地保留于人体的皮肤上。劳动时挥汗、日晒雨淋，

1 摘自《礼记·冠义第四十三》。
2 摘自《论语·雍也》。

图 2-1 “妆”的甲骨文

就连休息时的摩擦，都会使文身的颜色减退、模糊或消失。经过长期的生活实践，也许是在偶然的劳动或打斗中损伤了身体，绘身的颜料与血色素发生化学作用，伤口愈合后便留下了刺文的效果，从而使原始人类掌握了文身的经验。文身习俗究竟源于何时，无从考证，在现存的原始部落中，文身、文面的现象比比皆是。之所以把文身放在夏商周一章，其一是由于绘身与文身理论上来讲是有前后承代关系的，其二则是有关文身的文献最早见于夏朝。

据《汉书·地理志》载：粤（越）地，“其君禹后，帝少康之庶子，封于会稽，文身断发，以避蛟龙之害。”《三国志·乌丸鲜卑东夷传》记倭水人习俗说：“男子无大小皆黥面文身。……夏后少康之子，封于会稽，断发文身以避蛟龙之害。今倭水人好沉没捕鱼蛤，文身亦以厌大鱼水禽，后稍以为饰。诸国文身各异，或左或右，或大或小，尊卑有差。”《礼记·王制》中有“东方曰夷，被发文身”，“南方曰蛮，雕题交趾”。从这三则记载可看出，最早在夏代便已有文身与文面之俗了，多见于东南沿海地区，主要是东夷到百越这一广阔地域。

《史记·吴太伯世家》中记载周太王欲立小儿子秀历以及孙子昌为自己的继承人，于是他的另外两个儿子“太伯、仲雍二人乃奔荆蛮，文身断发，示不可用，以避秀历”。这段虽讲的是商周之际同族内部王位继承问题，但由此我们却可知道在周初，长江下游的太湖流域以及宁绍平原一带的所谓“荆蛮”仍然保存着文身的习俗，而在中原开化之区这种习俗已基本消失了。先秦诸子对文身习俗都屡有记载，如《战国策·赵策二》说：“被发文身，错臂左衽，瓯越之民也；黑齿雕题，鳀冠秫缝，大吴之国也。”西周之后，楚国势力不断向南扩大，华夏族蓄发冠笄的礼俗亦随之向南发展，“断发文身”之风迅速向南缩小分布地域。春秋时期，以周礼为代表的华夏族文化进一步向东发展，东夷族接受华夏的周礼文化，遗弃“断发文身”之俗，也改行蓄发冠笄的礼仪。到了战国

时期，只有南方地区百越民族还保留这一习俗。其中文面习俗至今还保留在海南黎族和云南独龙族女性中，其在古时都属于百越地区。宋人周去非在《岭外代答》一书中记载："海南黎女，以绣面为饰"，黎女的文面大多是用点和线组成的各种图案，相对比较简洁，独龙族女性的文面图式以蝴蝶纹为主，也有的像男子下垂的胡须，相比于海南黎女更显复杂与繁琐。《新唐书·南诏传》载："在云南徼外千五里，有文面濮。"便特指独龙女的文面传统。独龙人认为人的亡魂最终将变成各色的"巴奎依"——一种大而好看的蝴蝶，只有文面，死后才能与自己的灵魂相认。这大概是关于文面来由的最美丽的传说了（图 2–2）。

商代文物中有不少文身人的形象：如安阳发掘出土的"满身刻纹半截石像"；湖北荆州出土的战国"大武铜戚"上有全身刻鳞纹的人像；殷墟妇好墓出土的玉人上也刻饰几何纹和蛇纹（图 2–3）[1]。此外，湖南宁乡出土的两件商代晚期《虎吞人卣》，虎所抱人物皆断发、穿耳、全身文刺（图 2–4）[2]。周代文物中文身人的形象也很多见，如广东清远西周遗址出土的青铜车舆立柱，人首额部黥首；陕西宝鸡出土的西周中期车具，其上浮雕人物四肢黥刺带纹，两肩刺有尾部相对、彼此回首相望的双鹿，可能是当时西北地区鹿族的文身形象。另外在浙江湖州埭溪出土一件春秋时期的青铜鸠杖杖镦，镦末端有一跽坐俑，全身除面部和大腿以下空白之外，几乎满布纹饰，如紧身衣一般，疑是文身习俗的表现（图 2–5）。

那么人们为什么要文身呢？学术界中最流行的观点是"保护说"，即文过龙蛇纹样的身体可以向鱼龙示以同类或同代，求得鱼龙的谅解与宽恕，"以像龙子者，将避水神也"（汉·刘向《说苑》）。此外还有"图腾说"，学者们认为，越人在身体上黥龙或蛇等花纹，反映了他们的图

图 2–2　独龙族女子文面 ∨

图 2–3　商代晚期文身人物形象（河南殷墟妇好墓出土）<

图 2–4　《虎吞人卣》中的断发文身人物形象（湖南安化县出土，日本泉屋博物馆藏）>

1　杨伯达：《中国玉器全集》，河北美术出版社，2005，第 145 页。

2　吕章申：《海外藏中国古代文物精粹：日本泉屋博古馆卷》，安徽美术出版社，2016，第 127 页。

图 2–5　春秋时期青铜鸠杖杖镦跽坐俑，浑身纹满纹饰（浙江湖州埭溪出土）<

图 2–6　《古今图书集成》中的苗族黥纹 >

图 2–7　文臂的傣族男子（李芽摄影）∨

腾崇拜。闽越人为“蛇种”，蛇是他们心目中的保护神；哀牢夷为“龙种”，“种人皆刻画其身，象龙文”（清·王先谦《后汉书集解》）。文身可让他们从鱼龙图腾中汲取力量，鼓起克服困难、取得胜利的信心和勇气。再如“尊荣说”，《淮南子·傣族训》说，越人文身，“被创流血，至难也，然越为之，以求荣也。”还有“成人说”，即把文身，文面当作一种成人仪式，以能忍受文身所带来的痛楚作为成人的标志，以取悦异性。如苗族男子，在中华人民共和国成立前还以黥面方式去取悦女性（图 2–6）。苗语称成年男子为 bud nios，即画花脸的雄性；英俊的小伙子，苗语叫作 vnt nios，即好花脸，现在仍流行于苗乡的婚嫁仪式给男子“打花脸”，可能就是文面习俗的变异。[1]这种习俗在傣族也存在着，傣族是男女皆文，而以男性为主，且一般都要在结婚前完成。傣族文身除了拥有辟邪保命、族群标志等功能外，富有性吸引力也是一个很重要的原因。男子文了身，更容易得到女人的爱（图 2–7）。当然，还有一种学说即为“妆饰说”，即以文身，文面为美。

三、中原素妆

周代，开辟了中国化妆史一个崭新的纪元。由于周代的文学，哲学和史学都异常发达，因此有大量丰富的文献资料可供参考，为妆容的研究提供了许多宝贵的资料。从某种意义上来说，中国化妆史从周代才算正式开始。眉妆、唇妆、面妆，以及一系列的妆品，诸如妆粉、面脂、唇脂、香泽、眉黛等，都可以在文献中找到明确的记载。在考古方面，虽然出土了一些彩绘俑和帛画，但能够考察到妆容信息的还非常有限。因此，周代的妆容研究更多的是依据对文献的解读。

中国地大物博，文化很难一以概之。以地理区域为界分，我们可以把周代女性

1　戴平：《中国民族服饰文化研究》，上海人民出版社，2000，第 17 页。

分为北方的中原女性和南方的楚地女性。中国最早的诗歌总集《诗经》中所描述的便主要是生活在黄河流域地区中原女性的形象。

周代是一个尚礼、尚文的朝代，此时人们把女性的内在美，即女性的才能、智慧、精神以及符合社会礼仪、道德规范的修养和美德，称为德；把女性的外在美、形体美、容貌美称为色。以孔孟为代表的儒家，虽然强调德与色的统一，但当德色冲突时，则强调重德轻色，提倡“以礼制欲”。《诗经》开篇第一首《关雎》即云“窈窕淑女，君子好逑”。《方言》有道“美状为窈，美心为窕”。《毛传》云“淑，善”，即善良为淑。可见，《诗经》对女性审美注重的是内外兼修。而且，外在美只有在内在美具备的前提下才是值得欣赏和赞美的。

那么，《诗经》中推崇的女性外在美是什么样的呢？基本是以健康自然，清新素朴，不着雕饰的素妆为美。这也和当时的社会发展阶段及哲学思潮有关。以老庄为代表的道家便提倡以自然无为为本，“法天贵真”，推崇天然美，赞赏“大巧若拙”“大朴不雕”，以个体人格和生命的自由为最高的美，提倡在形体上保持天然，反对雕饰。法家也不注重修饰，他们从功利出发，认为过分修饰，反而达不到目的。《诗经》中描写美人的典范篇章便是《卫风·硕人》，这是一首赞美卫庄公夫人庄姜的诗：

“硕人其颀，衣锦褧衣……手如柔荑，肤如凝脂，颈如蝤蛴，齿如瓠犀，螓首蛾眉，巧笑倩兮，美目盼兮！”

从诗文来看，“手如柔荑”是形容手指柔软而纤细；“凝脂”指的是遇寒而凝为白色的动物油脂、“蝤蛴”指的是长于木中白而长的天牛幼虫，此二者都是在吟咏庄姜白皙而有弹性的皮肤。“齿如瓠犀”是形容庄姜的牙齿如瓜中之子般洁白而排列整齐；“螓首蛾眉”是形容庄姜额头宽广，双眉弯曲纤长。“巧笑倩兮，美目盼兮”则指的是庄姜的妩媚之态，脸上笑意盈盈，双目顾盼流离。全文讴歌的是庄姜“清水出芙蓉，天然去雕饰”般的自然天成之美，并没有涉及任何化妆修饰的内容。

《陈风·月出》描写的女性和庄姜又有所不同，其甚至没有关注任何容貌的细节：

月出皎兮，佼人僚兮，舒窈纠兮，劳心悄兮！月出皓兮，佼人懰兮，舒忧受兮，劳心慅兮！月出照兮，佼人燎兮，舒夭绍兮，劳心惨兮！

全文塑造的是一个体态轻盈，神态雅静的女性形象，犹如曹植的洛神般翩若惊鸿，婉若游龙，关注的是美人的仪态与神情之美，也并无一字提及化妆修饰。包括《周南·桃夭》里提到女子之美，称其“桃之夭夭，灼灼其华”，也并不关注女子的具体容貌，而是歌咏待嫁的姑娘如艳丽的桃花一般，青春逼人，充满生机。因此，我们可以说，《诗经》中所歌咏的中原女性，情态重于容貌，风神重于妆容，基本是素脸朝天的素妆，追求一种清新自然的天趣之美（图 2–8、图 2–9）。[1]

1 湖南信阳地区文管会，光山县文管会：《春秋早期黄君孟夫妇墓发掘报告》，《考古》1984 年第 4 期。

图 2–8　先秦素妆复原（模特：张常宁；化妆造型：吴娴、张晓妍；设计：李芽）∧

图 2–9　春秋黄夫人孟姬发型复原图 ∨

如图 2-9 所示，墓主为 40 岁左右的女性，头发保存完好，梳偏左高髻，发髻上插着两个木笄，其中一个木笄有玉堵。

四、南楚彩妆

先秦时期的楚国主要位于长江流域以南。钱锺书先生在《管锥编》中曾经这样描述：和中原女子“淡如水墨白染”不同，大凡楚国漂亮的女子，无不如“画像之渲杂丹黄”[1]。钱先生可谓一语中的，和《诗经》中女性“以德为美，素妆风行”的审美趣味不同，南方楚女的审美是以“错彩镂金，浓妆艳抹”的彩妆为特色。

《诗经》中所描绘的女子大多是为人女，为人妻，为人母的良家妇女，而战国末期的《楚辞》则以浪漫主义的手法反映了另一类女性之美，即女神、女巫、歌妓、舞女等优伶或神化的女性。因为他们脱离了生产劳动，也没有繁育后代的现实需求，带有虚幻的神秘色彩，所以《楚辞》中的女性，在外貌形体上多趋向于娇小、柔美而纤弱。在服饰上，《楚辞》中的巫女、神女因其强烈的神性特点，常穿着色彩鲜艳的衣物并偏爱以各种香草装饰自己，以此凸显她们极具奇幻色彩的美。如“被薜荔兮带女罗”“被石兰兮带杜衡”的山鬼；“荷衣兮蕙带，儵而来兮忽而逝”的少司命等，浓墨重彩地塑造了一个又一个“香草美人”的形象，显得格外华美动人（图 2-10）。

之所以楚地女子的华美如此有别于北方的素朴，这和楚地巫风炽盛有直接的关系。楚人“信鬼好祠，巫风甚盛”，此为史家所公认。而早期的崇拜活动中，仪式是起根本性作用的，巫术仪式常需装饰得色彩斑斓、错彩镂金，用以象征隆重吉祥，而这直接影响了楚地在艺术、美学的建构中追求雕饰及艳丽的美感。此外，楚地的炽盛巫风中，又有着强烈的女性崇拜意识。楚地地处南国，学术思想尚阴柔，滋于此地的春秋时期的《老子》即主张柔弱胜刚

图 2-10　明末清初萧云从版画《山鬼》<

图 2-11　漆绘木俑的蛾眉形象（河南信阳长台关楚墓出土，河南博物院藏）>

1　钱锺书：《管锥编》，中华书局，1979，第 92 页。

图 2-12 楚女“青色直眉”“美目婳只”妆容复原（模特：何林凌；化妆造型：吴娴、张晓妍；设计：李芽）<

图 2-13 彩绘战国木俑的直眉形象（上海博物馆藏）>

强，以水为万性之母。因此，楚地多崇女神，将女神作为专祀的神灵。二招中使用了大量的篇幅来招亡魂，巫觋肯定是以最具吸引力的东西来招流浪的亡魂回归，其中皆有以美艳的女子作为诱饵，以美色招魂的，而这也是《楚辞》中描写女性妆容、情态最为具体的两篇文章。

“盛鬋不同制，实满宫些。容态好比，顺弥代些。弱颜固植，謇其有意些。姱容修态，絚洞房些。蛾眉曼睩，目腾光些。靡颜腻理，遗视矊些。……美人既醉，朱颜酡些。娭光眇视，目曾波些。……长发曼鬋，艳陆离些。”（《楚辞·招魂》）

“朱唇皓齿，嫭以姱只。……嫮目宜笑，娥眉曼只。容则秀雅，稚朱颜只。……姱修滂浩，丽以佳只。曾颊倚耳，曲眉规只。……粉白黛黑，施芳泽只。……青色直眉，美目婳只。靥辅奇牙，宜笑嗎只。丰肉微骨，体便娟只。”（《楚辞·大招》）

文章中，对女子的唇色、眉色、眉型、面妆、涂发的香膏、发型、体形、眼神，甚至一些奇妆异饰都作了生动的描绘。再结合考古发现，我们能看出楚人在日常生活中非常注重梳妆打扮。以长沙楚墓为例，出土漆奁（即化妆箱）的墓葬就达 30 多座，且不论男女，奁内一般都有一整套梳妆用具，如铜镜、木梳、木篦、假发等。[1]

五、蛾眉曼睩

我们以楚女化妆为基础详细分析一下周代女子的化妆术。首先，我们先看眉妆。《招魂》言宫女“蛾眉曼睩”；《列子·周穆公》有“施芳泽，正蛾眉”；《大招》云“娥眉曼只”；《离骚》自喻曰“众女嫉余之蛾眉兮”；《诗经》中则有“螓首蛾眉”。由此可见，“蛾

1 如战国中晚期湖北九连墩一号墓出土有便携式漆木梳妆盒，通长 35 厘米、宽 11.2 厘米、厚 4 厘米。盒子由两块木板雕凿铰接而成，器表一面以篾青、篾黄镶嵌、器内相应部位挖孔以置放铜镜、木梳、刮刀、脂盒，中下部上下各装一可伸缩的支撑，以便使用时承托铜镜。构思巧妙、做工精致，堪称一绝。湖北省博物馆：《九连墩：长江中游的楚国贵族大墓》，文物出版社，2007，第 85 页。

图 2-14 《人物龙凤帛画》中的细腰贵族女子形象（湖南长沙楚墓出土，湖南博物院藏）

眉”是当时非常流行的眉妆。之所以叫蛾眉，因其形似蚕蛾刚出茧时之眉角，弯曲且有眉毛的质感，故名。蛾眉是用黛勾勒而出，故又有《大招》中的“黛黑”之说（图 2-11）。

六、青色直眉

除了“蛾眉”外，楚女俗尚的眉妆还有《大招》中提到的“青色直眉”，即比较平直的一种眉形。青色可以用青黛描成，是一种黑中发青绿的眉色，用石黛描画则呈灰黑色。在楚墓出土的彩绘木俑中可见到这种眉形（图 2-12、图 2-13）。

七、粉白黛黑

在面妆方面，则以“粉白”为美。如《战国策·楚策三》中，张仪谓楚王曰：“彼郑、周之女，粉白黛黑立于衢间，非知而见之者以为神”；《韩非子·显学》载：“故善毛嫱西施之美，无益吾面；用脂泽粉黛，则倍其初”；《大招》载：“粉白黛黑，施芳泽只”。这里的“粉白黛黑”就是指用白粉敷面，用青黛画眉（图 2-14）。长沙楚墓 M569 漆奁中便出土有白粉，M1140 则出土了铅粉[1]。中国最早的妆粉是纯天然的米粉。许慎《说文解字》：“粉，傅（敷）面者也，从米分声。”说得很明白，妆面的粉是用米来做的，是一种纯天然的妆品。其配方“做米粉法”在北魏贾思勰的《齐民要术》卷五中有详细的记载。

“粱米第一，粟米第二。必用一色纯米，勿使有杂。臼市使甚细，简去碎者。各自纯作，莫杂余种。其杂米——糯米、小麦、黍米、穄米作者，不得好也。于木槽中下水，脚踏十遍，净淘，水清乃止。大瓮中多著冷水以浸米。春秋则一月，夏则二十日，冬则六十日。唯多日佳。不须易水，臭烂乃佳。日若浅者，粉不滑美。日满，更汲新水，就瓮中沃之，以酒杷搅，淘去醋气——多与遍数，气尽乃止。

1　湖南省博物馆、湖南省文物考古研究所等，《长沙楚墓（上）》，文物出版社，2000，第 536 页。

稍稍出著一砂盆中熟研，以水沃，搅之。接取白汁，绢袋滤著别瓮中。麤（粗）沈者更研，水沃，接取如初。研尽，以杷子就瓮中良久痛抨，然后澄之。接去清水，贮出淳汁，著大盆中，以杖一向搅——勿左右回转——三百余匝，停置，盖瓮，勿令尘污。良久，清澄，以杓（勺）徐徐接去请，以三重布帖（贴）粉上，以粟糠著布上，糠上安灰；灰湿，更以干者易之，灰不复湿乃止。

然后削去四畔麤白无光润者，别收之，以供麤用。麤粉，米皮所成，故无光润。其中心圆如钵形，酷似鸭子白光润者，名曰“粉英”。粉英，米心所成，是以光润也。无风尘好日时，舒布于牀（床）上，刀削粉英如梳，曝之，乃至粉干。足将住反手痛挼勿住。痛挼则华美，不挼则涩恶。拟人客作饼，及作香粉以供妆摩身体。”

图 2-15 古方米粉成品 ∧

图 2-16 涂有朱唇，后梳发辫的楚国木俑（湖北九连墩二号墓出土，湖北省博物馆藏）∨

即做米粉的米以粱米为首选，粟米为第二，研磨成粉状，越细越好，米的选用越纯越好。把磨好的米粉泡在木槽中，反复淘洗，直至水色由混变清。然后把米粉浸入冷水中，时间越长越好，如时日不够，做出的粉不滑美。不用换水，直至发出烂臭味道才好。等日子满了，淘去粉中的醋气。然后把粉放在一个砂盆中细细研磨成浆，令米浆干燥，变成干燥的粉饼。削去四周粗白无光润的部分，中间核心雪白光润的部分便是上等的“粉英”。用刀把粉饼切成薄片，放在阳光下晒，直到干透。然后揉碎成粉末，粉末越细粉质越华美。敷面用的米粉就做成了。也可加入丁香粉等香料于粉盒中，制成香粉，用以擦身（图 2-15）。

可见，古人米粉的制作工艺是非常讲究与繁复的。我们现在用的妆粉，大多含铅，相比之下，古人的米粉自然在护肤的层面上更胜一筹，在美肤的同时不会产生副作用。当然，米粉也有它的缺点，比如它的附着力没有铅粉强，需要时常补妆，而且增白功效与光泽度也不如铅粉明显。

八、稚朱颜只

除了敷粉，楚女还用胭脂染唇和面颊，

即“施朱”。如《楚辞·大招》中有“稚朱颜只”“朱唇皓齿”的描述。宋玉在《登徒子好色赋》中，称他邻居东家那位小姐：“著粉则太白，施朱则太赤”，则明确指出了施朱这一习俗的存在。湖北九连墩楚墓出土的木俑便涂着鲜红的双唇(图2-16)，在地里埋藏那么久依然颜色如此鲜艳，只有矿物染料才能做到。中国早期的红色染料大多取自矿物，如赤铁矿、朱砂等。矿物染料色彩稳定，不易氧化，但是有一定毒性，长期使用对皮肤会有伤害。故此，当人们会使用植物染料制作妆品后，矿物染料妆品便慢慢减少使用了。

九、施芳泽只

在中国的古文中，提到女子化妆时，经常会看到“脂泽粉黛”这个词汇，如周代的韩非子在提到治国之道时，就曾作过这样的比喻：“故善毛嫱、西施之美，无益吾面；用脂泽粉黛，则倍其初。言先王之仁义，无益于治，明法度，必吾赏罚者，亦国之脂泽粉黛也。”这里的“脂”“粉”“黛”，我们前面都已经介绍过了，那么“泽”指的是什么呢?

实际“泽”在中国古典文学中是经常可以看到的，如《楚辞·大招》中有：“粉白黛黑，施芳泽只”，王逸注曰：“傅(敷)著脂粉，面白如玉，黛画眉鬓，黑而光净，又施芳泽，其芳香郁渥也。”王夫之《楚辞通释》曰：“芳泽，香膏，以涂发。”由此我们可知，“泽”指的是一种润发的香膏，即如今的头油之类。“泽”也称兰泽、香泽、芳脂等。汉刘熙《释名·释首饰》曰:“香泽，香入发恒枯悴，以此濡泽之也。”汉史游《急就篇》“膏泽”条，唐颜师古注曰：“膏泽者，杂聚取众芳以膏煎之，乃用涂发使润泽也。”指以香泽涂发则可使枯悴的头发变得有光泽。汉枚乘《七发》：“蒙酒尘，被兰泽。”三国魏曹植《七启》：“收乱发兮拂兰泽。”其《洛神赋》中也写道：“芳泽无加，铅华弗御。”南朝梁萧子显《代美女篇》中也云：“余光幸未惜，兰膏空自煎。”这里的兰泽、芳泽、兰膏均指此物。在北魏贾思勰《齐民要术》卷五中记载有“合香泽法”：

> “好清酒以浸香：夏用冷酒，春秋温酒令暖，冬则小热。鸡舌香，俗人以其似丁子，故为“丁子香”也。藿香，苜蓿，泽兰香，凡四种，以新绵裹而浸之。夏一宿，春秋再宿，冬三宿。用胡麻油两分，猪脂一分，内铜铛中，即以浸香酒和之，煎数沸后，便缓火微煎；然后下所浸香煎。缓火至暮，水尽沸定，乃熟。以火头内泽中作声者，水未尽；有烟出，无声者，水尽也。泽欲熟时，下少许青蒿以发色。以绵幕铛嘴、瓶口，泻著瓶中。”

即用上好的清酒来浸泡出芳香植物(如鸡舌香，藿香，苜蓿，泽兰香)中的植物性芳香油溶液，因为植物性芳香油溶解于乙醇，不溶解于水。然后再把分离出的植物性芳香油混合到非干性油脂中(如胡麻油和猪脂)，在带嘴的小铜锅中用小火煎，以把水分完全蒸发干。在即将出锅时，下少许青蒿着色。然后用丝棉薄薄地罩在铜锅嘴上和要盛放香泽的瓶口上，这样将香泽倒出时，可作两重过滤，尽可能滤去杂质，香泽便做成了。

十、脂膏以膏之

周代的化妆品还有脂。“脂”是中国文献中最早出现的化妆词语，《诗经》有“肤如凝脂”，《礼记·内则》中有“脂膏以膏之”。孔颖达注：“凝者为脂，释者为膏。”“脂膏”就是动物体内或油料植物种子内提炼出的油质，凝固者称为“脂”，液态者称为“膏”。说明至迟在周代，人们就已知道使用脂护肤了。脂有唇脂和面脂之分。用以涂面的为面脂，也称面膏、面药等，主要为护肤润面而用，如今日的润肤霜之类。汉刘熙《释名·释首饰》中写：“脂，砥也。著面柔滑如砥石也。”形容脸上涂了面脂之后，则柔滑如细腻平坦的石头一般。汉史游《急就篇》“脂”条，唐颜师古注曰：“脂谓面脂及唇脂，皆以柔滑腻理也。”除了最基本的滋润功效之外，大部分面脂配方中还加入了很多中药成分，使其也兼有美白、去皱、祛斑、令面色光润之功效，也兼有药用保养功效。用来涂唇的称为唇脂，类似今天的润唇膏。后来脂常常与“粉”字一起使用，渐渐形成了一个固定词组“脂粉”。北魏贾思勰《齐民要术》卷五中有记载“合面脂法”：

> 用牛髓。牛髓少者，用牛脂和之。若无髓，空用脂亦得也。温酒浸丁香、藿香二种。浸法如煎泽方。煎法一同合泽，亦著青蒿以发色。绵滤著瓷、漆盏中令凝。

制作面脂的方法与香泽基本相同，只是这里所用的是固态的动物性油脂——牛髓，使其凝固，以便搽抹。

图 2-17　海南黎族剞耳女子

十一、燂潘请靧

《诗经·卫风·伯兮》中载：“自伯之东，首如飞蓬，岂无膏沐，谁适为容。”这里的“沐”指的是一种洗涤之物。“沐”，《说文解字》曰：“濯发也”。司马贞《索隐》：“沐，米潘也。”潘，《说文解字》曰：“淅米汁也。”段注引《内则》云：“其间面垢，燂潘请靧”。这告诉我们当时人们洗脸用的是加热的淘米水，因为淘米水中溶解了一些淀粉、蛋白质、维生素等养分，可以分解脸上的油污，淡化色素和防止出现脂肪粒等。长期坚持用淘米水洗脸、洗手，会使皮肤变得光滑、有弹性。洗好以后再施以膏泽。

十二、靥辅奇牙，曾颊奇耳

《楚辞·招魂》和《楚辞·大招》中还屡屡描述一些猎奇求异的面妆。如“靥辅奇（畸）牙，宜笑嘕只”为写“拔牙”之俗（仡佬族、高山族等）。“曾（层）颊奇（剞）耳”，即传为文面（独龙族、黎族等）穿耳（黎族等）之风（图 2-17）[1]。拔牙，文面及穿耳皆属于西南地区的濮人

1　摘自《美国国家地理》1938 年第 74 期。

图 2-18 铜盒（山西垣曲北白鹅墓地出土）

风尚[1]。这些带有原始野性美的奇妆异饰不仅不让楚人惊怖，反而非常欣赏。《九章·思美人》中就有这样的诗句："吾且儃徊以娱忧兮，观南人之变态。"所谓"变态"便指的是以上南方土著民族的奇异妆容。楚宫中采取濮族变形化妆术的女子，当是楚国王公俘获或受贡的濮族美女，而不是楚女。

十三、化妆器具

化妆器具中最大件的就是妆奁，即盛放化妆品、小型梳妆器具、假发和铜镜等的盒子，有的妆奁里还会放一些手套、丝绸缎带等丝织品。"奁"字最早记载于许慎《说文解字·竹部》："䉂，镜籢也。从竹，敛声。"即竹制的用来盛放铜镜的容器。古代铜镜若长期曝露于空气之中容易氧化，所以不用时需用丝织物包裹好放置于镜奁中，而镜奁中一般不仅仅放铜镜，还会放粉盒、梳篦等其他梳妆用具，故镜奁亦可称作妆奁。

根据考古发现，商代至战国中晚期的妆奁基本为铜盒、铜罐等，有鼎形方盒，还有圆盒。如山西垣曲北白鹅村 M4、M6 及 M9 三座周代女性贵族墓中发现七件微型长方形或车形铜盒，造型小巧精致，为目前同期墓葬中一次性出土最多者（图 2-18）。其中，M4 铜盒出土时，盖钮内发现小段穿绳残存，盒内满盛混合红色物质的残留物，科学分析结果显示残留物中发现大量动物脂肪、植物精油及朱砂等，应为以朱砂为颜料的美容化妆品。采集残留物时，又在铜盒内发现一件柄饰连珠纹的长柄圆舌铜勺，应是用来挖取盒内化妆品的。

战国中晚期之后出现了既轻巧又耐腐蚀的漆奁，笨重的铜奁作为妆具就迅速被淘汰了。以长沙楚墓为例，出土漆奁的墓葬就达 30 多座，且不论男女，奁内一般都有一整套梳妆用具，如铜镜、

1 先秦时濮人指居住于楚国西南部，即今云南、贵州、四川至江汉流域以西一带的少数民族。《史记·楚世家》说："（楚武王）于是始开濮地而有之。""建宁郡南有濮夷，濮夷无君长总统，各以邑落自聚，故称百濮也。"

图 2-19 便携式漆木梳妆盒（湖北九连墩一号墓出土）

木梳、木篦、假发等。因为楚人注重梳妆，所以梳篦特别发达，经常一墓同出数件。根据《礼记》记载，木梳用于梳理湿发，角梳用于梳理干发，篦子用于篦除发垢。而假发则有“副、编、次”等各种形制。其中战国中晚期湖北九连墩一号墓出土的便携式漆木梳妆盒最为精美，通长 35 厘米、宽 11.2 厘米、厚 4 厘米。盒子由两块木板雕凿铰结而成，器表一面以篾青、篾黄镶嵌、器内相应部位挖孔以置放铜镜、木梳、刮刀、脂盒，中下部上下各装一可伸缩的支撑，以便使用时承托铜镜。构思巧妙、做工精致，堪称一绝（图 2-19）。[1]

妆奁内用于盛放脂粉、香料等物品的容器主要有各类小型青铜罐、盒等。如陕西韩城梁带村遗址内春秋早期诸侯及诸侯夫人墓地出土了好几个微型铜容器（图 2-20），内部存在大量白色残留物，据研究为白铅矿（碳酸铅）或白铅矿与角铅矿的混合物，是一种人工合成的铅白化妆品，为目前已发现的世界上迄今最早的人造铅白。值得注意的是，这类粉罐在男性墓也有出土，如陕西澄城刘家洼春秋芮国男性贵族墓出土的小铜罐可以明确其作为脂粉罐之用，小罐发现时其内有残留物质，中国科学家团队对残留物进行了综合分析，发现其为由牛脂作为基质混合了一水碳酸钙颗粒，为美白化妆品。一水碳酸钙是比较罕见的矿物，多见于湖泊沉积和洞穴沉积中的月奶石，就制作化妆品而言，湖泊沉积杂质较多，而洞穴沉积易于取得纯品，因此，配方中的一水碳酸钙应为先秦原始道家或方士在洞穴中采集钟乳石时所得。这一发现将中国先民制作美容面脂的历史提前了 1000 多年，为中国已知最早的面脂，也是春秋时期贵族男性使用化妆品美容的实证。

春秋战国时期还有一种亚腰形铜盒，这类铜盒主要用于盛放花椒等香料，作香

1 湖北省博物馆编：《九连墩：长江中游的楚国贵族大墓》，文物出版社，2007，第 85 页。

图 2-20 一组微型铜容器（梁带村遗址诸侯夫人墓 M26 出土）

图 2-21 东周亚腰形云纹铜盒，通高 10.8 厘米，口径 7.4 厘米（安徽屯溪弈棋 M3 出土）

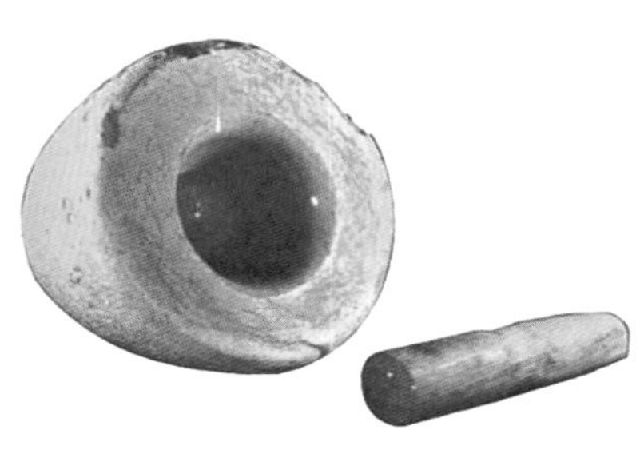

图 2-22 玉石臼和石杵（商代妇好墓出土）

图 2-23 玉调色盘（商代妇好墓出土）

图 2-24 玉刀（商代妇好墓出土）

盒之用。花椒在丝绸之路打通之前一直是中国古代重要的香料，不仅可作食用、药用，还可作熏香之用。两周及秦汉之时花椒的主要作用便是用作熏香，将其置于香囊中，有香身洁体、愉人悦己之用。而且，花椒多籽的特性，也被古人赋予具有强大繁殖力、子孙延绵的寓意，《诗经·唐风·椒聊》："椒聊之实，蕃衍盈升。"1978 年河南固始侯古堆一号墓出土乳丁纹盒，亚腰形，小口圆肩、三鼓腹、圈足、有盖，肩有对称耳，盖顶中央有小握手，器腹和盖面饰有细小乳钉纹，通高 7.5 厘米，盒内盛有大半盒花椒籽，该墓墓主系一三十岁左右女性。安徽屯溪弈棋 M3 也出土有类似亚腰形云纹铜盒（图 2–21）。

商代妇好墓出土的一件石臼和一件石杵是目前考古发现最早的研磨胭脂的用具（图 2–22），石臼中心有深孔，内壁呈朱红色，晶莹光亮似镜面，应为长期使用形成，孔周几口面上均粘有朱砂。玉杵头端较粗，圆而光滑，上有极光滑的弦纹。妇好墓还出土有另一套玉质妆具，品种有梳、调色盘、匕等。其中调色盘呈箕形（图 2–23），盘底染满朱砂，盘后雕一对钩喙大眼、短翅长尾的站立状鹦鹉，鹦鹉两尾相连处，设有一个带孔圆钮，用于悬挂，该盘长 11.8 厘米、宽 6.5 厘米、深 0.4 厘米。出土的玉匕有两件，其中一件呈扁平长条形，呈舌形，柄端中部有一小圆孔，用于悬挂，匕长 14.7 厘米、柄端宽 2.1 厘米、厚 0.4 厘米。匕与调色盘应为调胭脂时配套使用。[1]

商周时期女子修眉还会用到修眉刀，《楚辞·大招》中的"青色直眉"便应该是修剪过的眉形，商周用于修眉的刀主要有小型玉刀、环首刀等。商代妇好墓出土有多件小型玉刀，有小刀、刮刀、梯形刀及小刻刀等，这些小玉刀通长 5 ~ 6 厘米，有些有使用过的痕迹，其中部分小玉刀应有刮眉之用（图 2–24），从墓中出土一系列梳妆用具和大量首饰来看，妇好是一位十分注重修饰的贵族女性。枣阳九连墩一号楚墓出土的便携式梳妆盒中放置有铜环首刀，通长 10.5 厘米左右、刀体宽 1 厘米，作修眉用较为合适。[2]

课后思考

1. 夏商时期的人们为什么要文身？
2. 周代中原地区的女性为何追求素妆之美？
3. 周代中原地区和南楚地区女性化妆特色差别的主要原因是什么？

1 中国社会科学院考古研究所：《殷墟妇好墓》，文物出版社，1980。
2 邓莉丽：《锦奁曾叠——古代妆具之美》，中华书局，2023。

第三章

秦汉的化妆

一、概述

二、红妆翠眉

三、五色花子

四、远山眉

五、慵来妆

六、城中好广眉

七、青黛蛾眉

八、孙寿妆

九、点圆的之荧荧

十、朱唇的其若丹

十一、“绘事后素”观

十二、铅华

十三、石黛

十四、红蓝花胭脂

十五、汉代男妆

十六、梳妆用具

一、概述

前 221 年，秦灭六国，建立起中国历史上第一个统一的以汉民族为主体的多民族国家，顺应了“四海之内若一家”的政治趋势。这期间，秦始皇凭借“六王毕，四海一”的宏大气势，推行“书同文，车同轨，兼收六国车旗服御”等一系列积极措施，建立起包括衣冠服制在内的一系列制度。但秦朝统治时间极短，前后只有 15 年，二世而亡，可确认为秦代的文物十分有限，最为人知的秦始皇陵兵马俑坑中无一女俑。因此，关于秦代女子的化妆信息只能从零星的文字记载中略窥一二。然而秦始皇一生文治武功，“并兼天下、极情纵欲”，其子女不下二十余人，后宫也是佳丽无数，秦始皇的个人喜好促使秦朝宫廷女子争妍斗丽，推动了中国历史上的彩妆风潮。

汉代，是继秦代大一统之后，中国历时最长的王朝，两汉加起来有 405 年之久。秦代用强权和专制完成了中华大地政治上的大一统，而汉代则用其思想和智慧完成了中国文化上的大一统。中国人数最多的民族之所以称为汉族，中国文字之所以称为汉字，中国文化之所以称为汉文化，都是因为煌煌四百余年的汉代为我们奠定起来的稳固基础。不仅物质文明是这样，辽阔疆域是这样，包括中华民族的文化心理结构，也是基本成型于这一时期，中国人在妆容审美规范上的建立自然也是如此。无论是在黄老之学影响下所追求的“简约素朴”“大美气象”以及“端庄温婉”，还是在“罢黜百家，独尊儒术”的经学规则下所崇尚的“阳尊阴卑”“温顺柔弱”和“恭敬曲从”的克制化修饰，中国历史上女子的妆容在整体上以追求薄妆为主，浓妆艳抹始终不是主流。同时，汉文化还吸取了大量南楚文化，给北方的儒家理性文化注入了保存在楚文化中的原始巫术和神话中的浪漫主义精神，从而“产生了把深沉的理性精神和大胆的浪漫幻想结合在一起的生机勃勃，恢宏伟美的汉文化。”这导致汉代的妆容时尚并不失奇装异服的点缀与流行，而这些在主流之外的奇花异朵恰恰成为中国古代化妆史中最艳丽的一抹。

图 3-1 “红妆翠眉”妆容复原（模特：杨述敏，化妆造型：裘悦佳）

二、红妆翠眉

秦朝关于妆容的记载多与秦始皇有关。按照《史记·秦始皇本纪》记载：嬴政每灭一国，就将这国宫殿用图纸画下来，在咸阳模仿着建造一座，并把从这国掳来的美女填置其中。因此，其后宫嫔妃为来自各个诸侯国的美女，审美与风俗也自是各有千秋。宋人高承在《事物纪原》卷三中说“秦始皇宫中,悉红妆翠眉,此妆之始也。”（图 3-1）这里的“红妆翠眉”相比于周代的“中原素妆”与南楚的“粉白黛黑”，可以说打破了面妆色彩上的桎梏，从而开启了后世历代色彩丰富、造型各异的彩妆风潮。

秦朝实行的是法家的酷刑峻法，当时的劳动妇女对于化妆是无暇顾及的，文献中也少有记载。唯有宫中的妃嫔，生活优越，需整日妆扮以侍奉君主，才有化妆的可能。《事物纪原》中的“秦始皇宫中,悉红妆翠眉”这句便大致勾勒出当时秦代宫妃的化妆是以浓艳为美的。红妆自是使用胭脂的效果，

早期的胭脂多用朱砂、赤铁矿等矿物质颜料，色彩浓郁但有毒性。翠眉则指的是一种偏绿色的眉毛，在古时的诗文中，常可听到关于“翠眉”或“绿眉”的吟咏，如万楚《五日观妓》中的“眉黛夺将萱草色，红裙妒杀石榴花”；宋王采《蝶恋花》中有“爱把绿眉都不展，无言脉脉情何限！”等诗句，都直接把眉色指向了翠或绿。

翠眉使用的眉黛是什么做的呢？清代郝懿行《证俗文》卷三“黱”字条载有“《西京杂记》：卓文君眉色如望远山，其非纯黑。可知后汉明帝宫人，拂青黛蛾眉。青黛者，似空青而色深，石属也（如石青之类）。”这里提到一种“石青”矿石。颜师古《隋遗录》载：“螺子黛出波斯国，每颗直十金。后征赋不足，杂以铜黛给之。”又提到了一种材料“铜黛”。这两种材料应该便是制作青绿色眉黛的主要矿物质原料。

石青为一种蓝铜矿，古人根据石青具体形态的差异，又分别冠之以曾青、空青、白青、金青等不同名称。其中“空青”色相偏绿，《证俗文》中的“似空青而色深”应是指一种暗绿色。“铜黛”据推考应是“铜青”一类。铜青，又称铜绿，即氯铜矿，该矿物在自然界中常与石绿、石青伴生，古人也常把它当成绿色颜料来使用。《本草纲目》卷八“金石部”载：“铜青，又名铜绿。生熟铜皆有青，即是铜之精华，大者即空绿，次者空青也，铜青则是铜器上绿色者。”无独有偶，古埃及人画眼线与眉毛的材料主要也是绿、黑两种物质：绿色的是孔雀石 malachite（即石绿），黑色的是方铅矿 galena[1]。总之，不论是铜青，还是石青或石绿，都是一种含铜的矿物质，而且通常共生或伴生，自古便是非常典型的绿色颜料。而且，铜青和铜绿历来均为两种药物，有祛夙痰、治恶疮、明目等效[2]。

将石青粉、石绿粉或铜青粉，调和牛骨胶液，塑形阴干，便可制成黛块（图 3–2）。

图 3–2 铜黛复原品（李芽制作）<

图 3–3 铜黛上色效果 ∧

图 3–4 敦煌莫高窟 194 窟绿眉菩萨塑像 >

1 Madeleine Marsh. Compacts and Cosmetics: *Beauty from Victorian times to the Present Day*, Pen & Sword Book Limited , 2024: 10.

2 杨增汾：《铜青与铜绿》，《中国中药杂志》1956 年第 6 期。

图 3–5　“五色花子，画为云凤虎飞升”妆容复原（模特：杨述敏；化妆造型：吴娴、张晓妍；设计：李芽）

使用时将黛块在黛砚上磨制成粉，然后加水调和，再用毛笔描画于眉上，便可做出“翠眉”或“绿眉”（图 3–3）。甘肃敦煌莫高窟不少唐代彩塑，便是绿眉的效果（图 3–4）。

三、五色花子

五代后唐马缟所著《中华古今注》中有这样的记载：“秦始皇好神仙，常令宫人梳仙髻，贴五色花子，画为云凤虎飞升。”秦始皇热衷神仙之术，即位第二年就遇到方士徐福，一直到第五次巡游还继续派徐福出海寻求“仙药”，因此，其令宫妃打扮成想象中的神仙模样也很自然。这里提到的五色花子，便是指粘贴或者画在脸上的面花，也称“花钿”“额花”“眉间俏”“面靥”等，其俗在先秦时期便已有了，长沙战国楚墓出土的彩绘女俑脸上就点有梯形状的三排圆点，在信阳出土的楚墓彩绘木俑眼皮之上也点有圆点，当是花钿的滥觞。花子可以是单色，也可以是多色。染画法多是用彩色颜料直接在面部绘制各种图案，可用胭脂，黛汁一类现成的颜料。粘贴法，其色彩通常是由材料本身所决定的。例如以彩色光纸、云母片、鱼骨、鱼鳔、丝绸、螺钿壳、金箔等为原料，制成圆形、三叶形、菱形、桃形、铜钱形、双叉形、梅花形、鸟形、雀羽斑形等诸种形状，色彩斑斓，十分精美。这里的“五色花子，画为云凤虎飞升”，便应该是一种用多种色彩描画成云气蒸腾中隐现瑞兽的面花图案了（图 3–5）。

四、远山眉

汉代影响女性审美观的核心思想是早期道家的“黄老之学”和中期以后以董仲舒为代表的新儒学，而对西汉早中期影响最大的则是前者。汉初统治者实行休养生息政策，容纳了各家思想，以“事少而功多”为旨归的“黄老之学”便顺应了这种社会需求。“黄老之学”着力发展崇尚自然和以无为本的思想，同时倡扬一种开放的、积极的和实践的“大美”气象，对这一时期女性妆容审美产生了深远的影响。再加

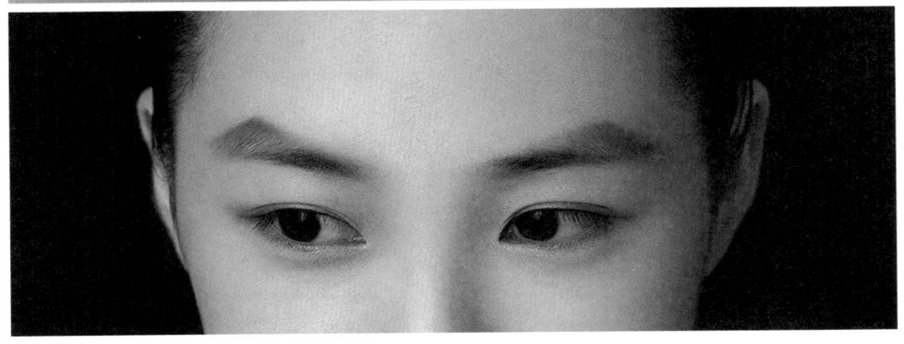

上汉初经济凋敝，物资相对比较匮乏。因此，西汉时期的妆容修饰整体上趋于简约素朴、清新淡雅、追求天趣，着重体现的是女子的一种本真之美。如湖南长沙马王堆一号汉墓出土的西汉彩绘着衣俑[1]，轻扫蛾眉、发髻低垂，便是如此风格（图 3-6）。

在汉代表现女性的文学作品中，对于妆容的描写可谓少之又少。《孔雀东南飞》中的刘兰芝，《陌上桑》中的秦罗敷，《羽林郎》中的胡姬，都只提及其衣着、发型和首饰，对于妆容的描写几乎不着半字。而在史籍零星的关于妆容的记载当中，清水出芙蓉般的淡雅妆面则始终是社会的主流。例如汉初的卓文君，便是一位极富眉间天然色的美人。《西京杂记》记载："文君姣好，眉色如望远山。"[2]这里的远山眉其实就是一种保留纯天然眉峰的眉形（图 3-7）。天生之眉多有眉峰，之所以称为眉峰，皆因眉尾隆起如山峰之状。但女子修眉多喜把眉峰去除，刻意修成弯弯的蛾眉之状，蛾眉固然有其纤弱窈窕之美，但却失其本真。而保留眉峰的天然眉形，才有一种如望远山之意境，在天趣中又自有一种英姿显现。在现实生活中，我们可以参照影视界公认的大美人林青霞，无论流行如何转换，她始终保留着自己天然的眉峰，这使得她的美没有小家碧玉的人为雕琢，而呈现一种英姿绰约的大美风范。汉代卓文君的远山眉应与其如出一辙，只是林美人眉色略重，卓文君或眉色略淡，故此视之如望远山，缥缈而又不失棱角，与卓文君勇于追求个人幸福的独立性格也相得益彰。汉代出土的汉俑和壁画中多有保留眉峰的山形眉女子（图 3-8）[3]。

五、慵来妆

对天趣之美的追求，也影响到了宫中妃嫔。汉伶玄《赵飞燕外传》中便有关于

图 3-6 西汉彩绘着衣俑（湖南长沙马王堆一号汉墓出土，湖南省博物馆藏）∨

图 3-7 远山眉（模特：张常宁；化妆造型：吴娴、张晓妍；设计：李芽）∧

1 湖南省博物馆：《湖南省博物馆文物精萃》，上海书店出版社，2003，第 65 页。

2 另一本（清）王初桐《奁史》，转《西京杂记》作"文君姣好，眉色如望远山，时人效之，画远山眉。"清嘉庆刻本，1180 页。

3 汉俑与汉代壁画以追求神韵为主，不求细节的精致。此汉俑的山形眉更像是唐代"十眉图"中提及的"五岳眉"。

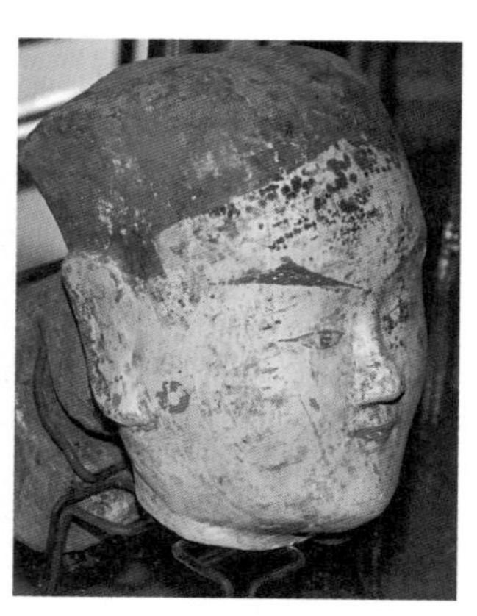

图 3-8　西汉山形眉女俑头（洛阳市博物馆藏，王永晴摄影）<

图 3-9　“慵来妆”妆容复原（模特：张常宁；化妆造型：张晓妍；设计：李芽）>

赵飞燕的妹妹赵合德的妆容描述：“合德新沐，膏九曲沉水香。为卷发，号新髻；为薄眉，号远山黛；施小朱，号慵来妆。”这里的“慵来妆”，便是一种表现美人刚刚出浴，遍体芬芳，略显倦慵之美的淡妆。薄施朱粉，浅画双眉，鬓发蓬松而微卷，在慵懒之态中展现天然的一种风流与性感，也是汉代体现女子淡妆之美的经典描述了（图 3-9）。

六、城中好广眉

除了崇尚自然，追求天趣之美，“黄老之学”同时还倡扬一种开放的、积极的和实践的“大美”或“壮美”气象。先秦汉民族便常常以大为美，秦汉则将这种审美喜好加以延续。最能反映“黄老之学”思想的著作当推《淮南子》，又名《淮南鸿烈》。“鸿，大也；烈，明也。以为大明道之言也。”从书名中，我们就可以看出该书以“大”为美的基本思想，其对“大”的提倡，旨在塑造一种时代性的“大美”人格，即“大丈夫”。这个“大丈夫”是一种具有生命力的事功型、实践型“大美”人格，是一种“大道”的人格体现。而这正是汉代社会精神的灵魂，从中我们也能感受到汉初整个社会积极昂扬的时代气息。我们只要看看秦始皇兵马俑和汉代大赋的创作就可以感觉到这一点，这种时代精神无疑也会对汉代女性的妆容审美产生深远的影响。谢承的《后汉书》里载有一长安民谚：“城中好高髻，四方高一尺；城中好广眉，四方且半额；城中好大袖，四方全匹帛”。从发型、妆容、服装三个方面生动地描绘出了两汉之交长安城中时尚女子大气磅礴的服饰形象（图 3-10）。对于长眉、广眉、阔眉的喜好，在汉代诸多文学作品和出土文物中均有表现。如司马相如的《上林赋》中便有：“若夫青琴宓妃之徒……靓妆刻饰……长眉联娟”。马王堆汉墓出土木俑的脸上即是墨色长眉画入鬓（图 3-11）。

七、青黛蛾眉

长眉和广眉毕竟不是眉妆的常态，纤

细的蛾眉一直以来是中国古代女子眉妆的主流，从大量出土的彩绘汉俑来看，汉代也不例外（见图 3–6）。汉王朝时，涌现出了很多致力于修眉艺术的帝王与文人。在西汉以汉武帝为首，《二仪实录》说他："令宫人扫八字眉"，八字眉是一种通过描画略显忧伤的眉形而愈发突出女性娇柔孱弱之姿的妆容，这种审美的流行滥觞于西汉后期，到东汉则在女性中广泛传播开来，将中国女性审美引入另一种审美境界。在东汉则以明帝为魁，《后汉书》载"明帝宫人，拂青黛蛾眉"。有了帝王的提倡，普通士庶自然也跟着对女子的妆饰重视起来，著名的张敞画眉的故事就发生在这个时期。据《汉书·张敞传》载："敞为京兆……又为妇画眉。长安中传张京兆眉妩。"与他有隙者向汉宣帝造密，宣帝召见并责问他，张敞答"臣闻闺房之内，夫妇之私，有过于画眉"，使宣帝很满意。从此这就成为流传久远的夫妻恩爱典故。唐代诗人张悦在《乐世词》中诗云："自怜京兆双眉妩，会待南来五马留"，就引用了这个旧典。

八、孙寿妆

西汉中后期，汉武帝"罢黜百家，独尊儒术"的政策使得新儒学体系逐渐成为汉代社会的统治思想，黄老之学的自然无为思想逐渐淡化，中国女性开始了儒家礼教束缚下的漫长生活。

儒家对妆容的影响主要体现在两个方面，其一是主张有克制地修饰，将妆容修饰与修身养性结合起来。儒家和道家不一样，儒家是赞同适当修饰的，强调"美"和"善"的统一，追求"文质彬彬，然后君子"，正如《子思子辑解》卷三中所说的那样"礼义之始在于：正容体，齐颜色，顺辞令。"

其二是从理论上确立了女性对男性的全面依附关系，导致女性的妆饰从素朴大气迅速转向了追求娇弱与纤柔。定儒家为一尊的董仲舒，在女性观上，其主要观点就是"阳尊阴卑"说和"三纲五常"说。所谓"阳尊阴卑"就是董仲舒认为天崇阳贱阴，并由之派生出人世之阳尊阴卑，即

图 3–10　墓室西壁壁画中的高髻广眉女子形象（西安理工大学 M1 墓出土）<

图 3–11　长眉入鬓的彩绘木俑（湖南长沙马王堆一号汉墓出土，湖南省博物馆藏）>

图 3-12 愁眉啼妆、堕马髻、龋齿笑妆容复原（模特：汪晨雪；化妆造型：袁悦佳；设计：李芽）

"丈夫虽贱皆为阳，妇人虽贵皆为阴。""三纲五常"则是指"君为臣纲，父为子纲，夫为妻纲"这三种社会伦理纲纪和"仁、义、礼、智、信"这五种个人道德原则，从而提出了"男尊女卑"的永恒性。到了东汉初年，《白虎通》又把"三纲"发展为"三纲六纪"，这种女性观，进一步强化了男子对妇女的人身控制，使女性处于更加卑弱的地位。这无疑会对西汉后期直至东汉的女性审美产生极大的影响，并进而影响到后期整个封建社会汉族女性审美的塑造。了解了这样的时代背景，我们再看东汉时期最为脍炙人口的一段妆容记载，便不难理解其中原委。

《后汉书·梁统列传》载："（冀妻孙）寿色美而善为妖态，作愁眉啼妆、堕马髻、折腰步，龋齿笑，以为媚惑。"（图 3-12）梁冀是东汉后期的一位外戚、权臣，出身世家大族，他的妹妹就是汉顺帝皇后。这段记载讲的便是他的妻子孙寿所倡导的一种当时的时尚妆扮。孙寿长得漂亮，但总打扮得妖里妖气。《风俗通》注曰："愁眉者，细而曲折。啼妆者，（以油膏）薄拭目下若啼处。堕马髻者，侧在一边。折腰步者，足不任体。龋齿笑者，若齿痛不忻忻。"这里的"足不任体"指的是脚好像承受不住体重，走路时要装出腰肢细得像要折断的样子，摇摆着臀部走路。"若齿痛不忻忻"则指的是笑容一点也不开心，就像忍受着牙疼一样。如此另类的妆扮，却是影响很大，"至桓帝元嘉中，京都妇女作愁眉、啼妆……京都歙然，诸夏皆放（仿）效。此近服妖也。"以致这种病态的妆扮引起官方的反感，被列入服妖，下令禁止。孙寿对自我形象的塑造并不是仅限于妆容，而是包含了发型、神态，乃至步态的全方位自我塑造，因此，其可称得上是中国历史上第一位造型师了。这种看起来如此病态的妆扮之所以会在东汉得到大规模流行与"阳尊阴卑"观念的盛行不无关系。"女以弱为美"的观念是《女诫》中最为重要的观点之一，其强调女性要以"弱"示人，不仅内心要软弱温顺，外表也要柔弱无力、娇喘微微才好。按照史书记载，孙寿实际是个"性钳忌"的女子，但依然要在外表上表现出一派弱不禁风的样子，这不能不说是时代风习下的产物。

九、点圆的之荧荧

东汉与此有异曲同工之效的还有“面靥”，也称“妆靥”“的”“勺面”等，一般指古代妇女施于两侧酒窝处的一种面花。汉代刘熙《释名·释首饰》中有这样一段记载：“以丹注面曰的。的，灼也。此本天子诸侯群妾当以次进御，其有月事者止而不御，重以口说，故注此丹于面，灼然为识，女史见之，则不书其名于第录也。”“的”就是在脸颊处点红点，最初是宫中嫔妃作为标记使用，类似于戒指的功能。即有红点者表示该女子或处于孕期、或处于经期，总之不便与男子行夫妻之事，女史见之便不列其名。这原本只是上层贵族女子宫闱内里之事，后来觉得如此点缀楚楚可怜，有益姿容，便在民间广泛流行开来。汉代繁钦《弭愁赋》中便写道：“点圆的之荧荧，映双辅而相望。”

十、朱唇的其若丹

点染朱唇是化妆的又一重要步骤，因唇脂的颜色具有较强的覆盖力，故可改变嘴型。因此，早在商周时期，就已有了点唇习俗，如战国楚宋玉《神女赋》：“眉联娟以娥扬兮，朱唇的其若丹。”以赞赏女性之唇色如丹砂，红润而鲜明。在汉代刘熙《释名·释首饰》一书中就已提到唇脂：“唇脂，以丹作之，象唇赤也。”说明点唇之俗最迟不晚于汉代。丹是一种红色的矿物质颜料，也叫朱砂。但朱砂本身不具黏性，附着力欠佳，如用它敷在唇上，很快就会被口沫溶化，因此，古人在朱砂里，又掺入适量的动物脂膏，由此制成的唇脂，既具备了防水的性能，又增添了色彩的光泽，且能防止口唇皲裂，成为一种理想的化妆用品。唇脂的实物，在江苏扬州，湖南长沙等地西汉墓葬中都有发现，出土时，还盛放在妆奁之中，尽管在地下埋藏了两千多年，但色泽依然艳红夺目。这说明，在汉代，妇女妆唇已是非常普遍了。中国古代女子点唇的样式，一般以娇小浓艳为美，俗称“樱桃小口”（图 3–13）。

十一、“绘事后素”观

汉代在追求淡雅妆容的背后，并不是中国女性对美化仪容的一种漠视或者俭省，而恰恰是另一种对美的进取的体现。孔子曾提出过“绘事后素”观，认为修饰必须在素朴之质具备以后才有意义，素朴之美是其本，化妆修饰是其表，不可本末倒置。因此，中国女性对仪容美的追求更注重对身体内部根基的培植，是依靠身体内在品质的显现，而不是依靠外在修饰之功。因此，为了彰显肌肤与气色的本真之美，中国女子很注重对自我内在的保养。中国古代尽管彩妆上不尚浓艳，但养颜术与养颜用品却是非常发达的。从洗发的膏沐、润发的香泽、乌发的膏散、香身的花露与膏丸、洗面的澡豆、润唇的口脂、护手的手脂、护肤的面脂、到助生发与疗面疾的膏散丹丸，可谓应有尽有。大部分配方在中国历代的经典医书里都可以找到，而已发现的这类医方最古的便来自马王堆汉墓帛书《五十二病方》（图 3–14），同一时期的《神农本草经》则增加了更多的美容和养容的内容。马王堆一号汉墓便曾出土两个妆奁，一个单层五子奁，一个双层九子

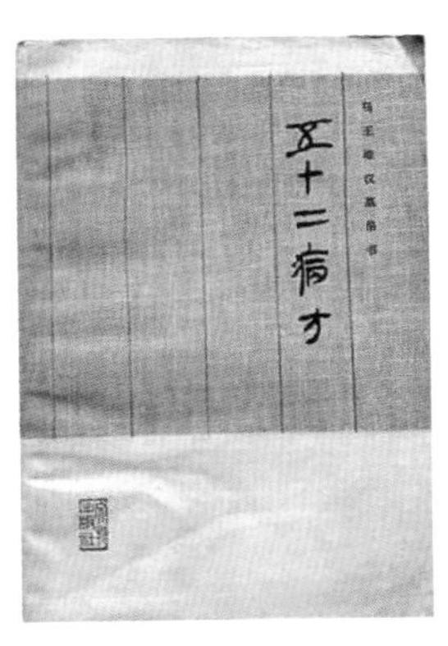

图 3–13 西汉彩绘陶俑头，长眉连娟、樱桃小口，中分垂髻，发髻两侧的空洞原本应插有首饰（洛阳出土，洛阳市博物馆藏，李芽摄影）∧

图 3–14 马王堆汉墓帛书《五十二病方》∨

图 3-15 制作铅粉的三种主要原料（李芽摄影）<

图 3-16 调入基础油混合制成粉底膏 >

奁，两个妆奁里放置的化妆品有九种之多，梳妆用具和香料则不下十余种。墓主辛追死于汉文帝十五年（前 165）左右，此时距汉代建国仅仅 37 年，而其丈夫苍利仅受封 700 户，只是一个不大的百户侯。窥一斑而知全豹，这个汉代初期墓葬出土的妆奁从一个侧面展示出了汉代妆容文化的斑斓一角。

十二、铅华

汉代的化妆用品相较于先秦有了长足的发展。敷脸的妆粉，在米粉的基础上，随着秦汉炼丹术的兴起及汉代冶炼技术的提高，出现了铅粉，并将之作为化妆品流行开来。任何新兴事物的发明，必然与当时生产技术的发展有关。秦汉之际，道家炼丹盛行，秦始皇就四处求募"仙丹"，以期长生不老。烧丹炼丹术的发展，再加上汉时冶炼技术的提高，使铅粉的发明具备了技术上的条件。张衡《定情赋》曰："思在面而为铅华兮，患离神而无光。"曹植《洛神赋》："芳泽无加，铅华弗御。"刘勰《文心雕龙·情采》也说："夫铅华所以饰容，而盼倩生于淑姿。"在语言文字中，一个新的词汇，往往伴随着新概念或新事物的出现而诞生。"铅华"一词在汉魏之际文学作品中的广泛使用，当是铅粉之社会存在的反映。

铅粉通常是将铅经化学处理后转化为粉做成，其主要成分为碱式碳酸铅。铅粉的形态有固体及糊状两种。固体者常被加工成瓦当形及银锭形，称"瓦粉"或"定（锭）粉"；糊状者则俗称"胡（糊）粉"或"水粉"。汉刘熙《释名·释首饰》："胡粉。胡者糊也，和脂以糊面也。"化铅所作胡粉，光白细腻。因能使人容貌增辉生色，故又名"铅华"。古时的铅粉是用铅醋化为粉后调以豆粉和蛤粉制成的（图 3-15）。其制作胡粉法（图 3-16）配方在明代李时珍所著的《本草纲目·金石部》卷八中有所记载：

"凡造胡粉（即铅粉），每铅百斤，熔化，削成薄片，卷作筒，安木甑内。甑下，甑中各安醋一瓶，外以盐泥固济，纸封甑缝。风炉安火四两，养之七日。期足启开，铅片皆生霜粉，扫入水缸内。未生霜者，入甑依旧再养七日，再扫，以质尽为度。其不尽者留作黄丹料。

每扫下霜一斤，入豆粉二两，蛤粉四两，水内搅匀，澄去清水。用细灰按成沟，纸隔数层，置粉于上。将干，截成瓦定形，或如垒块，待干收起。此物古因辰、韶诸郡专造，故曰韶粉。……其质入丹青，则白不减。擦妇人颊，能使本色转青。”

即先把铅熔化，削成薄片，卷作筒状，安放在木甑（一种蒸馏或使物体分解用的器皿）内醋化为铅粉。然后每一斤铅粉调入豆粉二两，蛤粉四两，在水缸内搅匀，澄去清水。下垫香灰和宣纸，让湿粉慢慢阴干，然后截成瓦定形，或垒成块状，待干透收起。这样制成的铅粉古时因辰州、韶州、桂林、杭州诸郡专造，故有些书中又称辰粉、韶粉、桂粉或官粉。铅粉比米粉的附着力强，颜色更白，而且有光泽度，不滞涩，但是铅粉含毒，久用会造成重金属沉积，对人体有害，使人的肤色变青，过量甚至会对人体造成生命危险。

十三、石黛

在画眉用品上，汉代主要以石黛为主。《太平御览》卷第七百一十九引《通俗文》云：“染青石谓之点黛。”黛是一种矿石，最初女子画眉，主要使用这种矿石，汉时谓之“青石”，后也称作“石涅”“墨丹”“画眉石”等。这种矿石在矿物学上属于“石墨”一类。“石墨”一名，宋、明间的典籍上已经有之，明代杨慎在其所著《丹铅续录》上说：“山海经，女床之山，其阴多石涅，孝经援神契曰：王者德至山陵，而墨丹出（注：丹者别是彩石，亦犹青白黄皆云丹也），石涅、墨丹即今之石墨也，一名画眉石。”《奁史》卷七十四“脂粉门”引《百粤风土记》载：“广东产石墨，妇女取以画眉，名画眉石。”《楚辞·大招》：“粉白黛黑。王逸注：黛画眉鬓黑而光净。”《本草·别录》：“黑石脂，一名石墨，一名石涅，李时珍曰此乃石脂之黑者，亦可为墨，书字画眉，舐之黏舌，与石炭不同，南人谓之画眉石是也。”据此看来，中国早期的画眉之黛便是“石墨”这种矿物质，也称“石黛”，因其质浮理腻，可施于眉，故又有“画眉石”的雅号。这是中国的天然墨，在没有发明烟墨之前，男子用它来写字，女子则用它来画眉。

石墨因其本身不溶于水，如果直接磨制使用很难和皮肤贴合，因此需要将其先碾成细粉，调入胶液，制成黛块，使用时将黛块在专门的黛砚上磨制成粉，然后加水调和，再用毛笔描画于眉上。因此，汉代的黛砚出土很多，在南北各地的墓葬里常有发现（图 3–17）。如广西贵县罗泊湾一号汉墓的马蹄形梳篦盒内出土有一包已粉化的“黛黑”，盒内还放有木梳及木篦各一件，黛黑和梳篦放在一起，必属化妆品无疑，但遗憾的是简报中并无说明此黛黑为何种材料所制。江苏泰州新庄汉墓出土有黛板 3 件，其中较大的一件和变质岩石制成的方形研磨器同出，板上还粘有黛迹，黛砚原也应是置于漆奁之内。湖南长沙望城坡西汉渔阳墓出土的漆黛砚砚盒木胎，长 19.5 厘米、宽 18.5 厘米，接近正方形，盒盖为盝顶，子母口，盒身中间嵌一块圆

图 3-17 漆盒石砚，长 21.5 厘米、宽 7.4 厘米，右侧方形为研墨石（山东临沂金雀山出土）<

图 3-18 眉笔与眉石（洛浦县山普拉古墓出土）>

图 3-19 红蓝花 ∨

形砚石，盒身平面一角有一凹槽，应为置笔之用。

西域女子画眉和中原女子略有不同，西域女子的美更粗犷一些，她们不会修去原有的眉毛，而是用眉笔直接在眉毛上进行修饰。古代西域女子用于修饰眉毛的主要用具是眉笔和眉石。考古人员在先秦时期的和静县拜勒其尔墓地、公元前 5 世纪前后的伊犁尼勒克县奇仁托海墓地、春秋战国至西汉时期的新疆温宿博孜墩古墓、汉晋时期的洛浦县山普拉古墓（图 3-18）、春秋战国至西汉时期新疆且末县的扎滚鲁克古墓等地都发现了此类用来描眉的眉笔和黑色眉石。眉笔主要有石质和木质两种材质。山普拉古墓出土的木质眉笔为圆锥体，长 7.5 厘米，尖头还附着有黑色染料，据说和田地区的妇女至今还仍保持着用木眉笔描眉的传统风尚。该古墓出土的眉石为不规则形黑石，长 3.1 厘米，宽 2.5 厘米。温宿县博孜墩古墓出土的两套眉笔和眉石，眉笔均以细砂岩石磨制而成，眉石为一种黑色矿石，表面还留有眉石磨取颜色后留下的凹槽，报告中并未说明其材质，据推测也应为石墨一类。

十四、红蓝花胭脂

汉代彩妆品中最为人称道的进步就是红蓝花胭脂的引进。汉以前，胭脂主要是以朱砂为代表的矿物色素制作，颜色鲜艳但有毒性。而红蓝花的引进，使胭脂的制作改为植物色素，健康了很多。宋《嘉祐本草》载："红蓝色味辛温，无毒。堪作胭脂，生梁汉及西域，一名黄蓝。"（图 3-19）西晋张华《博物志》载："'黄蓝'，张骞所得，今沧魏亦种，近世人多种之。收其花，俟干，以染帛，色鲜于茜，谓之'真红'，亦曰'鲜红'。目其草曰'红花'。以染帛之余为燕支。干草初渍则色黄，故又名黄蓝。"史载汉武帝时，由张骞出使西域时带回国内，因花来自焉支山，故汉人称其所制成的红妆用品为"焉支"。"焉支"为胡语音译，后人也有写作"烟支""鲜支""燕支""燕脂""胭脂"等。在汉代，红蓝花作为一种重要的经济作物和美容化妆材料，已经广泛进入匈奴人的社会生活，故霍去病先后攻克焉支、祁连二山后，匈奴人痛惜而歌：“亡我祁连山，使我六畜不蕃息；失我焉支山，使我妇女无颜色。”

红蓝花制胭脂之法，《齐民要术》中有详录。采摘来红蓝花之后，第一步为“杀花”，即先褪去其中的黄色素，留下红色素。杀花之后便可做胭脂，方法是：

“预烧落藜，藜藋（diào）及蒿作灰，无者，即草灰亦得。以汤淋取清汁，初汁纯厚太酽，即杀花，不中用，唯可洗衣；取第三度淋者，以用揉花，和，使好色也。揉花。十许遍，势尽乃至。布袋绞取淳汁，著瓷碗中。取醋石榴两三个，擘（bò）取子，捣破，少著粟饭浆水极酸者和之，布绞取沈，以和花汁。若无石榴者，以好醋和饭浆亦得用。若复无醋者，清饭浆极酸者，亦得空用之。下白米粉，大如酸枣，粉多则白。以净竹箸不腻者，良久痛搅。盖冒至夜，泻去上清汁，至淳处止，倾著帛练角袋子中悬之。明日干浥浥时，捻作小瓣，如半麻子，阴干之，则成矣。”

其基本原理就是，草木灰中含有较高的钾，呈碱性，故此可以利用这一特性溶取干花中所含的红色素。但第一道灰汁碱性太浓，不合用，唯可洗衣。要淋取第三道灰汁，碱性平和，褪下的红色才鲜明合用。在褪下的红色溶液中，再加上酸石榴和酸浆水的酸性液汁，作为媒染剂使用，使红色易于附着皮肤之上。然后在红色溶液中，再放入适量的我们前面提到的白米妆粉，使红汁充分地吸附于白粉之上，然后盖上盖子让其彻底沉淀，倒掉上面的清汁，将下面的红浆倒入熟绢制成的袋子中悬挂起来沥去水分，转天半干时捻成一个个小饼状，阴干，粉状的胭脂饼便做成了。

十五、汉代男妆

汉朝时，不但女子傅粉，男子亦然。《汉书·广川王刘越传》记载：“前画工画望卿舍，望卿袒裼傅粉其旁。”《汉书·佞幸传》中载有“孝惠时，郎侍中皆冠鵕鸃、贝带、傅脂粉。”《后汉书·李固传》中也载有“顺帝时所除官，多不以次。及固在事，奏免百余人。此等既怨，又希望冀旨，遂共作文章，虚诬固罪曰：‘大行在殡，路人掩涕，固独胡粉饰貌，搔首弄姿，盘施偃仰，从容冶步，曾无惨怛伤悴之心’。”这虽是诬蔑之词。但据浓德符《万历野获编》所记：“若士人则惟汉之李固，胡粉饰面。”可见，李固喜傅粉当属实情，当时男子确有傅粉之尚。虽然汉时男子傅粉属实，但或列入佞幸一类，或冠以诬蔑之词，说明男子化妆自古便不为礼教所推崇。

十六、梳妆用具

秦汉时期是我国妆具发展的一个爆发期，漆妆奁出土量很大，而且设计与制作都非常精美，贵族不管男女都普遍使用漆奁盛放梳妆用具，漆奁内盛放之物十分丰富，有铜镜、梳篦、粉盒、假发、笄、镊子、茀、环首刀、针插、各类化妆品等，男性的漆奁内还会有印章、小型兵器、文具等物品。此时的漆奁在全国各地都有发现，出土数量最多的为湖北、湖南、山东、安徽和江苏地区。下面我们以汉初马王堆辛追墓出土的两个漆妆奁为例，为大家展示汉代上层贵妇的妆奁之美。

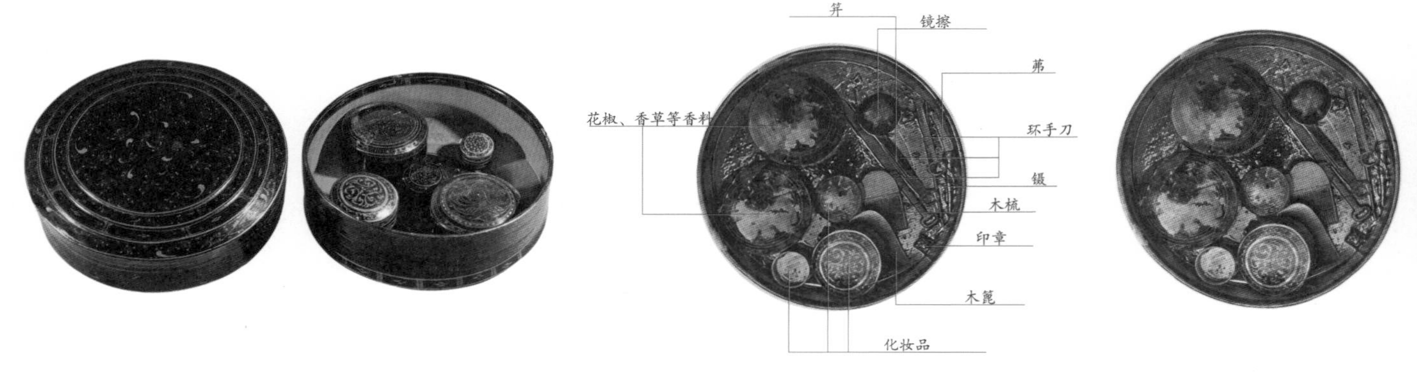

图 3-20　单层五子漆奁内的妆容用具（铜镜及镜衣除外）∧

图 3-21　双层九子漆奁内下层的妆容用具 ∨

辛追墓中一共出土有两个妆奁，一个为单层五子漆奁（图 3-20），一个为双层九子漆奁（图 3-21），保存得非常完好。单层五子漆奁出土时以“长寿绣”绢夹袱包裹。此奁为卷木胎，黑褐色地，以红色和灰绿色绘云纹和几何纹，器身外壁近底处和内壁近口沿处均朱绘菱形几何纹一圈。做工和装饰均十分精美。器内装镜擦一件、镜衣及铜镜一件，环首刀三件、拨、镊、茀、印章各一件，木梳篦各一件，以及圆形小奁五件。出土时其中三件较小的小奁中都盛放化妆品，其中较大的两个小奁中放的是香料。

双层九子漆奁出土时以“信期绣”绢夹袱包裹。盖和器壁为夹纻胎，双层底为石斤木胎。器分上下两层，连同器盖共三部分，三层套合后通高 20.8 厘米。器表髹黑褐色漆，再在漆上贴金箔，金箔上施油彩绘。彩绘以汉代典型的云气纹为主，回环萦绕，华美异常。器内上层隔板厚 7 毫米，板上放素罗绮手套、朱红罗绮手套、“信期绣”绢手套各一副，丝绵、组带、“长寿绣”绢镜衣各一件。下层底板厚 5 厘米，凿出深三厘米的凹槽九个，槽内各放置九个小奁。其中椭圆形小奁两个，分别放白色粉状化妆品和方块形白色化妆品。圆形小奁四件，分别放：丝绵一块和假发一束；粉状化妆品和丝绵粉扑（图 3-22）；胭脂；

油状物质和丝绵粉扑。马蹄形小奁一件，内装梳篦各两件。长方形小奁两件，分别放置油状化妆品；针衣两件，茀两件。

其中，“拨”是古时梳具的一种，用以松鬓。《玉台新咏·梁简文帝〈戏赠丽人〉》载：“同安鬟里拨。异作额间黄。”清吴兆宜注：“妇女理发用拨，以木为之，形如枣核，两头尖尖，可两寸长，以漆光泽，用以松鬓，名曰鬓枣。”其描述和此妆具很像。

五子漆奁（图3–23）中发现的角质镊，长17.2厘米。镊片可以随意取下和装上，柄制作精细，并刻有几何纹饰。《释名·释首饰》载：“镊，摄也，摄取发也。”可见，镊是拔毛发用的，包括眉毛。汉代刘熙《释名》曰：“黛，代也。灭眉而去之，以此画代其处也。”这段话的意思是古人在画眉前一般要拔去天然的眉毛，以黛画之。清王初桐《奁史》卷七三引《郑氏家范》：“妇女不得刀镊工剃面。”从侧面说明刀和镊是女子修面的重要工具。此外，该镊应该还有另外的用途。因镊片可以随意取下和装上，当镊片取下时，其形制即为笄。因此，当也可作为固发用。

“茀”是一种理发用具。清王初桐《奁史》卷七十二“梳妆门”引《东宫旧事》：“皇太子纳妃有漆画猪牦刷大小三枚。”和此甚像。又引《女红余志》：“豪犀刷，鬓器也。唐诗：‘侧钗移袖拂豪犀’。”《释名·释首饰》载：“刷，帅也。帅发长短皆令上从也。亦言瑟也，刷发令上瑟然也。叶德炯曰《说文解字》：‘荔草根可作刷’。”可知，这种刷或用草根做，或用猪毫做，是用来理发。那如何理发呢？清王初桐《奁史》卷七十二“梳妆门”又引《正字通》：“妇人泽发鬃刷曰‘筤’，礼（《礼记》）云‘拂髦’、诗（《诗经》）云‘象揥’。”所谓“泽发”，即指用头油润发。王夫之《楚辞通释》曰：“芳泽，香膏，以涂发。”也就是说，用这种小刷子蘸取发油，用以理发。相当于后来的抿子。此外，它也有刷去梳篦齿间发垢之用。

梳用以梳发，篦用以篦发垢，这都很好理解。针衣为插针之用，可用于缝制假发，

图3–22　粉扑（湖南长沙马王堆汉墓出土）>

图3–23　单层五子奁内的妆容用具，从左到右分别是镜擦、梳、篦、茀、镊、拨<

图 3–24　朱雀衔环杯（河北满城中山靖王刘胜之妻窦绾墓出土，遗产君摄）

粉扑等。除了梳妆用具之外，两个妆奁中共放了大大小小九个盛放各种化妆品的小圆盒，有粉状的、油状的、块状的。五子奁中两个最大的圆盒一个放花椒，一个放香草类植物，都是汉初的香身之物。总之，汉代的妆奁多为多子奁，少则三子，多则可达十一子，其在长沙咸家湖陡壁山一号墓就有出土。大量妆奁的出土，从侧面证明了汉代化妆风习的兴盛与繁荣。

河北满城中山靖王刘胜之妻窦绾墓曾出土过一个朱雀衔环杯（图 3–24），据孙机先生考证为调胭脂用的豆。此杯以朱雀衔环矗立于两高足杯之间兽背之上，兽四足匍匐踏在两高足杯底座上，朱雀展翅翘尾，神采飞扬，喙部衔一能自由转动的白玉环。杯通体错金，朱雀的颈、腹与两杯的表面嵌有圆形、心形绿松石共十三颗。出土时两杯内尚存朱红色痕迹，推测为化妆品。

课后思考

1. 宋代高承在《事物纪原》中说：“秦始皇宫中，悉红妆翠眉，此妆之始也。”如何理解这句话？
2. 汉代所奠定的中国人的妆容审美规范是什么？
3. 中国的道家和儒家学说，对待妆容修饰的态度分别是什么？
4. 如何理解孔子的“绘事后素”观在妆容上的体现？

第四章

魏晋南北朝的化妆

一、概述

魏晋南北朝是指从公元220年曹丕代汉，到公元589年隋灭陈统一全国，共369年。这一时期是中国古代史中最为动荡分裂、战乱频繁的时代。战乱一方面使社会经济遭到相当程度的破坏。但另一方面，由于南北迁徙，民族错居，中央集权的统一大帝国不复存在，也加强了各民族之间的交流与融合，开阔了人们的眼界与知识，使思想上的禁锢被打破。汉代"以仁为本"的儒学信仰出现了危机，社会动荡给人们带来的朝不保夕的危机感，使得人们开始对人生意义重新思索，从而把魏晋思想引向了玄学。玄学一反汉代把群体、社会放在首位的思想，而把个体人格的独立自由提到了第一位。门阀贵族们自命清高、注重教养与风度，推崇和考究人的才情、思辨和品貌、智慧等，带来了"人的觉醒"，这使得魏晋时期大讲人物品藻，"追求内在的智慧，高超的精神，脱俗的言行和漂亮的风貌。而所谓漂亮，就是以美如自然景物的外观来体现出人的内在智慧和品格。"正如宗白华先生所说的那样："汉末魏晋六朝是中国历史上最混乱、社会上最痛苦的时代，然而却是精神上极自由、极解放，最富于智慧、最浓于热情的一个时代，因此也就是最富于艺术精神的一个时代。"这群门阀士族男子们不仅自己爱美，"无不熏衣剃面，傅粉施朱"，追求"标俊清彻""风姿特秀"，当然也会影响身边的女性审美，使得围绕在她们身边的女性也呈现出一种充满神仙气的超脱与自在之美，在妆容的无所禁忌中又保持着一种轻盈与飘逸。

另外，由于天下大乱，人命如草，使西汉就已传入我国的讲求"死生有命，富贵在天，转世轮回，因果报应"的佛教思想，在此时有了扩大其影响的条件。伴随其同来的文学、音乐、舞蹈、建筑、雕塑、绘画、服装，以及化妆等异域文化，给汉文化注入了巨大的活力。这使得汉族的农耕文化、草原的游牧文明和异域的外来文化三者相互碰撞，带来了全新的服饰文化与美学观念。因此，在中国古代化妆史上，魏晋南北朝是一个爆发的时代。妆容文化呈现出一派求新求异，充满自由想象的崭新景象，创造了一系列前所未有的新奇名目。如"斜红妆""额黄妆""寿阳妆""碎妆""佛妆""黄眉墨妆""徐妃半面妆"等，大多形象古怪，立意稀奇。在化妆品的配方及工艺记录方面，北魏贾思勰所撰的《齐民要术》是一部重要的参考著作，说明魏晋时期化妆品的制作已经达到了一个非常高的水平。

二、白妆青黛眉

魏晋的化妆史是一个继往开来的过程。一方面，汉代在儒道文化共同影响下成型的中国汉族女性妆容审美规范——"素雅"与"纤柔"之美，继续被文人士大夫阶层继承着，依然还是贵族女性妆容的主流，这一点我们在东晋顾恺之传世的一系列画作摹本中能深深地体会到这一点（图4–1）；另一方面，受到北方游牧民族和西域文明影响的各式彩妆也层出不穷，这类彩妆从文献和文物两方面来看则主要集中在需要以色娱人的后宫嫔妃和歌舞乐伎身上，像吴主孙皓后宫有美女五千，晋武帝后宫人

数突破一万，“王侯将相，歌妓填室；鸿商巨贾，舞女成群。竞相夸大，互有争夺，如恐不及，莫为禁令”。魏晋南北朝文献的奇装异服，主要就集中在这群后宫佳丽、家伎舞女身上。

《中华古今注》卷中云：“梁天监中，武帝诏宫人梳回心髻，归真髻，作白妆青黛眉。”白妆就是一种不施胭脂的素妆，素雅之美始终是中国古代女子化妆的主流。这里的“青黛”不仅可以指代青绿的眉色，也可以特指一种专门的眉黛。

青黛在本草资料中称靛（通淀）花、青蛤粉等，是一种植物色素的加工品，既具清热解毒凉血的药用，也可作为染料。其在中国境内主要由蓼科植物蓼蓝（Polygonum tinctorium Ait）、十字花科植物菘蓝（Isatis indigotica Fort）、爵床科植物马蓝（Baphicacanthus cusia [Nees] Bremek）等的叶或茎叶加工而成。《本草纲目》“草部”卷十六载：“青黛从波斯国来，今以太原并庐陵、南康等处，染淀瓮上沫紫碧色者用之，与青黛同功。时珍曰：波斯青黛，亦是外国蓝靛花，既不可得，则中国靛花亦可用。”这里的波斯青黛，笔者认为应该是产自印度的木蓝所制，因为印度是靛蓝染色最古老的中心，靛蓝（indigo）一词源于“Indic”这个字，又源于印度（India），过去专门用来指产自印度的漂亮蓝色染料。在能够提取靛蓝染料的诸多含靛植物中，原产于热带地区的木蓝（Indigofera tinctoria Linn），也称印度槐蓝，被认为是提取靛蓝最为正宗的植物。

宋应星在《天工开物》中记载有蓝淀的制法：“凡造淀，叶与茎多者入窖，少者入桶与缸。水浸七日，其汁自来。每水浆一石，下石灰五升。搅冲数十下，淀信即结。水性定时，淀沉于底。”沉于底的称为靛泥，用于染布可以染出很漂亮的蓝。将靛泥挖出晒干，磨成粉状便是青黛粉。将青黛粉与胶调和做成黛块，便可用于画眉（图 4–2）。按照《天工开物》制淀法，用马蓝制取靛泥，将靛泥晒干磨成青黛粉，调和牛骨胶液混合揉制黛块，塑形阴干而成。做出的黛块因选择植株的不同及制作过程不同，导致颜色有所差异，以黑中透蓝绿色的青黛为上品。

三、红妆

红妆即以胭脂、红粉涂染面颊来修饰

图 4–1　东晋顾恺之《列女仁智图》中的仕女形象 <

图 4–2　青黛复原及上色效果（李芽制作）>

妆容。南朝齐谢朓《赠王主簿》诗云："日落窗中坐，红妆好颜色。"梁武陵王《明君词》中也云："谁堪览明镜，持许照红妆。"北朝无名氏《木兰诗》中也写道："阿姊闻妹来，当户理红妆。"温庭筠《靓妆录》中还记载："晋惠帝令宫人梳芙蓉髻，插通草五色花，又作晕红妆"（图4-3）。做红妆必然要用胭脂，此时胭脂的制作相比秦汉时期，亦有所发展。出现了绵胭脂和金花胭脂。绵胭脂是一种便于携带的胭脂。以丝绵卷成圆条浸染红蓝花汁而成，妇女用以敷面或注唇。晋崔豹《古今注》卷三中载："燕支……又为妇人妆色，以绵染之，圆径三寸许，号绵燕支。"金花胭脂是一种便于携带的薄片胭脂，以金箔或纸片浸染红蓝花汁而成。使用时稍蘸唾沫使之溶化，即可涂抹面颊或注点嘴唇。同是晋崔豹《古今注》卷三中载："燕支……又小薄为花片，名金花烟支，特宜妆色。"即指此。

图 4-3 着晕红妆的北魏乐舞陶俑（洛阳市博物馆藏，李芽摄影）<

图 4-4 紫粉复原品（李芽制作）>

四、紫妆

紫妆，是以紫色的妆粉拂面，最初多用米粉、胡粉掺落葵子汁调和而成，呈浅紫色（图4-4）。相传为魏宫人段巧笑始作。晋崔豹《古今注》卷下中载："魏文帝宫人绝所爱者，有莫琼树、薛夜来、田尚衣、段巧笑四人，日夕在侧。……巧笑始以锦衣丝履，作紫粉拂面。"至于巧笑如何想出以紫粉拂面，根据现代化妆的经验来看，黄脸者，多以紫色粉底打底，以掩盖其黄，这是化妆师的基本常识。由此推论，或许段巧笑是个黄脸姑娘。北魏贾思勰《齐民要术》卷五中曾详细记载了"作紫粉法"：

"用白米英粉三分，胡粉一分，（不著胡粉，不著人面）和合均调。取落葵子熟蒸，生布绞汁，和粉，日曝令干。若色浅者，更蒸取汁。重染如前法。"

就是用我们前两章所介绍的白米英粉三分，胡粉一分，和合调均。取落葵子（《本草纲目·菜部》卷二十七中载：落葵……俗名胭脂菜……其子紫色，女人以渍粉傅面为假色。）熟蒸，用纱布绞出其汁液，和入粉内，在太阳下晒干，就做成了。若觉得颜色不够浓，便增加汁液的比重即可。唐代以后则掺入银朱，改成红色。明宋应

星《天工开物》卷十六中便载有：“紫粉，红色。贵重者用胡粉、银朱对和，粗者用染家红花滓汁为之。”

五、徐妃半面妆

徐妃半面妆，顾名思义，即只化半边脸的妆，另半边为素颜（图 4–5）。相传出自梁元帝之妃徐氏之手。《南史·梁元帝徐妃传》中载：“妃以帝眇一目，每知帝将至，必为半面妆以俟。帝见则大怒而出。”徐妃名徐昭佩，梁元帝萧绎的正妻，出身豪门，但是没有姿容，且放荡不羁，因此不被礼遇，萧绎每二三年才进她的房间一次，两人感情非常不好。徐妃最终也因自己的大胆行为落得被赐死的结局，但她创造的这一妆容现象则名留史册。

六、仙蛾妆

仙蛾妆，是一种眉心相连的眉妆。在魏晋南北朝，汉代的蛾眉和广眉仍然颇为流行。晋崔豹《古今注》卷中便写道：“今人多作娥眉。”南朝梁沈约《拟三妇》诗中也有：“小妇独无事，对镜画蛾眉。”此时的长眉则在汉代的基础上更有发展，《妆台记》中叙“魏武帝令宫人扫黛眉，连头眉，一画连心细长，谓之仙蛾妆；齐梁间多效之”。《中华古今注》亦云：“魏宫人好画长眉，今作蛾眉惊鹄髻”。文人诗赋中，亦有曹植《洛神赋》中“云髻峨峨，修眉联娟”的赞辞及南朝梁吴均的“纤腰曳广袖，半额画长蛾”等。可见，此时的长眉，不仅仅朝“阔耳”的方向延伸，还是眉心相连的连心眉（图 4–6）。长眉之所以会发展为连心眉，这应该和西域文化东传有关。西亚的人种毛发都比较浓密，他们很多人天生眉毛就会在眉心长到一起，这在美索不达米亚地区出土的大量古代雕塑中都可以看到。到过新疆的很多朋友也会注意到，维吾尔族的姑娘喜欢把眉毛描得很黑、很长，甚至眉宇之间也连接起来。维吾尔族民间有从女性眉毛间的距离来预测所嫁之地远近的说法，眉毛越近嫁得越近，眉毛越远嫁得越远，若是连眉则嫁邻居。因此许多不希望女儿远嫁的维吾尔族妈妈

图 4–5　“徐妃半面妆”妆容复原（模特：杨述敏；化妆造型：张妍、刘永辉；设计：李芽）<

图 4–6　“仙娥妆”妆容复原（模特：张泽月；化妆造型：袁悦佳；设计：李芽）>

图 4-7 甘肃省酒泉丁家闸十六国墓壁画中描绘的广眉女乐伎，头梳发环，群臂乱舞 >

图 4-8 “寿阳公主嫁时妆，八字宫眉捧额黄”妆容复原（模特：汪晨雪，化妆造型：张晓妍；设计：李芽）<

们就用一种叫“奥斯曼”的植物叶子榨取的汁，俗称“乌斯玛”来描眉，不仅效果好，而且可以刺激眉毛生长。久而久之，被充分滋养的眉毛就变得乌黑浓密，眉心相连了。而广眉在十六国时期出土的一系列女乐伎壁画中广泛存在，其所展现的旷达随性的气质，呈现出中国古代女子最为奔放的一面（图 4–7）。

七、出茧眉

出茧眉应该就是指峨眉，宛若春蚕刚出茧的蚕蛾触须。南朝何逊《咏照镜诗》云：“聊为出茧眉，试染夭桃色。”即指这种眉式，且还染成了发红的夭桃之色，当时当属另类了。

翠眉、黛眉此时依然为广大妇女所钟爱。晋代陆机在《日出东南隅行》赋中便描写罗敷有“蛾眉象翠翰”的美丽，梁简文帝《咏美人晨妆诗》中有“散黛随眉广，胭脂逐脸生”的面妆，在顾恺之的《女史箴图》和《列女图》中也可窥见一二。左思在《娇女诗》中，言其小女：“黛眉类扫迹，黄吻烂漫赤”。庾信在《镜赋》中则以大量篇幅事无巨细地描写了贵妇梳妆的过程，其中也描写了眉妆：“鬓齐故掠，眉平犹剃，飞花砧子，次第须安，朱开锦蹋，黛蘸油檀，脂和甲煎，泽渍香兰。”

八、八字宫眉捧额黄

魏晋南北朝化妆最大的特点就是面饰运用的大爆发。面饰就是绘制或者粘贴于脸部的面花，一共有四种类型，其中饰于眉心的“花钿”和饰于面颊两侧的“面靥”先秦时候就已有了，其他两种“额黄”和“斜红”则是魏晋时期才出现的。

“额黄”，也称“鹅黄”“鸦黄”“约黄”“贴黄”“宫黄”等。因为是以黄色颜料染画于额间，故名。它的流行，与魏晋南北朝时佛教在中国的广泛传播有着直接的关系。当时全国大兴寺院，塑佛身、开石窟蔚然成风，妇女们或许是从涂金的佛像上受到了启发，也将自己的额头染成黄色，久之便形成了染额黄的风习。北周庾信《舞媚娘》诗中曾写道：“眉心浓黛直点，额角轻黄细安。”梁江洪《咏歌姬》诗中亦云：“薄鬓约微黄，轻细淡铅脸。”南朝梁简文帝萧纲在多首诗中都曾提及额黄，如《戏赠丽人》“同安鬟里拨，异作额间黄”；《率尔为咏诗》“约黄出巧意，缠弦用法新”；《美女篇》“约黄能效月，裁金巧作星”。李商隐《蝶三首》诗中描写南朝宋武帝之女寿阳公主时云：“寿阳公主嫁时妆，八字宫眉捧额黄。”（图4–8）就连公主出嫁之时都要画上额黄妆，可见其在当时流行的程度。

染鹅黄的颜色，经试验，姜黄是一种很适合的材料。其染色后的效果是一种明亮的黄色，附着力强而且非常透明（图4–9）。自一千多年前起，姜黄（粉）作为药品就陆续被记录在古印度的传统医学“阿育吠陀”、泰米尔古医学“Siddha Medicine”等诸多亚洲国家的古医学书籍中。印度人民自古认为姜黄粉内服有助于祛除疾病，外用则可以改善皮肤健康问题。直到现在，印度人民举行婚礼之前，一个重要的仪式就是给新郎、新娘的脸上、手臂上、腿和脚上涂上姜黄泥，保证新人的皮肤柔软、嫩滑。除了婚礼，涂抹姜黄粉也会被用在印度教各种宗教仪式中。因此，随着佛教东传，鹅黄作为一种异域文化被中国女性广泛接受也是顺理成章。除了染画，鹅黄也有用黄色硬纸或金箔剪制成花样，使用时以胶水粘贴于额上的。由于可剪成星、月、花、鸟等形状，故又称“花黄”。南朝梁费昶《咏照镜》诗云：“留心散广黛，轻手约花黄”；“陈后主《采莲曲》云：“随宜巧注口，薄落点花黄。”就连北朝女英雄花木兰女扮男装，代父从军载誉归来后，也不忘“当窗理云鬓，对镜贴花黄。”

九、斜红妆

“斜红”，为面颊两侧，鬓眉之间的一种妆饰，大多形如月牙，色泽鲜红，形象古怪，立意稀奇，有的还故意描成残破状，犹如两道刀痕伤疤，亦有作卷曲花纹者。其俗始于三国时。南朝梁简文帝《艳歌篇》中曾云：“分妆间浅靥，绕脸傅斜红”便指此妆。这种面妆，现在似乎看来不伦不类，但在古时却引以为时髦是有原因的。五代南唐张泌《妆楼记》中记载着这样一则故事：魏文帝曹丕宫中新添了一名宫女叫薛夜来，文帝对之十分宠爱。某夜，文帝在灯下读书，四周围以水晶制成的屏风。薛夜来走近文帝，不觉一头撞上屏风，顿时鲜血直流，痊愈后乃留下两道伤痕。但文帝对之仍宠爱如昔，其他宫女见而生羡，也纷纷模仿薛夜来的缺陷美，用胭脂在脸颊上画上这种血痕，取名曰“晓霞妆”，形容若晓霞之将散。久之，就演变成了这种特殊的面妆——斜红（图4–10）。可见，斜红在其源起之初，是出于一种伤痕美，因此其流行的时间相比于其他几种面饰来说是最短的，晚唐之后基本就消失了，只在宋明皇后礼服搭配的珍珠宝靥中能看到一点余续。

图4–9　姜黄片及皮肤上色效果

十、梅花妆

梅花妆，专指一种饰于额头眉间的梅

图 4-10 东晋顾恺之《女史箴图》中的描斜红、画花钿的贵族女子（大英博物馆藏）<

图 4-11 十六国纸本画作中的侍女，两颊各画一朵梅花（新疆吐鲁番阿斯塔那 13 号墓出土，新疆维吾尔自治区博物馆藏）>

花形花钿。相传南朝宋武帝刘裕之女寿阳公主，在正月初七日仰卧于含章殿下，殿前的梅树被微风一吹，落下一朵梅花，不偏不倚正落在公主额上，额中被染成花瓣之状，且久洗不去。宫中女子见其新异，遂竞相效仿，剪梅花贴于额，后渐渐由宫廷传至民间，成为一时风尚，故又有“寿阳妆”“落梅妆”“梅妆”等称呼（图 4-11）。

当时粘贴花钿的胶是一种特制的胶，名呵胶。使用时，只需轻呵一口气便发黏，相传是用鱼膘制成的，黏合力很强，可用来粘箭羽。妇女用之粘贴花钿，只要对之呵气，并蘸少量口液，便能溶解粘贴。卸妆时用热水一敷，便可揭下，十分方便。

十一、碎妆

“碎妆”，是一种将面靥画（贴）满脸的妆容。六朝时的面靥形状并不只局限于圆点，而是各种花样、质地均有。如似金黄色小花的“星靥”，北周庾信《镜赋》里有“靥上星稀，黄中月落”；以金箔片制成小型花样的面靥，南朝张正见《艳歌行》中有“裁金作小靥，散麝起微黄”。这里的“星靥”“金靥”我们可以想象应该是带有布灵布灵闪闪发光的妆效的，这种闪烁的妆效，离不开一种神奇的物质，那就是云母。

云母是一种造岩矿物，因为其层状解理非常完全，所以可以剥分成很薄很薄的薄片；而且其天然具有玻璃光泽，对光线的折射率很高；再加上色彩非常丰富，有黑云母、金云母、白云母、锂云母、绢云母、绿云母等。所以自古人们就喜爱将之用于装饰纸笺、器物等。但古时的工艺还无法将云母打磨成极细的颗粒，所以将云母用于化妆品时，大多是将其制作成片状花钿，贴在脸上当作亮闪闪的面饰。例如《中华古今注》就有载：“后周，诏宫人帖五色云母花子，作碎妆，以侍宴。”（图 4-12）拿鱼鳔做的呵胶把五色云母花子贴在脸上，东一个，西一个，犹如碎玻璃洒了一地一闪一闪的效果，可能就是“碎妆”这个名称的由来吧！唐代的诗人王建还专门写过一首《题花子赠渭州陈判官》：“腻如云母轻如粉，艳胜香黄薄胜蝉。”将“花子”的腻、轻、艳、薄描述得淋漓尽致。

图 4–12 帖五色云母花子的"碎妆"妆容复原（模特：张泽月；化妆造型：吴娴，张晓妍；设计：李芽）<

图 4–13 "墨妆黄眉"妆容复原（模特：杨述敏；化妆造型：李依洋、张晓妍；设计：李芽）>

十二、墨妆黄眉

墨妆始于北周，即不施脂粉，以黛饰面。《隋书·五行志上》载："后（北）周大象元年……朝士不得佩绶，妇人墨妆黄眉。"唐宇文氏《妆台记》中也载："后（北）周静帝，令宫人黄眉墨妆。"可见墨妆必与黄眉相配，也是有色彩点缀的。这里的以黛饰面，据明张萱《疑耀》卷三中所载："后周静帝时，禁天下妇人不得用粉黛，令宫人皆黄眉黑妆。黑妆即黛，今妇人以杉木灰研末抹额，即其制也。"可知明时的黑妆是以黑末抹额，北周的墨妆或许也是如此。

眉妆用黄，大约也是印度的风习，经西域输入华土。但妆眉的黄黛无法使用姜黄，因姜黄呈色透明，没有覆盖力，而染眉则须有一定覆盖力的物质。黄黛究竟是何物，文献中并没有明确的答案。但从唐王涯《宫词》："内里松香满殿闻，四行阶下暖氤氲；春深欲取黄金粉，绕树宫女着绛裙。"以及温庭筠诗："扑蕊添黄子"等诗句看来，或许黄粉就是松树的花粉。松树花粉色黄且清香，并有一定覆盖力，确实宜作黄黛之用（图 4–13）。

十三、黑唇

魏晋南北朝时期的唇妆沿袭汉制，仍以娇小红润为尚，多以红色丹脂点唇，亦称"朱唇"。魏曹植《七启》之六中写道："动朱唇，发清商。"晋左思《娇女诗》中也写有："浓朱衍丹唇，黄吻澜漫赤。"傅玄《明月篇》中也有："丹唇列素齿，翠彩发蛾眉。"

除红色的朱唇外，南北朝时还兴起了一种以乌膏染唇，状似悲啼的"嘿唇"。初为歌舞乐伎所饰，后传至民间，成为一种时髦的妆饰。南朝徐勉《迎客曲》中便载有："罗丝管，舒舞席，敛袖嘿唇迎上客。"这里的"嘿"应该是"黑"的通假字，乌膏朱唇在吐蕃和契丹族中都有记载，这些黑唇舞女或许是受到这些民族的影响（图 4–14）。

图 4-14 乌膏复原品（李芽制作）<

图 4-15 澡豆复原品（王一帆制作）>

十四、澡豆

魏晋南北朝的女子也同样要用面脂、口脂和香泽来护肤、护唇、护发。南朝梁刘缓《寒闺》诗中载："箱中剪尺冷，台上面脂凝。"南朝刘孝威《郗县遇见人织率尔寄妇诗》也云："艳彩裾边出，芳脂口上渝。"三国魏曹植《七启》中载："收乱发兮拂兰泽。"其《洛神赋》中也写道："芳泽无加，铅华弗御。"南朝梁萧子显《代美女篇》中也云："余光幸未惜，兰膏空自煎。"这里的兰泽、芳泽、兰膏均指的是润发用的油膏。面脂和香泽的做法都记载在《齐民要术》中，第二章已经介绍过。口脂的做法据《齐民要术》载："即在白色面脂的基础之上，调以朱砂着色，裹以青油润之，即可。"

除了护肤护发品外，此时的人们还发明了很多类似当今洗面奶的洗面用品，如"白雪"，即用桃花汁调雪洗面，使皮肤光泽妍丽。北齐崔氏《靧面辞》中云："取红花，取白雪，与儿洗面作光悦。取白雪，取红花，与儿洗面作妍华。取花红，取白雪，与儿洗面作光泽。取白雪，取花红，与儿洗面作华容。"还有一种类似如今香皂之类的"化玉膏"。据说以此盥面，可以润肤，且有助姿容。相传晋人卫玠风神秀异，肌肤白皙，见者莫不惊叹，以为玉人。其盥洗面容即用此膏。《说郛》卷三十一辑无名氏《下帷短牒》中载："卫玠盥面，用化玉膏及芹泥，故色愈明润，终不能枯槁。"

但在所有洗面用品中，最名贵的还属澡豆（图 4-15）。孙思邈《千金翼方》论曰："面脂、手膏、衣香、澡豆，士人贵胜皆是所要。"澡豆类似今日的香皂，原以豆面和诸药制成，故名。在化妆前用澡豆洗面乃至洗身，可以洗涤污垢，保健肌肤，甚至可以因配药的不同，使之具备治疗雀斑等功能。澡豆在南朝时还只限皇家使用，《世说新语》中载："王敦初尚主，如厕……既还，婢擎金澡盘盛水，琉璃碗盛澡豆，因例著水中而饮之，谓是干饭。群婢莫不掩口笑之"。王敦是士族，尚且不知澡豆，可见其物之罕。其配方在唐孙思邈的《备急千金要方》、唐代王焘的《外台秘要方》、元代许国桢编撰的《御药院方》等医书中都有记载。

十五、《齐民要术》

要说到古方妆品的制作配方、工艺流程、妆品门类介绍得最详细，出版时间最早的书籍，非《齐民要术》莫属，这本书堪称古方妆品制作的奠基书籍。《齐民要术》大约成书于北魏末年（533—544），

是北魏时期中国杰出农学家贾思勰所著的一部综合性农学著作，是中国现存最早的、最完整的大型农业百科全书。《齐民要术》的内容，牵涉广泛，用贾思勰自己的话来说，叫作“起自耕农，终于醯醢，资生之业，靡不毕书”。因为古方妆品的原料大多出自植物类和动物类农产品，故在其第五卷中讲述染料作物时就专门介绍了红蓝花的种植，并附带有“作燕脂法”“合香泽法”“合面脂法”“合手药法”“作紫粉法”“作米粉法”和“作香粉法”，为我们考察中国早期的化妆品制作提供了非常详尽的资料。其制作步骤介绍的详细程度要远比诸多的古代医书细致得多，为古方妆品复原提供了重要的文献参考。由此我们也可以看出，魏晋时期，化妆品的制作已经非常成熟，化妆的普及率自然也不会很低。也难怪，贵游子弟“无不熏衣剃面，傅粉施朱”了（图 4–16）。

十六、魏晋男妆

在魏晋之前，在儒家对人物的品评中，仪容就已经是一个重要的方面。但儒家所要求的美是同伦理道德、政治礼法相结合的，强调美服从于伦理道德上的善，对于美带给人的感官愉悦的享受是忽视的，有时甚至是否定的。但魏晋时期的人物品藻则不同，其开始剥离善的层面，使审美完全成为独立于伦理道德之外的活动，赋予了人的容貌举止的美以独立的意义，并且极为重视这种美。这使得中国历史上有名的美男几乎都出自这一时期，这绝不是一个偶然的现象。例如：“掷果盈车”的潘安、“美如珠玉”的卫玠、“风姿特秀”的嵇康、“神清骨秀”的曹植（图 4–17）、“才武而面美”的兰陵王等。以至南朝人刘义庆编撰的《世说新语》一书中专门辟有“容止”一门来叹赏魏晋男人之美，这在中国历史上绝无仅有的。

魏晋美男们的容貌大致有以下几点共同之处：一为肤色白皙、宛如珠玉。例如身为曹操养子兼驸马的何晏是“美资仪，面至白”；才武而面美的兰陵王《隋唐嘉话》中说他是“白类美妇人”。正因为美男子

图 4–16 《齐民要术》<

图 4–17 顾恺之《洛神赋》中身穿宽袍大袖“神清骨秀”的曹植（左二）>

都是肤色如珠玉般白皙有光泽，因此，“珠玉”也成为吟咏美男子最常用的词汇。例如嵇康醉态“巍峨如玉山之将崩”；裴楷被时人称为“玉人”；卫玠的舅舅感慨走在卫玠身旁，是“珠玉在侧，觉我行秽”；王敦称赞王衍身在众人之中“似珠玉在瓦石间”。二为眼有神采，瞳仁漆黑。对于眼睛来说，中国古代男子是重神不重形。例如裴令公赞王戎便是：“眼烂烂如岩下电。”即形容眼神明亮逼人，如同照耀山岩的闪电。而裴令公即使是生病卧床，也依然是“双眸闪闪若岩下电。”此外，美男子大多有漆黑的瞳仁，因为这会愈加显得炯炯有神，气势逼人。例如王羲之见到杜弘治，赞叹道：“面如凝脂，眼如点漆，此神仙中人。”谢公见到支道林，也赞曰：“见林公双眼黯黯明黑。”三为秀骨清像，风神卓然。即在身材上追求清秀瘦削、修身细腰的形象，即所谓“秀骨清像”。例如“风骨清举”；温峤“标俊清彻”；嵇康“风姿特秀”；王衍“岩岩秀峙”，等等。

要想维持仪容的秀丽，化妆自是必不可少，魏晋可能是中国古代男子最重视化妆的时代了。在男子化妆中，敷粉是最为流行的手法。敷粉成了士族男子中的一种时尚。尤其是魏时，敷粉乃为曹氏“家风”，不论是曹姓族人，还是曹家快婿，皆喜敷粉。《魏书》载：“时天暑热，植（曹植）因呼常从取水，自澡讫，傅（敷）粉。”《世说新语·容止》称何晏：“美姿仪，面至白”，似乎天生如此，于是魏明帝疑其敷粉，曾经在大热天，试之以汤饼，结果“大汗出，以朱衣自拭，色转皎然。”宋代诗人黄山谷还用此事入《观王主簿酴醿》诗，有“露湿何郎试汤饼”之句。古来每以花比美人，山谷老人在此却以美男子比花，也算是一个创造了。从上文来看，似乎何晏生来就生得白皙，不资外饰。《魏书》中却说：“晏性自喜，动静粉白不去手，行步顾影。”魏晋清谈之风甚炽，藻饰人物，不免添枝加叶，以为谈资，不能全以信史视之。但何晏生长曹家，又为曹家快婿，累官尚书，人称“傅粉何郎”。且敷粉乃曹氏“家风”，当时习尚，岂有不相染成习之理?

除了敷粉之外，还有熏香剃面。《颜氏家训·勉学》中载：“梁朝全盛之时，贵族子弟，多无学术……无不熏衣剃面，傅粉施朱。”可见，梁朝的男子不仅敷粉，还要施朱（胭脂），且刮掉胡子，熏香衣裤。当时名贵的香料都是从西域南海诸国进口的，例如甘松香、苏合香、安息香、郁金香等，均奇香无比。且当时香料的制作工艺日益精进，从汉初的天然香料转化为合成香料，《南史》中便载有范晔所撰的“和香方”，以十余种进口的名贵香料调和而成，当为可以想见的袭人之香。由于熏香耗资甚费，曹操曾发布一道《魏武令》禁止烧香、熏香，曰：“昔天下初定，吾便禁家内不得香薰。……令复禁，不得烧香！其以香藏衣着身，亦不得！”可哪里禁得住！魏晋之际，这种熏香风气在士族中普遍传开，士人佩戴香囊的十分普遍，如东晋名将谢玄便“少好佩紫罗香囊。”

十七、化妆器具

魏晋南北朝时期妇女化妆的妆具总称“严器”“严具”或“奁具”。江西南昌晋代夫妇合葬墓中，有一木方上记载了随葬器物的名称，其中便包括许多化妆品及用具：有严器一枚、铜镜一枚、白练镜衣

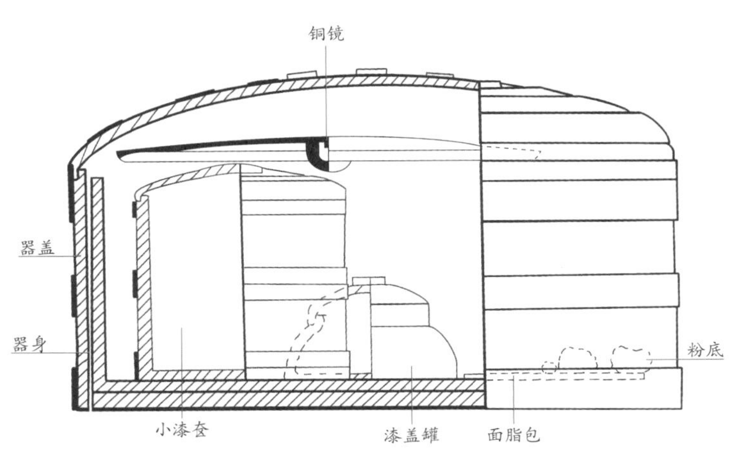

一枚、白绢粉囊一枚、刷一枚、练细栉二枚、面脂一口，饰面巾一枚等，可谓名目繁多，应有尽有了。

魏晋南北朝的妆奁形制与汉代相似，主要为圆形，也有单层及双层之分。湖北襄阳樊城菜越三国墓出土十件圆筒形漆奁（图 4-18），其中一只漆奁内清理出的化妆用具有铜镜、两只小漆奁、一只小型漆盖罐；化妆用品则有面脂包和粉底[1]。江西南昌东吴高荣墓出土过两件双层圆漆奁，器身上部有一盘形盖，高 15.5 厘米、直径 25 厘米。顾恺之《女史箴图》中两名女子在一镜台前梳妆，旁边地上放置了一套圆形漆妆奁，最右边是个漆妆奁的盖子，盖顶饰有柿蒂纹；中间是双层漆妆奁，里面还套有几只小盒，旁边是漆奁里面的一个托盘；最左边是个长方形的漆奁，可能是个首饰盒子（图 4-19）。此外，魏晋时期还有铜妆奁，如江苏宜兴西晋周姓家族墓出土过两件铜奁，一件盒内装铜镜、铁镜和铁匕首各一件；另一件内装铜镜一面（图 4-20）。南京人台山东晋兴之夫妇墓也出土有相同样式的铜奁一件，与之同出土的有铜镜、铜削、铜三叉形器等，这几件铜奁均出自士大夫阶层的男性墓，当为男用化妆器具。

此时的粉盒依旧流行漆粉盒，造型以圆形直腹为主。如湖北襄阳樊城菜越三国墓出土漆奁中清理出一套化妆用品和用具，包括铜镜 1 枚、小漆奁 1 件、漆粉罐一件（图 4-21）、以布囊装朱砂面脂的粉囊 1 件、粉底 4 件。魏晋时期在新疆地区发现的漆粉盒样式颇有特点，如新疆尉犁县营盘东汉至魏晋墓出土有漆粉盒多件，其中 M6 出土的两件漆粉盒其一盖为尖顶呈蒙古包形，子母口，器表黑漆地上彩绘花叶、云纹，出土时盒内盛一粉红色粉扑和一串项链，还有白色粉粒；另一件出土时内盛一条红绢带、两个红色棉粉扑，还有少许白色粉块。除了漆粉盒，此时还有铜、瓷质类粉盒（图 4-22）及粉罐。

魏晋墓考古发现的剪刀开始增多，以铁剪为主，出现了将剪、小刀等物挂坠于银链之上的设计方式，不仅方便随身携带，也方便不同物品功能的组合使用。南京象山东晋王丹虎（女）墓出土有一支银链铁

图 4-18　漆妆奁（湖北襄阳樊城菜越三国墓出土）<

图 4-19　《女史箴图》中的镜台和妆奁 >

1　刘江生等：《湖北襄樊樊城菜越三国墓发掘简报》，《文物》2010 年第 9 期。

图 4-20 铜妆奁（江苏宜兴西晋周处家族墓出土）

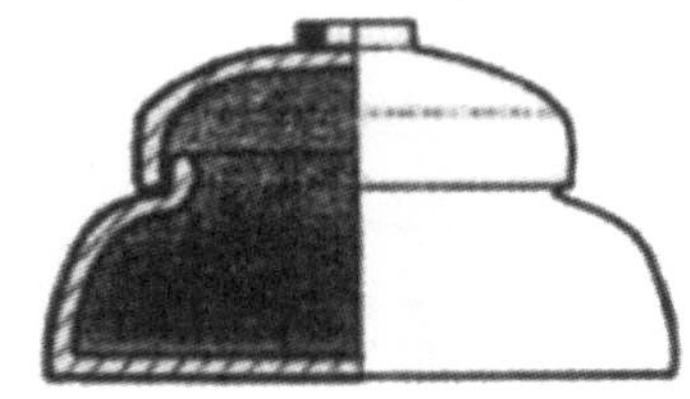

图 4-21 漆粉罐（湖北襄阳樊城菜越三国墓出土）

图 4-22 东晋越窑青釉点彩瓷盒（陈国桢藏）

图 4-23 带链铁剪（江苏南京仙鹤街皇册家园六朝墓出土）

剪与小刀，铁剪与小刀以银链相连，银链长 16.8 厘米，剪为交股“8”字形，小刀外有黄色骨制的刀鞘，剪上有六层丝织物和朱色漆片残物，说明此银链铁剪与小刀是用丝织物先包裹再放置于漆盒内。漆盒内还放有铁镜等物，此铁剪与小刀是用于梳妆，小刀可以刮除不需要的眉毛，剪刀则可剪短稍长的眉毛。这类带链铁剪在南京仙鹤街皇册家园六朝墓中也有发现（图 4-23）。

魏晋的黛砚相比于汉代有所发展，南昌火车站东晋墓出土一件正方形黛砚，其上有一正方形小池，可用于放置研磨器。黛砚不仅可以研磨眉黛，亦可研磨妆粉。南京仙鹤观东晋墓出土的一件石黛板，石板上尚存一层厚约 0.1 厘米的黑色粉状物和零星红色粉状物。江苏江宁县下坊村东晋墓出土过一件蜡质黛板，一面也残留少量的红色粉状物。[1]

课后思考

1. 魏晋南北朝在彩妆上是如何呈现出爆发状态的？
2. 佛教的东传对中国的妆容有哪些方面的影响？
3. 魏晋的男子化妆都有哪些门类和特色？
4. 北魏贾思勰的《齐民要术》中介绍了哪些妆品配方？

1 邓莉丽：《锦奁曾叠——古代妆具之美》，中华书局，2023。

第五章

隋唐五代的化妆

一、概述

公元581年，隋文帝杨坚夺取北周政权建立隋王朝，后灭陈统一中国，但隋炀帝好大喜功，耗竭民力，致使隋朝仅维持三十余年。隋代官僚李渊、李世民父子在诸多起义军中占据优势，进而消灭各部，建立唐王朝，重新组织起中央集权的秩序，时值618年。自此三百年后，907年，朱温灭唐，建立梁王朝，使中国又陷入长达半个世纪的混乱分裂之中。因梁、唐、晋、汉、周五个朝廷相继而起，占据中原，连并同时出现的十余个封建小国，在历史上被称为五代十国。

隋代从妇女化妆来看，上不如魏晋式样之丰富，下不及唐代之多彩。首先，历史时间较短当然是其中原因之一。其次，隋文帝取得政权后，怕人心不服，常存警戒之心，力求保国的方法，其中主要的一条便是节俭。再加上隋文帝畏惧皇后独孤氏，让她参与政权，在当时宫中称为“二圣”。独孤后要求杨坚“无异生之子”，每日同舆迎送，使其无法接近其他女子，更不许妃妾美饰，这都在一定程度上助成了隋文帝的节俭生活。由于皇帝尚俭，因此积久成为风习。至于炀帝奢靡，仅限于一时宫廷特殊生活，百姓则是民不聊生。因此隋朝化妆总体都是崇尚简约的。

唐代是中国封建文明的鼎盛时期，不仅南北统一、疆域辽阔，而且政治稳定、经济发达、文教昌盛。因此统治者自信心很强，采取了开放国门的政策，对外交流非常频繁。唐代首都长安不仅君临全国，而且是当时亚洲的经济文化中心。各国使臣、异族同胞均亲密往来，互通有无。可谓一派“九天阊阖开宫殿，万国衣冠拜冕旒”的盛世景象，这使得唐代形成了多元的文化与雄健豪放的时代精神。唐代在思想领域，儒、道、佛三家兼容并包，儒家思想和儒家礼教没有成为统治思想和绝对权威，因而礼教观念相对淡漠，对妇女各方面的束缚都比较宽松，这一切都促使化妆有了更新的发展，并达到了中国古代化妆史上绚丽与雍容的顶峰。

五代十国时期，尽管在政治上分裂成许多国家，经济上却互相依赖。尤其是南方各国战争较少，经济一般都处在上升阶段。因此，此时贵族妇女在妆饰上，延续着晚唐的富丽与奢靡。普通女子则一改盛唐之雍容丰腴之风，而被秀润玲珑之气所代替。

二、节晕妆

有关隋朝的化妆在唐宇文氏的《妆台记》中有所记载：如“隋文宫中梳九真髻，红妆谓之桃花面，插翠翘桃华搔头，帖五色花子。”“炀帝令宫人梳迎唐八鬟髻，插翡翠钗子，作日妆；又令梳翻荷鬟，作啼妆；坐愁髻，作红妆。”这里的“啼妆”“五色花子”都是承前朝之遗韵。这里的“日妆”可能为一种比较素雅的日常妆，从隋代出土女俑来看，不仅寻常仕女，即使是歌舞乐伎，妆面也是素雅至极，服装则是紧窄朴素，发型多为上平而较阔，或作三饼平云重叠式，且额部、鬓发均剃齐。《妆台记》是唐人所写，唐为隋的推翻者，往往对隋多有贬损之词，如其中提到的“迎唐八鬟髻”，显然是唐人之杜撰，固不可全信，

只可作参考。唐末马缟《中华古今注》中还记有："隋大业中，令宫人……节晕妆。"应为色彩淡雅而克制的一种红妆（图 5–1）。

三、飞霞妆

到了初唐贞观时期，女性时尚依然与隋类似，崇尚纤细的身形，大多妆面浅淡，略施粉黛，朴素而清秀。反映贞观十五年故事的《步辇图》中，太宗身边的宫人便是此一时期的宫中妆扮（图 5–2）。妆容淡雅，眉形短小，身材细瘦而干练。发型仍有浓郁隋风，鬓发收拢服帖，不戴钗环。唐宇文氏《妆台记》中载："美人妆，面既傅粉，复以胭脂调匀掌中，施之两颊，浓者为'酒晕妆'；淡者为'桃花妆'；薄薄施朱，以粉罩之，为'飞霞妆'。"在所有的红妆中，最为淡雅的便是上面提到的"飞霞妆"。这种面妆是先施浅朱，然后以白粉盖之，有白里透红之感，初唐女子便多为此类妆容（图 5–3）。

四、桃花妆

比"飞霞妆"稍红艳一些的名为"桃花面"，形容脸色恍若三月之桃花，粉扑扑的效果，特别适合青年女性，也是唐代最为常见的一种红妆。在武则天登基之后的武周时期，随着女性政治地位的大幅提高，武周时期可算是唐代女性形象最为从容自信、丰满匀称、性感张扬的一段时间。日常女妆的风格由素雅逐渐转向艳丽，桃花妆因此开始广为流行。眉形也开始粗犷且多变，额上花钿的造型则演化出各种花朵、卷草、卷云、几何等各式造型，两侧斜红除了一道红晕，也会绘成复杂的花样。最具代表性的例子是来自永昌元年（689）新疆吐鲁番阿斯塔那张雄夫妇墓所出土的一批彩绘着衣俑，所绘面妆虽面花与眉形各不相同，但基本都是桃花妆（图 5–4）。张雄夫妇之子张怀寂九岁随高昌王入京，在长安接受教育成长，这批木俑很大程度上也反映了当时都城长安的流行风尚。张礼臣墓的下葬时间段也在武周执政时期，风格和张雄夫妇墓很像，都是桃花妆，搭配各式面靥与斜红，眉心比较聚拢，眉形比较粗犷（图 5–5）。

图 5–1　隋弹琵琶女俑（上海市博物馆藏）∨

图 5–2　《步辇图》中妆面浅淡的初唐宫女（北京故宫博物院藏）<

图 5–3　《四女侍图》（陕西礼泉昭陵长乐公主墓出土）∧

图 5-4 彩绘泥头木身俑，脸上绘有面靥、花钿与斜红，脸饰桃花妆（新疆吐鲁番阿斯塔那张雄夫妇墓出土，新疆维吾尔自治区博物馆藏）<

图 5-5 屏风胡服美人，斜红为中央朱色，两端渐黄（新疆吐鲁番阿斯塔那张礼臣墓出土，新疆维吾尔自治区博物馆藏）>

五、酒晕妆

步入盛唐之后，红妆中最为浓艳的“酒晕妆”，亦称“醉妆”登场了。这种妆是先施白粉，然后在两颊抹以浓重的胭脂，就像喝醉了酒满面潮红一般，故称。或许是因为李隆基、杨贵妃等上层的个人喜好转变，也或许是因为太平盛世富足安逸的强盛国力带来的底气，总之，盛唐天宝年间唐代贵妇们的妆容步入一片浓艳的“红妆时代”。五代王仁裕在《开元天宝遗事》上便记载：“（杨）贵妃每至夏日……每有汗出，红腻而多香，或拭之于巾帕之上，其色如桃红也。”此时妇女的红妆图像非常之多，有许多红妆甚至将整个面颊，包括上眼睑乃至半个耳朵都敷以胭脂，无怪乎不仅会把拭汗的手帕染红，就连洗脸之水也会泛起一层红泥呢。王建的《宫词》中就曾有过生动的描述：“舞来汗湿罗衣彻，楼上人扶下玉梯。归到院中重洗面，金盆水里拨红泥。”这种浓艳的红妆一直到五代还有余续，《新五代史·前蜀·王衍传》中便载：“后宫皆戴金莲花冠，衣道士服，酒酣免冠，其髻髽然；更施朱粉，号‘醉妆’，国中之人皆效之。”（图 5-6）

同时，我们也要注意到，随着“酒晕妆”的流行，武周时期的华丽花钿是有所克制的，“酒晕妆”在盛唐时期一般只搭配眉心的花钿，而且造型多半比较简约，这样使得脸部不会过于戏剧化，是一种有意识的设计。但是到了晚唐敦煌地区归义军政权的贵妇当中，则又是另一番天地了。

六、泪妆

与汉代孙寿的“啼妆”比肩的还有“泪妆”，同样都是为了体现女性柔弱之美。“泪妆”是在红妆打底的基础之上，再以白粉点颊，如泪珠四溅一般娇俏，故称。多见于宫掖之中。五代王仁裕《开元天宝遗事》卷下中载：“宫中嫔妃辈，施素粉于两颊，相号为泪妆，识者以为不详，后有禄山之乱。”泪妆的流行时间已经处于盛唐晚期了（图 5-7）。

图 5-6 《弈棋仕女图》中的酒晕妆女子，画拂云眉、额前贴花钿（新疆吐鲁番阿斯塔那 187 号墓出土）<

图 5-7 开元泪妆贵妇陶俑，在艳红的胭脂上用白色素粉点有泪珠状妆饰（台北历史博物馆藏）>

七、啼眉妆

安史之乱后，唐王朝国运受到重创，尽管整顿赋税，平定藩镇，形式上统一了，但已经开始有着内外两大矛盾，只是还没有到农民起义的程度。在历史上，一般将代宗大历初至文宗太和末期间称为中唐。这一时期的女子，或许是受到乱世经历的冲击，对生命更加肆意，心理上不再愿意循规蹈矩，从而在妆容上开始放飞自我。怪异的妆扮层出不穷，文献中常提到的时世“险妆”大肆流行起来，包括八字啼眉、乌膏注唇、面涂赭粉、血晕横陈等。

“两头纤纤八字眉”便是吟咏率先出现在德宗贞元年间（785—805）的啼眉妆。这种画作八字悲啼状的眉毛，代替了先前“青黛点眉眉细长”的弯弯细眉而成为中唐之时尚。白居易《代书诗一百韵寄微之》中有：“风流夸堕髻，时世斗啼眉。”自注：“贞元末，城中复为堕马髻、啼眉妆。”说的就是当时堕髻配啼眉的妆扮。底本大约创作于中唐贞元前的《宫乐图》，画中不少仕女便做这种八字啼眉妆（图 5-8），画中的女子锦衣玉食，但却大多愁眉紧蹙，正像李白《怨情》中所写的：“美人卷珠帘，深坐颦蛾眉。但见泪痕湿，不知心恨谁。”

八、时世妆

中唐时期最有特色的妆容莫过于著名的“元和时世妆”了。喜爱记录当时服饰细节的白居易在《时世妆·儆戎也》中详细地描绘了这种妆扮：“腮不施朱面无粉，乌膏注唇唇似泥，双眉画作八字低，妍媸黑白失本态，妆成尽似含悲啼……圆鬟无鬓椎髻样，斜红不晕赭面状”。不施妆粉，不上胭脂，不晕斜红，却用赭粉涂面；不仅画出八字啼眉，双唇还要涂成淤泥一样的乌黑色，今天看起来也颇为另类（图 5-9）。

“赭面”这种习俗，来自吐蕃，即今天的西藏。《汉藏史集》中提道：“在吐蕃，最初被称为雪吐蕃之国，中间一段时期被神魔统治，被称为赭面之区，后来被称为悉补野吐蕃国。”中间这段被神魔统治的时期，发生在吐蕃政权建立以前，说明此

图 5-8 《宫乐图》中画八字啼眉妆的唐代仕女 <

图 5-9 根据白居易《时世妆》进行的妆容演绎，八字眉、乌膏注唇、赭面（模特：杨述敏；化妆造型：裘悦佳；设计：李芽）>

时曾存在过一个统治高原的部落政权，且其以赭面为特色。吐蕃时期雪域盛行的“赭面妆”，是那时的高原居民对早期游牧部落面妆习俗的继承与延续，也逐渐成为吐蕃族群文化的标志和象征。《旧唐书》说文成公主进藏后“恶其人赭面”，感到不适，松赞干布一度下令禁止，但明显未有广泛长期执行。

藏族人民为什么要涂赭面呢？其实赭面是一种涂面膜的效果，用以防止高原紫外线对皮肤的伤害而形成的皮肤皴裂。赭面所使用的原料，是熬至黑红色的牦牛奶的乳清——多甲。乳清中的蛋白成分可以保持肌肤紧致，也能保护肌肤免受阳光和雪光晒伤。

著名人类学家梅尔文·戈德斯坦的著作《藏西游牧民》中，对现代西藏牧民赭面妆俗进行了详细观察和记述：当夏天降临草原上的黑帐篷里，丰美的水草赋予了最鲜美的牦牛奶，姑娘们便有条不紊地从清晨开始了每年如期的多甲制作。“将奶渣熬煮成暗褐色的稠浆状，一部分可以立刻用于涂抹面部（用一束小羊毛蘸着），另一部分用铁盒或羊皮小盒存放起来。一次熬制的多甲可以持续几个星期甚至几个月，因为反复用起来十分简单，只需加入极少量水，然后放在火旁重新加热至稠浆状就行了。”除了熬煮的稠浆，还会加入茶叶、蜂蜜、红糖、酥油、草药汁、岩鼠粪膏、鲜花汁等十几种原料。这种褐红色的面膜在 20 世纪 60 年代还广泛流行于牧区，以藏北牧女最为突出。牧区的姑娘们外出劳作都会用围巾将头部和颈部围住，这样既可以保暖御寒又可以抵御强烈的紫外线，然后将褐色面膜涂抹在除眼睛、嘴巴、鼻子外的所有脸部区域（图 5-10）。藏族姑娘们在重要的日子，例如过节和参加婚礼时，就会把这个面膜洗掉，长年藏匿在厚壳之下不见天日的皮肤在持续地滋润下又白又嫩。多数时候姑娘们是在冬季抹上这个面膜，等青藏高原的夏天娓娓而来时再洗掉。辽代的契丹族也有类似的习俗，只不过他们的面膜是黄色的，就是后面我们要讲的“佛妆”。

安史之乱爆发后，唐朝西北精锐大多入援平叛，吐蕃像脱缰的猛兽般扑来。待到安史之乱结束时的762年，吐蕃几乎完全占据了河西走廊。762年10月，吐蕃更悍然以二十万大军东进，轻松拿下大唐都城长安，杀得唐代宗仓皇逃走。虽说这场浩劫，最后还是以十五天后吐蕃军匆匆撤退告终，但吐蕃贵族带来的审美时尚，则复刻在了唐朝女子的脸蛋之上。近年来，在青海乌兰泉沟、都兰、郭里木等地吐蕃墓中，出土了大量人物壁画、棺版画，几乎所有人面上额、鼻、下巴、两颊等部分，都绘涂各种条状、点、块状的赭红色，应即文献所说的“赭面”妆（图5–11）。

九、血晕妆

到了穆宗长庆年间，时世妆又升级为更加怪异的“血晕妆”：“长庆中，京城妇人去眉，以丹紫三四横，约于目上下，谓之血晕妆。”当时的妇人，头梳高大的椎髻直指向天，除了啼眉，眼睛上下还用丹紫色画出几条横道，宛如被划伤的血痕一般。极为难得的是，在河南安阳的两座中唐时期墓壁画里，描绘的女性几乎全部都作如此打扮，与记载丝毫不差（图5–12）。

这种怪异的“血晕妆”是如何产生的呢？《太平广记》记载了这样一个小故事，中唐时“房孺复妻崔氏，性忌左右婢，不得浓妆高髻”，“有一婢新买妆稍佳，崔怒谓曰，汝好妆邪？我为汝妆。乃令刻其眉，以青填之。烧锁桁灼其两眼角，皮即焦卷，以朱傅之。及痂落，瘢如妆焉”。妒妇见不得婢女巧做妆扮，用烧红的锁桁烫灼其眼角，再填上朱粉，等到结痂留疤，就留下了永远褪不去的文面效果，好似血痕一般。如此悲剧的故事或许正是“血晕妆”的由来，和“斜红妆”一样，都属于对伤痕美的一种猎奇。

十、白妆

白妆，即不施胭脂的素妆。原是民间妇女守孝时的妆束，但此时的女子也会因一时新奇，偶尔为之（图5–13）。白居易便曾为此赋诗：“最似孀闺少年妇，白妆

图5–10　电影《喜马拉雅》主演拉巴婵觉用乳清涂赭面妆 <

图5–11　青海郭里木棺板彩画中的赭面妆男女 >

图 5-12 血晕妆女子壁画（河南安阳中唐墓出土）<

图 5-13 《簪花仕女图》中的梳高髻、插步摇，白妆桂叶眉的女子（辽宁省博物馆藏）∧

图 5-14 壁画中"高髻险妆，去眉开额"的女性形象（陕西西安韩家湾唐墓出土）>

素袖碧纱裙。""性恭俭、恶侈靡"的唐文宗即位之后，马上颁布了一系列针对举国上下奇风异俗风气的禁令，"妇人高髻险妆，去眉开额，甚乖风俗，颇坏常仪，费用金银，过为首饰，并请禁断，共妆梳钗篦……限一月内改革。"（图 5-14）但这类禁令往往成效并不大，去眉险妆虽有所停息，但晚唐五代的妆面却变得更加花哨。

十一、北苑妆

"北苑妆"，是缕金于面，略施浅朱，以北苑茶花饼粘贴于鬓上的一种面妆。这种茶花饼又名"茶油花子"，以金箔等材料制成，表面缕画各种图纹。流行于中唐至五代期间，多施于宫娥嫔妃。唐冯贽《南部烟花记》中有记载："建阳进茶油花子，大小形制各别，极可爱。宫嫔缕金于面，皆以淡妆，以此花饼施于鬓上，时号北苑妆。"亦有将茶油花子施于额上的，作为花钿之用。

十二、满面纵横花靥

自 875 年后，唐朝进入了晚唐时代，大唐帝国风雨飘摇，陷入藩镇割据的困境，再也没有当年的雄风。而每逢藩镇威胁到帝国统治之时，大唐就不得不向回鹘求救，支付大量金钱以获得回鹘的保护，这使得回鹘榨取了大唐大量的财富，盛极一时。其间，趁吐蕃统治集团内讧之际，敦煌世族子弟张议潮乘机率众起义，收复了河西十一州的大部分地区，结束了吐蕃的统治，并随即归顺唐王朝。唐王朝为了嘉奖张议潮，遂在敦煌设立河西归义军，从此，敦煌进入归义军与回鹘政权的交替统治时期。为了统治的需要，归义军家族开始了与回鹘和于阗王室世代政治联姻的历史，直至 11 世纪初被沙洲回鹘彻底取代。

归义军统治时期，随着与中原王朝的密切联系与农业经济的恢复，敦煌一度"人物风华，一同内地"，而由于晚唐王朝自顾不暇，对归义军政权也无力钳制，因此敦煌壁画中归义军节度使女眷在服饰装扮

图 5-15　敦煌莫高窟第98窟的节度使曹议金家族女眷供养（范文藻摹），面部有多种花靥

上时常会出现逾制的现象，呈现出一种末世狂花的跋扈之态。敦煌壁画中满面花子、花钗满头、珠光宝气、彩锦绕身的女供养人形象便集中出现在归义军家族的墓葬中，呈现出一种浓郁的西州胡汉杂居地区的女性妆饰特色，也是西州文明与盛唐妆饰相融合的一种高配版展现。

初唐、盛唐面饰之风大多仅在酒窝、额头、两颊处作装饰，但晚唐五代的归义军家眷们会把各种花样颜色的花钿、面靥贴画在脸上，最后形成了欧阳炯所描述的“满面纵横花靥”的样子（图 5-15）。晚唐张议潮使沙洲政权回归唐朝的初期，贵族女性的妆容中即已出现了“满面花子”的现象；之后唐末节度使索勋与张承奉所建的莫高窟 138 洞窟中也出现了花钗翟衣与满面行花靥的郡君太夫人形象；随后曹议金家族与回鹘和于阗王室世代联姻，敦煌壁画中所显示的回鹘天公主和于阗曹氏王后的妆容风格更是繁复艳丽之致，其豪族阵势远非盛唐可比（图 5-16）。

“花子”的样式很丰富，除最简单的圆点外，还有凤鸟形，花草形、蜂蝶形等，如有一种草名“鹤子草”，唐刘恂《岭表录异》中载：“采之曝干，以代面靥。形如飞鹤，翅尾嘴足，无所不具。”唐代王建有一首《题花子赠渭州陈判官》："腻如云母轻如粉，艳胜香黄薄胜蝉。点绿斜蒿新叶嫩，添红石竹晚花鲜。鸳鸯比翼人初帖，蛱蝶重飞样未传。况复萧郎有情思，可怜春日镜台前。"讲的正是当时各种花子的样子。花子的材质也非常丰富，有的为轻薄材质如云母、彩纸、金银箔、虫翅、翠羽、鹤草所剪贴，有的则应是具有厚度的金银宝靥。

十三、十眉图

唐代是一个开放浪漫，博采众长的盛世朝代。仅在眉妆这一细节上，各种变幻莫测、造型各异的眉型纷纷涌现。且各个时期都有其独特的时世眉妆，开辟了中国历史上，乃至世界历史上眉式造型最为丰富的辉煌时代。

总的来看，唐代妇女的画眉样式，眉心比较靠拢，这和唐代的胡风盛行有关。唐代的妆容造型最鲜明的特点便是有着非常浓郁的胡风，和传统汉文化中所推崇的清水出芙蓉似的淡妆审美有很大不同。不仅偏爱浓妆、眉心靠拢，而且多种面饰同时贴画。晚唐敦煌贵妇供养人的胖脸甚至画得像个斗彩大花瓶一般浓艳而琐碎，这和汉代建立起来的"简约素朴""恭敬曲从"的克制化修饰的妆容审美规范可谓大相径庭。因此，出现这种现象和李家王朝的胡人血统有很大关系。《朱子语类》里说："唐源流于夷狄"，隋唐统治者，都发迹于关陇军事贵族集团，本身就有着胡人血统，因此胡文化的基因深深地渗透在其骨血之中。游牧民族常年生活于草原、雪山与大漠之间，环境色彩单调，因此服饰穿着喜爱浓艳的色彩，既满足对色彩的心理与生理需求，也便于在旷野中远距离辨识。

图 5-16 敦煌莫高窟第61窟五代于阗公主（中）身穿唐制礼服、头戴大型莲花凤冠，脸部贴满翠钿，颈戴华丽装饰

而且胡人毛发浓重，眉心天生离得比较近，这也和汉民族偏爱眉心开阔的审美迥异。元稹的《新题乐府·法曲》中便曾写道："自从胡骑起烟尘，毛毳腥膻满咸洛。女为胡妇学胡妆，伎进胡音务胡乐。……胡骑与胡妆，五十年来竞纷泊。"形象地写出了胡文化对中原文化的影响与冲击。

除了眉心靠拢，唐代的眉形也偏向宽粗。尽管有时也流行长蛾眉，但形似蚕蛾触须般的纤细蛾眉已不多见，大多比较浓阔，配合盛唐贵妇面如满月的胖脸显得比较饱满。唐代眉妆的繁盛，与强大的国力和统治者的重视是分不开的。唯其国力强盛，广受尊重崇尚，才能表现出充分自信、自重、开放和容纳各种外来文化的大家气度，从而增添本身的魅力。统治者的重视，为唐代妇女妆饰资料提供了记录、结集和传世的机会。唐张泌《妆楼记》中载："明皇幸蜀，令画工作《十眉图》，'横云''却月'皆其名。"明代杨慎的《丹铅续录》中还详细叙述了这十眉的名称："一曰鸳鸯眉，又名八字眉；二曰小山眉，又名远

图 5-17　唐敦煌壁画《乐廷环夫人行香图》（敦煌壁画第 130 窟）

山眉；三曰五岳眉；四曰三峰眉；五曰垂珠眉；六曰月棱眉，又名却月眉；七曰分梢眉；八曰涵烟眉；九曰拂云眉，又名横烟眉；十曰倒晕眉。”事实上，遑论唐代，仅玄宗在位之时，各领风骚的又何止十眉呢？如《簪花仕女图》脸上的“桂叶眉”，诗句中的“时世斗啼眉”“频低柳叶眉”等，都是唐代浩瀚眉谱之一斑，见表 5-1。

十四、樱桃樊素口

在唇妆上，唐代不仅唇色丰富，有朱唇（大红）、檀口（浅红）、绛唇（深红）、乌唇，还有男用的无色口脂等，妆唇的形状更是千奇百怪，但总的来说依然是以遵循娇小浓艳的樱桃小口为尚。相传唐代诗人白居易家中蓄妓，有两人最合他的心意：一位名樊素，貌美，尤以口形出众；另一位名小蛮，善舞，腰肢不盈一握。白居易为她俩写下了“樱桃樊素口，杨柳小蛮腰”的风流名句，至今还仍然被用作形容美丽的中国女性的首选佳句。当然“樱桃小口”只是形容唇小的一个概称，其具体的形状则并不仅仅只是圆圆的樱桃形状，从出土的唐代文物中，我们有幸可以看到一系列唐女点唇的样式。如新疆吐鲁番阿斯塔那墓出土的女性泥俑，其唇便被画成颤悠悠的花朵状，上下两唇均为鞍形，如四片花瓣，两边略描红角，望之极有动感，鲜润可爱。唐人的《弈棋仕女图》中所绘之女子，也如口衔一朵梅花，娇小丰润；唐代的敦煌壁画《乐庭环夫人行香图》中的女性，有的将唇画成上下两片小月牙形，有的画成上下两片半圆，也有的则加强嘴角唇线效果，整个唇形如一个菱角之状（图 5-17）。

晚唐时流行的唇式样式最多，据宋陶谷《清异录》卷下记载：“僖昭时（873—904），都下娼家竞事唇妆。妇女以此分妍与否。其点注之工，名色差繁。其略有胭脂晕品、石榴娇、大红春、小红春、嫩吴香、半边娇、万金红、圣檀心、露珠儿、内家圆、天宫巧、洛儿殷、淡红心、猩猩晕、小朱龙、格双唐、媚花奴等样子。”其形制虽然大多不详，但仅从这众多的名称便可看出唐时点唇样式的不拘一格。

表 5-1　中国唐代代表性眉妆复原

十五、螺子黛

在古代的眉黛中，最为名贵的当属“螺子黛”了，其在汉魏时可能便已有之，但在隋唐时期才见到有明文记载。颜师古在《隋遗录》中载道：“由是殿角女争效为长蛾眉，司宫吏日给螺子黛五斛，号为蛾绿。螺子黛出波斯国，每颗直十金。后征赋不足，杂以铜黛给之，独绛仙得赐螺子黛不绝。”隋炀帝好色，又极爱眉妆，为了给宫人画眉，他不惜加重征赋，从波斯进口大量螺子黛，赐给宫人画眉。除去颜师古的记载，唐冯艺的《南部烟花记》中也有相同的记载：“炀帝宫中争画长蛾，司宫吏日给螺子黛五斛，出波斯国。”据此可知，螺子黛的消费，在隋大业时代每颗已值十金，其名贵实属可惊！而昂贵的螺子黛，亦使“螺黛”“螺”成为眉毛的美称。欧阳修《阮郎归》词之三有：“青螺深画眉”。孙花翁《送女冠还俗》云：“重调蛾黛为眉浅，再试弓鞋与步迟。”

“螺子黛”是什么做的呢？它为什么这么贵呢？笔者认为，螺子黛的主要原料应该是一种骨螺的分泌物，故名。这种染料提取自一种名为 Hexaplex trunculus 的骨螺中（图 5–18），类似的骨螺还有其他一些品种。他们主要产于地中海和大西洋沿岸。这种贝类的鳃下腺可以分泌一种黏液，不溶于水，其主要化学成分是二溴基靛蓝，色泽鲜艳，牢度好，刚被提取出来颜色发紫蓝色，但只要在太阳下面晒几分钟，就会变成靛蓝色，因此这种螺类染料在古代文献中也经常被称为 indigo（即靛蓝，也可翻译成青黛）。还有一种类似的染色骨螺，可以提炼出一种非常漂亮的紫红色染料，称为泰尔紫 Tyrian purple。古代地中海沿岸的希腊人、腓尼基人都把它们当成一种名贵的染料，其制作成本极高。根据吉冈幸雄的分析，古代地中海国家制作这种贝类染料，每提取 1 克染料需要消耗约 2000 个骨螺。[1] 更有甚者，如多米尼克·戈登（Dominique Cardon）认为，大约需要 10000 个骨螺才能获取 1 克高纯度的染料[2]。因此，这种染料极其昂贵，是贵族身份的象征。据记载由于这种染料的高额利润，用泰尔紫染色的深紫色丝绸的价格在某个时期曾是黄金价格的二十多倍。因此，用这类染料制作的眉黛，“每颗值十金”，便也顺理成章了。

十六、口脂五寸

点唇的唇脂一般都是装在盒子里，使用时，需用手指尖蘸后涂匀于唇上。白居易《和梦游春诗一百韵》便有：“朱唇素指匀，粉汗红绵扑。”但唐代，点唇的唇脂开始有了一定的形状。唐人元稹《莺莺传》里有这样一段情节：崔莺莺收到张生从京城捎来的妆饰物品，感慨不已，立即给张生回信。信中有句云：“兼惠花胜一合，口脂五寸，致耀首膏唇之饰。”从“口脂五寸”这句话里，可看出当时的口脂，已经是一种管状的物体，和现代的口红基本相似了。

在唐代，口脂除妇女使用外，男子也

5–18 Hexaplex trunculus 骨螺

1 吉冈幸雄：《贝紫を求めて》，《芸術 1》，大阪芸術大学芸術研究所编，1971。
2 Dominique Cardon，佐々木紀子：《訳．帝王紫—古代の貝紫染》，《染織 α（240）》，染織と生活社，2001，第 55 页。

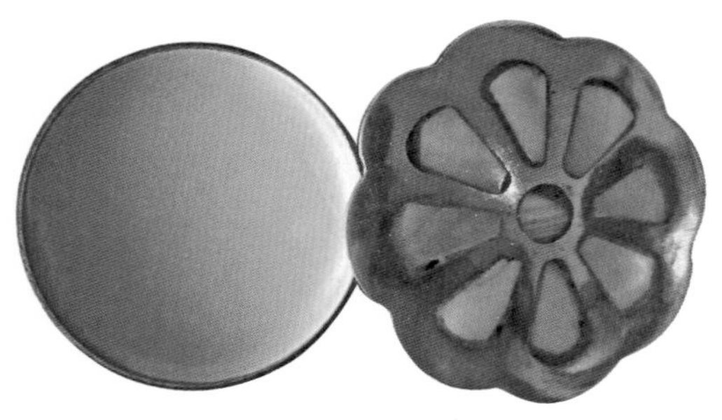

图 5-19　无色口脂复原（李芽制作）

可用之。不过两种口脂名同实异。男子使用的口脂，一般不含颜色，是一种透明的滋润唇膏（图 5-19）。而妇女所用的唇脂，则主要是为了上色。如有浅红色唇脂，称为“檀口”，唐韩偓《余作探使以缭绫手帛子寄贺因而有诗》中便云：“黛眉印在微微绿，檀口消来薄薄红。”也有大红色，称为“朱唇”，唐岑参《醉戏窦子美人》诗中便有“朱唇一点桃花殷”，形容美人的唇如桃花一般殷红鲜润。另外，唐代妇女还非常喜欢用深红色点唇，称为“点绛唇”，并演变为一个著名的词牌名。除了红唇之外，唐代还流行过以乌膏涂唇，《新唐书・五行志一》中载：“元和末，妇人为圆鬟椎髻，不设鬓饰，不施朱粉，惟以乌膏注唇，状似悲啼者。”

十七、唐代文身

由于以周礼为代表的华夏文化向东发展，使东夷族改行汉族礼俗，夏商周的文身风俗一度销声匿迹。但到了唐代，由于对文化的高度包容，文身风俗却为中原大众所接受。此时的文身不仅不被视为蛮夷陋习，也并不具备宗教、图腾及功利之意，而是仅仅作为一种对美的追求与对自身的炫耀，一跃成为流行的时髦风尚。

唐代京都长安是全国的中心，人口密集，流风所集，尽汇于此，文身之风也在此盛行。会昌年间，长安文身者颇多。京兆尹薛元赏对此风极为反感，进行了严厉打击，仅一次就处决三十余人，足见文身已成为社会问题。段成式在《酉阳杂俎》中称：“上都街市恶少，率髡而肤札”。肤札即文身。词语虽不免夸张，但在一定程度上反映出文身是当时长安青少年的一种时尚，年轻人竞相趋附，人数众多。

在当时号称天府的蜀地，经济发达，人文荟萃，文身者亦不乏其人。蜀地不仅文身者众多，而且技术高超，远近闻名。段成式曾专门论及蜀人的刺肤技术：“蜀人工鱼刺，分明如画，或言以黛则色鲜，成式问奴辈，言但用好墨而已”。由此观之，蜀地刺肤不仅刺得精，点画分明，犹如图画，而且设色讲究，如用眉黛。功夫之深，非他处可比。

作为文身的发源地，荆越一带文身者就更多了。百越有雕题旧俗。《通典》云：“谓雕题，刻其额也。”唐代南中有绣面老子，段成式认为是“雕题旨遗俗”，说明南中一带雕额涅面是很具普遍性的。荆州一带文身风俗，史家认为是由吴越传入的。到了唐代，文身风气与本地习俗相结合，发展更速，而且在技术上有进步。“荆州贞元中，市有鬻刺者，有印，印上簇针，为众物状，如蟾蝎杵臼，随人所欲。一印之，刷以石墨，细于随求，印疮愈后，细于随求印”。这种文身方式改变了过去一针一针慢慢刺去的方法，一次成形，缩短了刺肤时间，减少了文身者的痛苦。同时，这种方法所刺的花纹深浅度相等，刷墨之后墨迹均匀，也是对文身技术的一个重大改进。

唐代文身波及地域广泛，内容也十分丰富，形式多种多样。从文身的内容来看可分为四类。第一类将文身作为一种对美的追求。京都人王力权，“刻胸腹为山、庭院、池塘、草木、鸟兽，无不悉具，细若设色。”这可以看作是一幅精美的文身山水图画。另如黔南观察使崔承宠，少时遍身刺一蛇，蛇头就刺在右手的虎口上，然后“绕腕匝颈，龃龉在腹，拖股而尾及骭焉。对宾侣常衣覆其手，然酒酣辄袒而努臂戟手，捉优伶辈曰：‘虫咬尔！’优伶等即大叫毁而为痛状，以此为戏乐。”说明当时的文身技艺已是相当高明，并且善于利用人体骨干特点，因材施针，处理得惟妙惟肖，以致令人真假难辨。

第二类是出于对名人的崇拜，刺上当时名人诗词书画，以附庸风雅，标榜多识。最典型的当属荆州人葛清，“自颈以下，遍刺白居易舍人诗，凡刻三十余首，体无完肤。且诗间配画，画中藏诗。至‘不是花中偏爱菊’，则有一人持杯临菊丛；又‘黄夹缬林寒有叶’，则指一树，树上挂缬，缬窠锁滕绝细。”白居易的诗通俗易懂，民间广为流传，一曲《长恨歌》熟颂于“王公妾妇牛童马走之口”，青楼女子能诵白诗都会身价百倍，葛清文身白诗，同样表示对白居易其人的崇拜。

第三类为文刺宗教人物。在唐代，佛教备受推崇，许多佛教风习也随着宗教的传入而渐渐融入中原内地。佛教讲究只有行人所不能行，舍他人所难舍才会求得无上正果。所以唐代人普遍有一种追求新奇、怪异的思想观念。而且，按照佛教僧祇律规定，“比丘作梵王法，破肉以孔雀胆、铜青等画神，作字及鸟兽形，名为印黖”。可见佛教徒本身就有这种文身的规定。如“成式门下，骆路神通，每军较力，能戴石登靸六百斤石，啮破石栗数十”，他也由于力大而受到上司赏识。然而，他把力大归于神的帮助，“被刺天王，自言得神力，入场神助之则力生。常至朔望日，具乳糜，焚香袒坐，使妻儿供养其背而拜焉”。

第四类则以文身来表现自己的情感体验，甚至将自己的不满或磨难诉之于此，以示警醒。京都人宋元素，左臂刺上“昔日已前家未贫，苦将钱物结交亲，如今失路寻知己，行尽关山无一人”；“右臂上刺葫芦，上出人首，如傀儡戏郭公者，县里不解，问之，言，葫芦精也”。从以上四句短诗可看出作者部分生平经历，也概括了作者愤愤不平的心境，他文身是为了发泄自己的怨恨情绪。

十八、男子化妆

唐代男子傅粉施朱者多为面首，即男宠，尤在武周时期最为突出。武则天在晚年养了面首张宗昌、张易之两兄弟，这两个宝货整日皆锦衣绣服、傅粉施朱，俱承武后“辟阳之宠”，被时人斥骂为故作妇人态的“人妖”。

此外，唐代男子非常盛行涂抹面脂、口脂类护肤化妆品。唐代皇帝每逢腊日便把各种面脂和口脂分赐官吏（尤其是戍边将官），以示慰劳。唐制载：“腊日赐宴及赐口脂面药，以翠管银罂盛之”。韩雄撰《谢敕书赐腊日口脂等表》云：“赐臣母申园太夫人口脂一盒，面脂一盒……兼赐将士口脂等”。唐刘禹锡在《为李中丞谢赐紫雪面脂等表》云：“奉宣圣旨赐臣紫雪、红雪、面脂、口脂各一合，澡豆一袋。”唐白居易《腊日谢恩赐口蜡状》也载：“今日蒙恩，赐臣等前件口蜡及红雪、澡

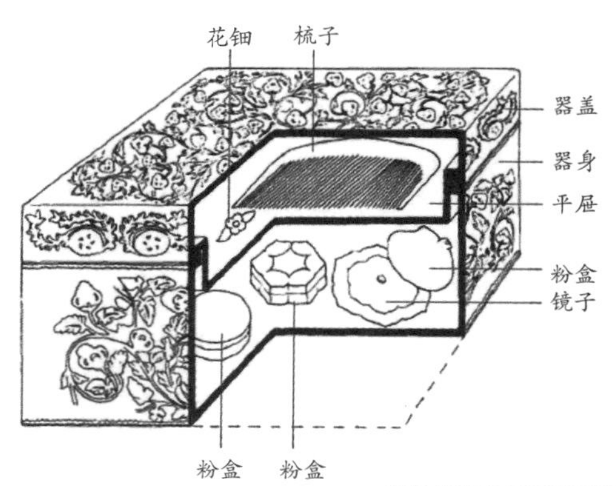

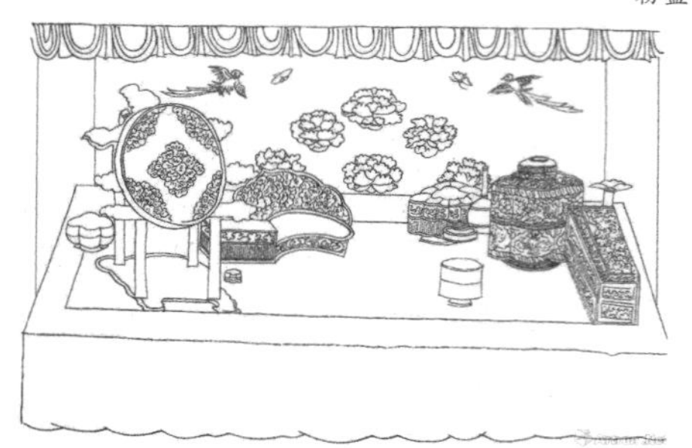

图 5-20 漆妆奁（河南偃师唐李景由墓出土）∧

图 5-21 五代王处直壁画墓西耳室西壁画上所绘日用器具 ∨

豆等。”唐高宗时，把元万顷、刘祎之等几位文学之士邀来撰写《列女传》《臣轨》，同时还常密令他们参决朝廷奏议和百司表疏，借此来分减宰相的权力，人称他们为“北门学士”。由于他们有这种特殊身份，高宗非常器重，每逢中尚署上贡口脂、面脂等，高宗也总要挑一些口脂赐给他们使用。唐段成式《酉阳杂俎·前集》卷一中便载：“腊日，赐北门学士口脂、蜡脂，盛以碧镂牙筒。”

十九、化妆器具

唐代的妆奁仍然以漆质为主，但在装饰工艺及纹样表现上呈现出焕然一新的面貌，装饰性很强。如河南偃师唐李景由墓出土的一件方形漆盒（图 5-20），有子母口，漆盒外表在极薄的银箔上剔刻出缠枝花卉图案，技法娴熟，纹饰细密。盒内物品分层存放，上层加木屉，屉内装木梳及金钗饰物。木屉之下装圆形漆粉盒、鎏金银盒、小银碗及小型鎏金铜镜等。五代王处直壁画墓东耳室及西耳室所绘男女主人日用器具图中亦有奁盒的描绘，女墓主所用奁盒有长方形、四曲海棠形、云头形等，男墓主所用奁盒则有长方形、四曲海棠形（图 5-21）。五代的这种多棱形、四曲形奁盒的造型开启了宋代多曲花瓣形奁的先风，与女性审美更为契合。

隋唐五代的粉盒以瓷质最为普及。湖南博物院收藏的一件隋褐釉印花瓷粉盒，子母口扣合，器表施褐釉不及底，釉面有细小开片，从盒盖到盒身，分别印一周半圆形、一周梅花、一周半圆形和一周小草与团花相间纹，这类圆形的粉盒最为常见（图 5-22）。洛阳龙门张沟盛唐墓出土的两件瓷粉盒也是类似造型，其中一件内有深褐色物，可能为胭脂。五代的粉盒造型以盖碗形为多见，如绍兴博物馆、北京故宫博物院藏的五代青瓷粉盒均为盖碗形。唐代圆形粉盒中亦有母子盒构思的造型，如唐巩县窑黄釉刻“朱合”款盖盒(图 5-23)，盒内一侧边沿处有竖泥柱支撑的一方箕形小砚，盖中间饰两道弦纹，并刻有“朱合”二字。此盒容纳与调脂为一体，构思巧妙，使用者可将盒内的脂粉挖取后置于盒内的

图 5-22　隋湘阴窑青釉印花盒，高 5.7 厘米，口径 11 厘米，底径 9.2 厘米（湖南博物院藏）

图 5-23　唐巩县窑黄釉刻“朱合”款盖盒

图 5-24　素面银粉盒，高 3.06 厘米，口径 6.3 厘米（西安市莲湖区潘家村唐墓出土）

图 5-25　唐代鎏金鹦鹉纹云头形银粉盒，高 3 厘米，长 10.6 厘米，宽 5.8 厘米，重 102 克（1955 年西安市文管会移交）

图 5-26　唐錾花葡萄纹鎏金三足银盖罐

箕形小砚中，加水稍作调和后敷面或染唇。还有一类瓷粉盒为仿生形瓷器，非常精美，有花瓣形、云朵形、瓜果形、馒头形、小鸟形等。

此外，金银、玉、漆、滑石及贝壳材质的粉盒在唐代粉盒中也占据着大宗，这些材质的粉盒形制更为多样，有圆形（图 5-24）、委角四方形、椭方形、腰圆形、多曲花瓣形、蝴蝶形、云头形（图 5-25）、贝壳形等等。还有一类小型的带足罐、壶，其足以三个为多（图 5-26），也有四足者，材质有金银、滑石、蚌、瓷等。这类器型灵秀的带盖多足罐及壶主要流行时段为 8 世纪中叶到 9 世纪初，在当时应多作脂粉盒之用，杜甫《腊日》诗中表述皇帝在腊日这天赐予大臣口脂面药云：“口脂面药随恩泽，翠管银罂下九霄。”“银罂”应就是这类带足的小银罐。

唐代女子由于眉毛造型多样，有些眉形是必须先把天然眉毛拔除，才可以做出的造型，如“桂叶眉”“八字眉”等，因此拔眉的镊子不能少。唐代的镊子依旧以铜质为主，有的镊子会与耳挖设计为一体，即镊柄的另一端为耳挖造型，这种铜镊在徐州市奎山驮篮山唐代墓、河北邢台中兴西大街唐墓、偃师杏园李归厚墓等地都有

图 5–30　唐代越窑青釉油盒（陈国桢藏）

出土。据《安禄山事迹》载，天宝十年，安禄山过生日，杨贵妃赐予他的物件中就有铜镊子：“十载正月一日，是禄山生日。先曰赐诸器物衣服，太真亦厚加赏遣。元宗赐……玳瑁刮舌篦耳各一，铜镊子各一……”可见男性修容也少不了镊子（图 5–27）。江苏扬州南唐田氏纪年墓出土的一把铜镊造型设计十分巧妙（图 5–28），铜镊整体为鱼形，镊柄从鱼嘴中延伸出，鱼尾则上翘为耳勺。

唐代的剪刀以铁剪、银剪、铜剪为多，与前代剪刀多为素面剪不同，唐代部分剪刀以錾刻、鎏金工艺装饰精美的纹样，非常华丽（图 5–29）。

唐代明确作为黛砚功能的砚台出土不多，这可能和这时画眉材料的进展有关，像“螺子黛”和“青黛”这类材料使用时可以直接蘸水上色，省掉了研磨的环节。

从唐代出土妆具的组合来看，与铜镜、粉盒等物同出的常有小碗、浅盘、浅碟等，如偃师杏园李景由墓漆奁之中的小银碗、五代吴大和五年墓葬瓷奁中的三瓣口形盘等，此类器物应是用于调和脂粉或眉黛的。南京市区建筑工地曾出土一件唐代青釉小碟，背面有墨书：“朱家烟（火旨）脂，输卖主故（顾），使用方知，每个十文”，便把这枚小碟的用途交代得十分清楚。唐王贞白《白牡丹》诗云：“异香开玉合，轻粉泥银盘。”便说明了将妆粉在银盘里调和成泥状的化妆步骤。唐代，还有一种专门装头油的油盒，由于盛放的为液体类物质，所以器口多向上凸起收敛为小口，油装在盒内，拿动时不容易溢出（图 5–30）。[1]

图 5–27　铜镊（陕西西安郭家滩唐墓出土）∧

图 5–28　鱼形铜镊（江苏扬州南唐田氏纪年墓出土）<

图 5–29　唐代花鸟纹银剪刀　∨

课后思考

1. 隋朝的化妆特色是什么？
2. 初唐、盛唐、中唐、晚唐的化妆特色各有什么差别？
3. 白居易描绘的《时世妆》是受哪里的影响？他们为什么喜欢画赭面？
4. 唐代的文身和商周的文身在观念上有什么差别？

1　邓莉丽：《锦奁曾叠——古代妆具之美》，中华书局，2023。

第六章

宋朝的化妆

一、概述

二、薄妆

三、檀晕妆

四、白妆

五、泪妆

六、长蛾眉

七、浅文殊眉

八、广眉

九、倒晕眉

十、画眉集香圆

十一、唇一点小于朱蕊

十二、梅花妆

十三、宝靥

十四、鱼媚子

十五、文身

十六、穿耳

十七、缠足

十八、化妆器具

一、概述

960年，后周禁军赵匡胤发动“陈桥兵变”，夺取后周政权，建立宋王朝，基本上完成了中原和南方的统一，定都汴京（今河南开封），史称北宋。1127年，东北地区的女真族利用宋王朝内部危机，攻入汴京，掳走北宋徽钦二帝，在北方建国号为金，钦宗之弟康王赵构南越长江，在临安（今浙江杭州）登基称帝，史称南宋。

经过了魏晋的广收博取，大唐的发扬光大，中国女性在妆容修饰上体现出的自信与繁缛略显得有些过犹不及。因此，自两宋开始，中国女性的妆容审美又开始回归淡雅，重回两汉时期所建立的简约素朴的审美规范。

其中的原因当然和两宋的时代背景有直接的关系。首先，为了防止唐末藩镇割据的重演和外戚乱政，宋代实行重文抑武的政策，大大加强了思想统治。“程朱理学”成为宋代官方艺术的指导思想。“程朱理学”是对儒家学说新的发展，其中对世俗生活影响最深的主要体现在道德层面，推崇“存天理，去人欲”。这一观点原本是提倡人们用普遍的道德法则“天理”，来克服那些过分追求利欲的“人欲”。北宋理学家程颐的那句“饿死事小，失节事大”原本也是告诉人们人生中有比生命、生存更为宝贵的价值，那就是道德理想。但在理学实际的发展过程中，由于无法判定应该遵守的“道德理想”的边界，因此使得理学成为禁锢女性、压制女性的道德枷锁。将“节”从君子的气节，一味狭隘地解读为女子的贞节，提出了针对妇女的极为严酷的贞洁观。这就使得女性的社会地位自宋代开始出现了极大的转折，宋代成为我国两性关系从较为宽松走向严谨的开始。为了维护女性的贞洁，“男女有别”不仅要体现在精神层面，也要体现在现实的身体层面，因此，从宋代开始，对妇女肉身的约束逐渐开始强化。这主要表现在三个方面：一是妆容由前朝的浓艳招摇走向文静素朴，二是缠足开始流行，三是汉族女性开始穿耳。

总体来讲，北宋王朝虽然巩固了对内的统治，但面对强悍的辽、金、西夏等，则始终处于被动挨打的局面。南渡以后，南宋又偏安江南，不思收复中原，更是江河日下，朝野上下笼罩在一片萎靡不振、哀怨缠绵的气氛之中。因此，两宋妆容审美的回归，当然不是简单的重复，其不再有西汉开疆拓土时的大气磅礴之美，而呈现出一派娇羞纤柔、慵懒无力、娇小文静的阴柔孱弱之美。

二、薄妆

“程朱理学”影响到美学理论，进而出现了赵宋一代的理性之美，表现在化妆领域，便是在面妆上摒弃了唐代那种浓艳的红妆与各种另类的时世妆与胡妆，而多为一种素雅、浅淡的妆容，称为“薄妆”“淡妆”或“素妆”。

如宋王铚《追和周昉琴阮美人图诗》曾云：“髻重发根急，妆薄无意添。”北宋陶谷《清异录》卷下也曾云：“宫嫔缕金于面，皆以淡妆”。北宋女子虽然也施

朱粉，但大多是施以浅朱，只透微红（图6–1）。例如曾流行于唐代的先施浅朱，然后以白粉盖之，呈浅红色的“飞霞妆”。汉代便已有之的薄施朱粉，浅画双眉，鬓发蓬松而卷曲，给人以慵困、倦怠之感的“慵来妆”。宋代张先《菊花影》一词中便曾云：“堕髻慵妆来日暮，家在画桥堤下住。”

三、檀晕妆

宋代有一种“檀晕妆”，这种面妆是先以铅粉打底，再敷以檀红色妆粉。檀红色是一种比较稳重的檀木色。清人高士奇《一丛花》曾云：“浅匀檀色妒胭脂”，整个妆面是面颊中部微红，逐渐向四周晕开的一种红妆，也是一种非常素雅的面妆。另外，以檀色薄染眉下，呈晕染状的一种面妆也称为“檀晕妆”，明代陈继儒在《枕谭》中曾经记载：“按画家七十二色，有檀色、浅赭所合，妇女晕眉似之，今人皆不知檀晕之义何也。”可见，这种面妆到明代便已经失传了（图6–2）。

四、白妆

唐五代对于红妆的喜爱在北宋尚留有余韵，到了南宋，女子妆面则变得越发素净，从传世南宋绘画看，仕女脸上很难找到胭脂的痕迹，而以白净的妆面为主，连嘴唇也只淡淡涂抹一些无色口脂，可称之为“白妆”或“素妆”。诗词里的描述也以恬淡浅匀为多：“出茧修眉淡薄妆”“浅妆匀靓”“时样新妆淡伫”“晚凉倦浴，素妆薄试铅华靓”等（图6–3）。

五、泪妆

泪妆在唐五代便已经出现，宋时则以白妆为基础，妆粉施涂较薄，但在眼角点抹白粉，如泪水充盈欲滴的样式，显得哀愁悲情。《宋史·五行志三》中记载：“理宗朝，宫妃……粉点眼角，名‘泪妆’。”宋代女性在祭扫时常作此妆，周密《武林旧事》中便记载有南宋临安郊外祭扫的场景，即“妇人泪妆素衣，提携儿女，酒壶肴罍”，也可以作为平时的淡雅妆扮，如

图6–1　山西晋祠圣母殿宋代仕女塑像，八字纤眉，樱桃小口，施以浅朱（摄影：陈剑）<

图6–2　陕西韩城北宋墓杂剧壁画中的檀晕妆女子 ∧

图6–3　南宋《歌乐图》中的白妆女子（上海博物馆藏）>

图 6-4 南宋泪妆复原（模特：张雅梦，化妆造型：迦陵千叶）<

图 6-5 山西晋城市郊玉皇庙玉帝殿侍女像 >

宋词“泪妆更看薄胭脂”“西楼月下当时见，粉泪偷匀”（图 6-4）。

六、长蛾眉

宋代眉妆总的风格是纤细秀丽，端庄典雅，与唐五代各种夸张的阔眉大异其趣。宋代宫女和民间女子所画的基本都是复古的长蛾眉。宋词中，有欧阳修《诉衷情》中的“都缘自有离恨，故画作远山长”，以及《踏莎行》中的“蓦然旧事上心来，无言敛皱眉山翠”，《阮郎归》中的“青梅如豆柳如丝”，还有吴文英《莺啼序》中的“长波妒盼，遥山羞黛”之句。尽管名目不同，但从宋人绘画彩塑来看，基本类似蛾眉（图 6-5）。

七、浅文殊眉

宋代虽然峨眉占据主流，但也不乏其他的眉式。如宋陶谷《清异录·浅文殊眉》中载：“范阳凤池院尼童子，年未二十，秾艳明俊，颇通宾游，创作新眉，轻纤不类时俗，人以其佛弟子，谓之浅文殊眉。”从“轻纤”二字可以看出其眉式定然也属淡雅纤细一类，既符合尼姑的身份，也可看出尼童子大多凡心未尽。

八、广眉

宋代还一度出现广眉。苏轼在《监试呈诸试官》诗中便曾云：“广眉成半额，学步归踔踸。”据宋人陶谷在《清异录》中载，宋代有一名妓名莹姐，画眉日作一样。曾有人戏之曰：“西蜀有《十眉图》，汝眉痴若是，可作《百眉图》，更假以岁年，当率同志为修《眉史》矣。”可见其画眉式样之多。

九、倒晕眉

旧藏于南薰殿的《历代帝后像》中的宋代宫廷女子，眉式很有特点。不论是皇后还是身边的侍女，眉毛通画成宽阔的月形，另在一端（或上或下）用笔晕染，由深及浅，逐渐向外部散开，一直过渡到消失，别有一种风韵。典籍中所谓的“倒晕眉”，

或即指这种眉式（图 6–6）。苏轼在《次韵答舒教授观余藏里》诗中便曾云："倒晕连眉秀岭浮，双鸦画鬓香云委。"

十、画眉集香圆

宋代女子画眉的材料较之前代又有了进一步的发展，"墨"渐渐取代了"黛"。元末明初陶宗仪《南村辍耕录》"墨"载："上古无墨，竹挺点漆而书。中古方以石磨汁，或云是延安石液。至魏晋时，始有墨丸，乃漆烟松煤夹和为之……唐高丽岁贡松烟墨，用多年老松烟和麋鹿胶造成……宋熙丰间，张遇供御墨，用油烟入脑麝金箔，谓之龙香剂……墨惟茂实得法，清黑不凝滞。"[1] 由此可知，中国人造烟墨的技术始于魏晋，经唐代发展，至宋而灿然大备。故将烟墨的制作技术用于眉黛，便也顺势而为。因此，以墨画眉始于魏晋之间，直至唐末宋初才普遍盛行。

相传唐代妇女多为青黛眉，自从画黑眉的杨玉环得宠后，众人争画黑眉，是以徐凝《宫中曲》吟"一日新妆抛旧样，六宫争画黑烟眉"。宋人陶谷《清异录》载"莹姐，平康妓也，玉净花明，尤善梳掠，画眉日作一样……有细宅（一作它）眷而不喜莹者，谤之为胶煤变相。自（唐）昭、哀以来，不用青黛扫拂，皆以善墨火煨染指，号熏墨变相。"这里所述莹姐的画眉之墨，或曰"胶煤"，或曰"熏墨"，其制法便应是受烟墨制法的启发。其在《事林广记》中有一条很详明的记载，因其专供镜台之用，故时人特给它起了一个非常香艳的名字——"画眉集香圆"。其制法为："真麻油一盏，多着灯芯搓紧，将油盏置器水中，焚之，覆以小器，令烟凝上，随得扫下。预于三日前，用脑麝别浸少油，倾入烟内和调匀，其黑可逾漆。一法旋剪麻油灯花用，尤佳（图 6–7）"。

这种人造眉黛，只可画黑眉，不能作翠眉，当是可以想见的。且中国自晚唐之

图 6–6　《宋仁宗后像》旁边侍女，脸上饰有珍珠宝靥，画"倒晕眉"（台北故宫博物院藏）<

图 6–7　画眉集香圆复原品（李芽制作）>

1　（明）陶宗仪：《南村辍耕录》，中华书局，1959，第 363 页。

图 6-8 《宋真宗皇后像》只在下唇妆有一点深红色的唇珠（台北故宫博物院藏）<

图 6-9 《宋钦宗皇后像》，脸上饰有珍珠点翠的宝靥（台北故宫博物院藏）>

后，整个社会的审美风尚发生巨大转向，由华丽转而淡雅，由外显转而含蓄，绘画也由追求金碧转而崇尚水墨。故自宋以后，眉色以黑为主，青眉、翠眉逐渐少见，其应不仅与画眉材料的更新有关，也和社会整体美学风格的转向有关。

十一、唇一点小于朱蕊

宋代女子的唇妆不似唐女那样形状多样，但仍以小巧红润的樱桃小口为美。正所谓“歌唇清韵一樱多”（宋赵德麟《浣溪沙》），“唇一点小于朱蕊”（宋张子野《师师令》），点染樱桃小口是宋代唇妆的主流。北宋中后期出现一种仅画下唇的唇妆，北宋真宗后以及北宋后期河南登封宋墓里的女性，均仅涂饰下唇，甚至仅在下唇点唇珠（图 6-8）。

十二、梅花妆

宋代的女性虽说受理学束缚很深，在面妆上舍弃了以往的浓妆艳抹而呈现一种清新、淡雅的风格，但对面饰却还依旧是情有独钟的，除了斜红转化成宝靥的形式之外，其他的几种面饰宋代都有所保留，在材质上甚至还花样翻新了，但在样式上相对于唐代还是低调了很多。刘安有一首《花靥镇》：“花靥谁名镇？梅妆自古传。家家小儿女，满额点花钿。”表达了宋女对花钿与面靥的热爱之情。

在所有的花钿中，梅花形花钿在文献中是最常见到的，宋代咏叹梅妆的诗词非常之多。如“小舟帘隙，佳人半露梅妆额。”（宋江藻《醉落魄》）“晓来枝上斗寒光，轻点寿阳妆。”（李德载《眼儿媚》）“寿阳妆鉴里，应是承恩，纤手重匀异重在。”（辛弃疾《洞仙歌·红梅》）“蜡烛花中月满窗，楚梅初试寿阳妆。”（毛滂《浣溪沙·月夜对梅小酌》）“茸茸狸帽遮梅额，金蝉罗翦胡衫窄。”（吴文英《玉楼春·京市舞女》）“深院落梅钿，寒峭收灯后。”（李彭老《生查子》）等，均为咏叹梅花妆的词句。而其中最著名的当属大才子欧阳修的那句“清晨帘幕卷轻霜，呵手拭梅妆”了。有佳人的衷情，才子们才会咏叹；

而有了才子的咏叹，佳人自会更加衷情。

十三、宝靥

所谓“宝靥”，就是指用珠翠珍宝等宝货做成的面饰。例如点翠工艺制成的面饰就称为“翠钿”，宋代就很盛行。宋王珪《宫词》云：“翠钿贴靥如笑，玉凤雕钗袅欲飞。”甚至与宋代同时的金代，其男子也点翠靥，只是不似女子般为粘贴于面或涂绘于面，而是黥刺于面，类似于文面。在《金史·隐逸·王予可传》中便有这样的一般描写：“为人躯干雄伟，貌奇古，戴青葛巾，项后垂双带，着牛耳，一金镂环在顶额之间，两颊以青涅之为翠靥。”用珠玉做成的面饰就称“玉靥”，翁元龙在《江城子》一词中便有咏叹：“玉靥翠钿无半点，空湿透，绣罗弓。”若观形象资料，宋代帝后像中的皇后与其侍女最隆重的礼服盛妆中，眉额脸颊间便都贴有以珍珠点翠制成的珠翠宝靥（图 6–9）。

另外，宋时的女子还喜爱用胭脂花粉描绘面靥，称为“粉靥”。宋高承《事物纪原》中便记载：“近世妇人妆，喜作粉靥，如月形、如钱样、又或以朱若燕脂点者。”

十四、鱼媚子

在所有“宝靥”中最有时代特色的便是“鱼媚子”面饰。关于其记载出现在《宋史·五行志·服妖》中，即“淳化三年，京师里巷妇人竞剪黑光纸团靥，又装镂鱼腮中骨，号‘鱼媚子’以饰面。黑，北方色；鱼，水族：皆阴类也。面为六阳之首，阴侵于阳，将有水灾。明年，京师秋冬积雨，衢路水深数尺。”[1]文后将面饰与水灾联系起来，当然是古时的迷信，但从侧面说明宋女使用此种面饰并不是个别案例，而是流行一时的盛况，才会引起史家的关注。文中的“鱼腮中骨”是什么呢？宋代女冠中有一种“魫冠”，记载在《碎金》中。[2]《正字通·鱼部》载：“魫，鱼脑骨曰枕。”《尔雅》载：“‘鱼枕谓之丁’，俗作魫。”所以“鱼魫”亦作“鱼枕”，是指某些鱼类如青鱼喉部辅助咀嚼的角质增生（图 6–10），打磨油浸后质地晶莹如琥珀（图 6–11），体量较小，可能为加工后再镶嵌在冠胎之上。南宋《百宝总珍集》中有一则“鱼魫”，称：“鱼魫多出襄阳府，汉阳军、鄂者皆有。大者当三钱大……碎块儿每斤直钱四五贯，如有冠子铺投卖。每斤有十六七个，若是七八十个者、四百个五百个者，多着主造冠子。大者十六七个，器物之用。”[3]说明鱼魫并不贵重，而且在宋代很容易买到其加工制品，既可以用来装饰冠子，也可以装饰其他器物，当然也可以用来做面饰了。所以上文中的“装镂鱼腮中骨”，便应该指的是在黑光纸剪成的团靥上点缀鱼魫打磨成的装饰品，这样做出来的面饰就叫作“鱼媚子”。至于为什么用黑光纸，参考欧洲古代贴“美人斑”的习俗，选择黑色是为了更加衬托出肌肤的白皙。而且贴画黑色面靥，早在初唐时期就已有流行，这点有很多图像为证，唐代是胡汉结合的政权，黑色面靥或是从胡地传入的一种风俗（图 6–12）。

1 （元）脱脱：《宋史》，中华书局，1977，第 1429 页。
2 （明）佚名：《碎金（据明永乐初内府刻本影印）》，国立北平故宫博物院文献馆，1935，第 45 页。
3 （宋）佚名：《李音翰、朱学博整理校点．宋元谱录丛编：百宝总珍集（外四种）》，上海书店出版社，2015，第 64 页。

图 6-10　鱼魫

图 6-11　打磨油浸后的鱼魫

图 6-13　宋人绘绢画《眼药酸》中的文臂人物形象

十五、文身

宋代的文身，虽然不像唐代那样多见，但依然有不少人以此为好，当时雅称其为“刺绣”。宋太祖、太宗时，有“拣停军人”张花项，晚年出家做道士，虽然“衣道士服”，但“俗以其项多雕篆”，即指他的脖子上文满花纹，“故目之为‘花项’”。宋徽宗时，睿思殿应制季质年轻时行为“不检”“文其身”，被徽宗赐号“锦体谪仙”。东京的百姓每逢庆祝重要节日，总有一批“少年狎客”追随在妓女队伍之后，都“跨马轻衫小帽”，另由三五名文身的“恶少年”“控马”，称“花腿”。所谓花腿，指自臀而下，文刺至足。东京“旧日浮浪辈以此为夸”。南宋孝宋、宁宗时，饶州百姓朱三在其“臂、股、胸、背皆刺文绣”。波阳东湖阳步村民吴六，也是“满身雕青，狠愎不逊。”吉州太和居民谢六“以盗成家，举体雕青，故人目为‘花六’，自称‘青狮子’”。理宗淳祐（1241—1252）后，临安府“有名相传”的店铺中，有金子巷口的“陈花脚面食店”，其主人显然是在双腿上刺满了花纹。若观形象资料，则可看今存宋人所绘的一幅杂剧《眼药酸》绢画，便绘有一位两臂“点青”的市民（图 6-13）。

十六、穿耳

穿耳戴饰在原始社会是广泛存在的，但随着周代礼学的发展，穿耳在汉族地区就变得极为罕见，因为中国古人注重保持身体的全形，主张“身体发肤，受之父母，不敢毁伤”，穿耳戴饰在汉族地区很快跌入谷底，这种状况从先秦一直延续至盛唐。但自宋代始，穿耳在中原地区开始一改其衰败的颓势，在汉族女子中被广泛接受，并进而很快和缠足一样，作为男女有别的重要标志，成为女性不得不为之事。其中有着非常复杂的历史原因，和政治、经济、哲学等诸多方面都有关联。

首先，统治阶层构成的转变导致审美趣味的改变。从宋代开始，科举制度开始走向成熟与制度化，这种官员选拔的新途径，在现实秩序中突破了门阀贵胄的垄断，

图6–12 宋代『鱼媚子』妆容复原
（模特：李芽；化妆造型：裘悦佳；设计：李芽）

成为国家官吏和知识精英的主体，亦即中国社会的“士大夫”阶层。这一批下层士人经科举进入上流社会，使世俗化的审美趣味得到上层社会的认同，取代了过去单一的贵族审美。由此，宋代士大夫阶层的文化特色便出现了雅而俗化的趋势，贵族审美的特点是追求简约但求精致，世俗审美的特点则是追求繁缛以显富贵；贵族审美是求内隐的品质，世俗审美则是重外显的光芒。因此，不仅仅是耳饰，宋以前始终未曾兴盛的戒指、手镯、项饰、佩件等也都在此朝一并发扬光大起来。

其次，推行程朱理学导致女性地位没落，使男女之别走向极端化。“程朱理学”对世俗生活影响最深的主要体现在道德层面，即“以儒家的仁义礼智信为根本道德原理，以不同方式论证儒家的道德原理具有内在的基础，以存天理，去人欲为道德实践的基本原则。”在这里，理学家所提倡的“存天理，去人欲”这一观点，原本是提倡人们用普遍的道德法则“天理”，来克服那些违背道德原则过分追求利欲的“人欲”。北宋理学家程颐的那句“饿死事小，失节事大”原本也是告诉人们人生中有比生命、生存更为宝贵的价值，那就是道德理想。但在理学实际的发展过程中，由于无法判定应该遵守的“道德理想”的边界，因此使得理学一度成为禁锢女性，压制女性的道德枷锁。将“节”从君子的气节，一味狭隘地解读为女子的贞节。这就使得女性的社会地位自宋代开始出现了极大的转折，提出了针对妇女的极为严酷的贞节观，似乎“贞节”与否成为评价女性的唯一标准。而为了维护女性的贞节，使得“男女有别”不仅体现在精神层面，也要体现在现实的身体层面，因此，从宋代开始，对妇女肢体的束缚逐渐开始强化。这主要表现在两个方面：一是缠足，二便是穿耳。

最后，宋代商品经济的繁荣，使社会骄奢风气泛滥，促使女性追求矫饰。在“程朱理学”的影响下，儒家的两性道德观实际上是一种严重的双重道德观，男子一方面要女子贞节自守，一方面又在外花天酒地。出于正统与习俗的习惯和专制与享乐的需要，有权有钱的男性需要同时努力造就两类女性：一类是传统家庭人伦型女性，她们必须严守贞操，为之传宗接代；一类则是大量充斥于歌楼妓馆的“风尘”“烟花”女子，用来满足其享乐的快感。再加上商业经济的迅速发展和都市生活的进一步世俗化，因此，宋代不仅社会风气淫靡，而且妓业繁荣。勾栏瓦肆，酒楼妓馆，舞榭歌台，竞逐繁华，这种盛况在《东京梦华录》《梦粱录》《武林旧事》以及众多的宋人笔记、诗词、话本中都有生动详细的描绘。在这种背景下，特定阶层的女性以色相娱人就成为被社会所普遍认可的现象，色相是需要靠服饰来包装打造的，于是包括耳饰在内的各种首饰门类都因此一并蓬勃发展起来。

十七、缠足

宋朝妆饰文化中另一个非常重要的现象，便是“缠足”习俗的出现。上文讲过，缠足的盛行与女性地位的陨落及封建礼教的风行有着直接的关系。宋代出现了程朱理学之后，对女性的行动束缚一下子变得趋于严酷。“男女七岁不同席”“叔嫂不通问”“女子出中门必拥蔽其面”[1]的教条比比皆是。女子成为男子的附属品，为私人所拥有，女子的言行举止都以讨男子的欢心为目的，缠足陋习就是在这种社会背景下流行开来的。《女儿经》中曾明确告诉人们之所以要缠足：“不是好看如曲弓，恐她轻走出门外”。可见，缠足作为一种妆饰现象的出现，与远古一切妆饰手段一样，其本意并不是简单地源于对美的追求。

在缠足风行的年代里，一双金莲的巨细不仅要重于女子的容貌姿首，而且还要重于女子的贤淑之德。高洪兴《缠足史》中有诗云：“锦帕蒙头拜天地，难得新妇判媸妍。忽看小脚裙边露，夫婿全家喜欲颠。”在当时那样一个审美畸形的年代里，女子有一双美丽的小脚，远比化一个美丽的面妆要重要得多。

缠足之风，大多数学者都认为始于五代，其主要根据是五代时南唐李后主嫔妃窈娘用帛缠足的史实。但窈娘缠足还只是宫廷舞女中的个别现象，并没有在南唐后宫中流行起来。即便是北宋初年，在至今史料和出土文物中都尚未发现妇女缠足的迹象。直到北宋中后期，缠足才略显规模，但也多是宫廷妇女、贵族妇女为之。

宋朝已出现文人词客吟咏缠足的诗词了，这说明此时缠足已经作为品评女子美貌的一个重要因素了。大词家苏轼的《菩萨蛮·咏足》大概就是中国诗词史上第一首专咏缠足之作：“涂香莫惜莲承步，长愁罗袜凌波去。只见舞回风，都无行处踪；偷穿宫样稳，并立双趺困。纤妙说应难，须从掌上看。”这是一首吟咏教坊乐籍舞女之足的词。词中所谓的“宫样”就是指宫廷中流行的“内家”式样。

在宋徽宗宣和之后，统治阶级生活日渐腐化，妇女装束花样百出，缠足之风也有了进一步的发展。宋百岁老人所撰的《枫窗小牍》中记载：“宣和以后，汴京闺阁妆抹，花靴弓履，穷极金翠，一袜一领，费至千钱。”其鞋式也千奇百怪，出现了专门的缠足鞋——“错到底”。这种鞋子，鞋底尖锐，由二色合成，鞋前后绣金叶和云朵，坡跟三寸长。鞋上有丝绳，系在脚踝上。元人张翥的《多丽词》中有“一尖生色合欢靴”的说法，指的就是这种鞋。宋人赵德麟在《侯鲭录》一书中说：“京师妇人妆饰与脚皆天下所不及。”京师，便指的是北宋的首都汴京，即今河南开封。表明此时京城妇女的妆饰与脚，已为天下之先了。缠足的现象，正在得到社会的正视和首肯。

到了南宋时期，由于缠足妇女的南下，把缠足的风习带到了江南。缠足则开始在南方流行并普及开来。与此同时，还把瘦金莲方、莹面丸、遍体香等妇女缠足、化妆的方法和化妆品也传到了江南。《艺林伐山》中便载有“谚言：杭州脚者，行都妓女皆穿窄袜弓鞋如良人。”此时女子缠足有其独特的一种样式，《宋史·五行志》中记载：“理宗朝，宫人束脚纤直，名快上马。”这种又细又直的样式和窈娘的“纤小屈突而足尖作新月状”及明清时的“三寸金莲”尚有明显的区别。北京故宫博物院藏的《搜山图》及《杂剧打花鼓图》中的妇女，双足都十分纤小（图6–14）。宋

1　陈来：《宋明理学》，生活·读书·新知三联书店，2011，第14页。

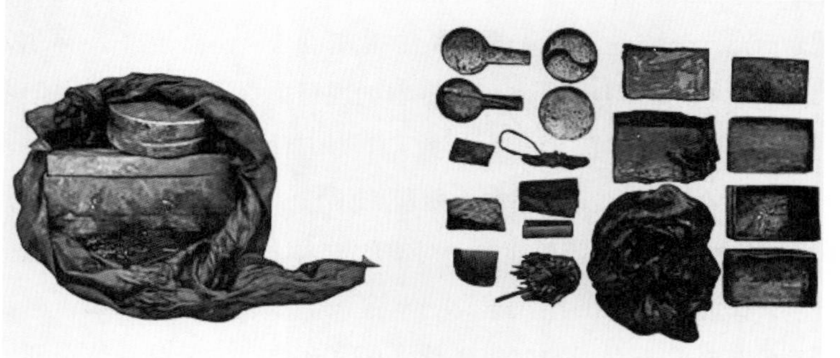

图 6-14 宋绢画《杂剧打花鼓图》中的穿耳、缠足女性 <

图 6-15 常州博物院"南宋芳茂——周塘桥南宋墓出土文物特展"展出的一组妆具 >

代赵德麟在其《浣溪沙》一词中曾专门吟咏过妓女的小脚之美。其题注云："刘平叔出家妓八人，绝艺，乞词赠之。脚绝、歌绝、琴绝、舞绝。"在他眼里，家妓的脚是与她们的色、艺同等重要的。其词云："稳小弓鞋三寸罗，歌唇清韵一樱多，灯前秀艳总横波，指下鸣琴清杳渺；掌中回旋小婆娑，明朝归路奈情何？"在这首词中，已出现了"三寸罗"的字样，看来南宋时期有些缠足妇女的脚与后来的"三寸金莲"已相去不远了。但是除了青楼女子，两宋时期缠足者只限于上流社会、富贵人家，至于普通百姓是不缠足的，而且即使是富贵人家也多不缠。

那么，真正的三寸金莲是如何缠就的呢？最初窈娘的缠足实际上并不是真正意义上的缠足，只是在歌舞时偶加勒束，于人体并无损伤。真正意义上的缠足则是一件非常痛苦与残忍的事情。一般来说，缠足是从幼年期便开始，有的早至三四岁，有的至多延迟到七八岁。缠足的主要目的是使脚的前部和脚跟尽可能地靠在一起，其做法是逐渐把它们扳压和缠裹到一起，就像扳一副弓那样。如果缠裹顺利，这样缠裹成型的脚就被称为"弓足"。脚跟的大骨头在自然状态下本来是处于半水平位置的，经过缠裹加工后，则被推向了前方，呈垂直姿势，以其骨尖直立，其效果或外表与高跟鞋的足形很相似，造成身体中心前倾。经过这样的缠裹，势必造成脚部肌肉萎缩，脚背皮肤坏死、脱落，并出现一段时间的出血、化脓、溃烂，压入脚下的足趾（特别是小脚趾）废掉。总之，缠足的痛苦，惨绝人寰。要想缠就一双金莲，非得骨折筋挛不可。

十八、化妆器具

宋代男用妆奁与女用妆奁在造型上是有区别的，在男性墓出土的多为方形，简洁精练，如福州南宋许峻墓出土的剔犀云纹漆奁便是方形，奁内有香粉、粉扑等物。常州博物院"南宋芳茂——周塘桥南宋墓出土文物特展"展出的一组妆具颇值得关注，这组妆具出土时包裹于妆具包内（图

图 6–16　六出莲瓣形漆奁（武进村前南宋墓出土）

图 6–17　素髹黑漆夹纻胎菱花式三层奁（福州黄昇墓出土）

图 6–18　南宋影青粉盒（苏州吴文化博物馆藏，李芽摄影）

图 6–19　影青菊瓣形粉盒（苏州尹山汽车城宋墓出土，苏州吴文化博物馆藏，李芽摄影）

6–15），妆具大部分为锡器，做工粗糙，应为明器，但种类非常齐全，有奁盒、执镜、镜盒、粉盒、银簪、梳子、篦子、胭脂、纸花、发绳等物品，其中的锡奁盒亦为长方形。据墓志可知墓主是一位已“知天命”的男性士人。这些文物的出土说明宋代男性也是非常注重仪容修饰的，这是宋代经济、文化繁荣的体现。

宋代女性墓出土的妆奁则常为多曲花瓣形，与男性的方正相对比，突出了女性柔美婉约的审美喜好，这是宋代成熟精致的工艺设计思路的一种体现。武进村前南宋墓出土的两件漆奁是宋代漆奁中的代表，其中一件为八棱葵形，由盖、盘、中层、底层四部分组成，每层之间子母口扣合，中层最上面置一浅盘，中间 S 形曲线将盘分作两格。另一件为六出莲瓣形（图 6–16），三层一盖，有浅圈足，盒口处以银扣工艺镶边，盖面以戗金工艺饰仕女庭院赏花图，器壁同样以戗金工艺饰牡丹、芙蓉、梅花、莲花等折枝花纹，盖内侧朱书“温州新河金念五郎上牢”十字。另福州黄昇墓出土漆奁为素髹黑漆夹纻胎菱花式三层奁（图 6–17），也是三层一盖，每层以子母口相扣合，口沿处镶银包裹。

宋代粉盒有金银质、漆质等，但以瓷质粉盒为大宗，无论形制、装饰工艺还是纹样设计，都达到了一个新的美学高度。宋代是我国城市商品经济高速发展的时期，化妆人群从贵族扩展至普通市民阶层，这使粉盒的需求量迅速增加。常见的粉盒形制有圆形（图 6–18）、多棱形，以及各种仿生形。仿生形粉盒主要选取自然界的花卉瓜果为表现对象，如菊瓣形（图 6–19）、

图 6-20 越窑青釉堆塑莲纹三联盒，高 5.1 厘米，长 8.3 厘米（陈国桢藏）

图 6-21 宋青白釉印花草虫纹子母盒（陈国桢藏）

图 6-22 影青瓜楞粉罐（苏州尹山汽车城宋墓出土）

瓜形、石榴形、柿子形、桃形等，极富生活情趣。金银类粉盒在陕西蓝田北宋墓 M25 出土过两件，均为八曲瓜棱形小银盒。

除了单体的瓷盒外，宋代还有一种联体盒，分为外联体与内联体两种。外联体盒为两个或三个造型相同的小盒连在一起，如北宋三联盒（图 6-20），由三个莲瓣状小盒粘连在一起，分为盒身与盒底两部分，每个盖顶堆塑莲蓬与枝条，盖上又刻莲瓣纹。内联体为一盒内分置三或五个小碟，小碟之间通常有花枝藤蔓环绕相隔，如宋影青釉粉盒（图 6-21），盖沿及身为菊花瓣形，盖面印缠枝花纹，盒内有三个圆口小碟，小碟之间以花枝相隔。这种联体盒设计非常科学，可将眉黛、妆粉、口脂等分格放置，并规整于一个大盒内，方便化妆时取用。

此外，还有一种罐形容器用于盛放脂粉，称为粉罐。这类粉罐不仅有陶瓷材质，还有金银材质。罐体一般通高不超过 10 厘米，多作瓜棱状，罐盖为花叶形或荷叶形（图 6-22）。

宋代还出土有蘸取发油或水涂抹于发的小刷子，称作“抿子”或“刡刷”。福州南宋黄昇墓出土的漆奁第三层中有梳、篦、棕毛刷、竹签、竹刮刀等物（图 6-23），其中的棕毛刷，柄为竹质，有四行棕毛，上还粘有发丝和油垢，应作抿之用。

宋代镊子的镊柄端一般有一小环，应是方便镊子随身佩系所设计。西安长安区郭杜镇宋代李璹墓出土的一件铜镊便是如此（图 6-24），与镊同出的还有铜簪、木盒等物，应用于男性修理发须之用。

宋金时期是我国剪刀由交股式向双股式过渡，双股式剪刀又称作支轴式剪刀，其使用铆钉作为两股连接轴，以剪轴为支点，剪把和剪头形成杠杆，通过控制剪把来调整力矩长度，让使用者不必再把部分力气消耗于克服簧剪弹力上，使用上更符合人体工程学，大大提高了剪刀的功能性（图 6-25）。宋代黄涣墓出土的三把铁剪刀，两把为交股形，一把为“U”形剪，或许是黄涣用于理须之物。广东深圳咸头岭宋墓内的铁剪与铜镜、银发钗等物同出，江西

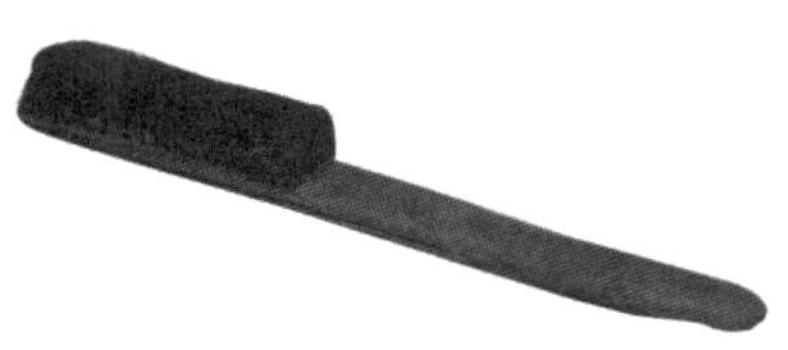
图 6–23 刡刷（福州南宋黄昇墓出土）

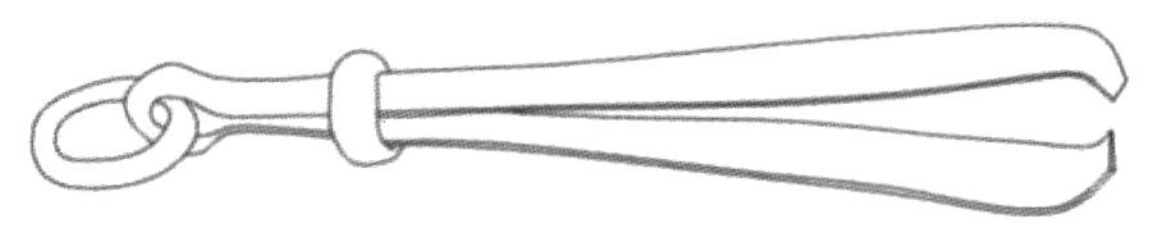
图 6–24 铜镊（西安长安区郭杜镇宋代李琦墓出土）

图 6–25 宋代铁剪刀（杭州工艺美术博物馆藏，李芽摄影）

图 6–26 粉扑（福州南宋黄昇墓出土）

图 6–27 粉扑（福州茶园村南宋墓出土，遗产君摄影）

新余钱家山宋墓内的铁剪与银簪、银钗等物同出，这些剪刀应都具有理容的功能。

用于调和胭脂妆粉的容器到了宋代有了固定的名称叫“妆盘”，江西德安南宋周氏墓出土的六瓣菱花形银妆盘，被发现时里面尚有浸有胭脂的丝罗一块。

合肥北宋马绍庭之妻墓中出土有一件化妆用之圆形砚，一件文具盒，文具盒内有毛笔五支，墨一块，墨面模印阳文楷书“九华朱觐墨”五字，似为“画眉集香圆”之类的油烟墨。文具盒中的毛笔除可以写字绘画外，亦可作眉笔之用。

宋代的粉扑在福建地区发现较多，福建南宋黄昇墓一件圆形漆粉盒内有粉扑一枚，扑背面用褐色罗编织成鳞状细尖形花瓣，钮作花心，扑身残留白色脂粉少许（图 6–26）。福州茶园村南宋墓发现的丝绢粉扑出土时置于银粉盒内（图 6–27），圆形，以土黄色丝绢制成，盖面以同色丝线刺绣植物花卉纹，绣工精致。福州茶园山南宋许峻墓出土的方形漆奁盒的小抽屉内也有粉扑一件，可知宋代时男性也可敷粉妆扮。[1]

课后思考

1. 宋朝化妆的总体特征是什么？为什么相对于唐代会发生那么大的转向？
2. 宋朝对妇女的约束主要体现在哪三个方面？
3. “鱼媚子”是一种什么样的妆容？是用什么材质做的？为什么会被列入“服妖”？
4. 缠足的主要目的是什么？

1 邓莉丽：《锦奁曾叠——古代妆具之美》，中华书局，2023。

第七章

辽元的化妆

一、概述

辽代是契丹族所建立的王朝。契丹是古代生活于我国北方草原地区的游牧民族，属东胡族系，源出鲜卑。其发迹地位于今日辽宁省西部及吉林省。自 907 年建立契丹国（后改称辽）至 1125 年为女真所灭，政权前后共传续二百余载。蒙古民族于 12 世纪末崛起，1206 年建立大蒙古国，大蒙古国疆域广袤，横跨欧亚。忽必烈于 1271 年建立元朝，1276 年攻下南宋都城临安，统一了中国。元朝的统治对中国社会生活和东西方交流等方面产生了深远的影响。

纵观中国整个化妆发展史，周代是滥觞期，涂脂抹粉开始在贵族中兴起；秦汉是发展期，张骞出使西域，不仅引进了红蓝花这种制作胭脂的重要原料，也扩展了汉民族的审美眼界；魏晋大唐是高潮期，张骞开辟的绿洲丝路源源不断地引入大量来自西域的奇装异服，同时胡汉民族的文化交融与混居也大大丰富了人们在妆容上的包容度，导致这一时期的妆容异彩纷呈，五颜六色；宋辽金元时期则是转折期，女子的妆容迅速转向素雅与浅淡，普遍追求一种清水出芙蓉的天然之美。

为何会出现这种转折呢？

我们知道，辽、元均是北方游牧民族建立的政权，在他们的统治范围内，虽然汉人社会地位普遍低下，但汉族人口基数依然是最大的。程朱理学所提倡的从“存天理，去人欲”“饿死事小，失节事大”等观念衍生出的针对汉族妇女极为严酷的贞洁观，经历了宋朝的发酵，到元代愈发严酷起来。在《二十四史》《列女传》等书籍中提及的守节妇女，《元史》之前没有超过 60 人，《宋史》最多只有 55 人，而《元史》竟达 187 人之多。可见，理学的影响在宋时刚刚发挥作用，到元代以后才在社会上普及起来，并在明清达到极点。这使得辽元时期的汉族女性，在妆容修饰上并无多少突破，基本是承袭南宋的素妆风格。而缠足在元代汉族中则更加盛行。“弓鞋”“金莲”等小脚的代名词常见于元人杂剧和词曲之中。元代甚至出现了崇拜小脚的拜脚狂。元末的杨铁崖，常常在酒席宴上脱下小脚妓女的绣鞋斟酒行令，号称“金莲杯”。重脚不重头的畸形审美在汉族百姓圈中就这样无可奈何地风行开来。

占人口绝大多数基数的汉族女性是出于理学的束缚被约束如此，那么蒙古族和契丹族的统治阶层女性妆容又为何也是同样素雅呢？这是一个耐人寻味的问题。魏晋南北朝与大唐时期，妆容之所以达到中国彩妆的高峰，这和经由绿洲丝路带来的丰富的西域文明影响有直接的关系，当然也和儒家文化在这一时期不是一家独大的文化多元化发展有关。从唐末开始，绿洲丝路衰落，逐渐兴起的则是另外两条丝路，一条是海上丝绸之路，另一条则是草原丝绸之路。而这两条丝路带来的妆容文化则和绿洲丝路大相径庭。

海上丝路在妆容上的影响主要来自东南亚，影响区域集中在云南、广东、福建等东南沿海少数民族地区，影响形式主要以微手术类为主，比如文面、文身、拔牙、儋耳等，对中原及北方民族影响并不大。对北方游牧民族妆容影响最大的主要是草原丝路文化。

图 7-1　刘贯道《元世祖出猎图》中的蒙古族女子（台北故宫博物院藏）<

图 7-2　通辽市库伦旗辽墓 M1 壁画中的契丹女性素妆形象 >

草原丝绸之路在前 2 世纪匈奴统一北方草原地区以后就正式开通，是古代丝路中最北的一条，此后便以各时期北方民族的单于庭、可汗牙帐和都城及重要的城市作为东端的起点，向西与沙漠丝路天山北道汇合进入中亚、西亚、欧洲等地，向北衔接东北亚走廊抵达俄罗斯远东、贝加尔等地区，向东延伸至朝鲜半岛、日本列岛与海上丝路相接，向南通向我国的中原地区。这一区域是蒙古草原地带沟通欧亚大陆的商贸大通道，位于“草原丝绸之路”东段的辽上京和元上都，不仅是当时草原上重要的政治经济中心，还是东西方文明的汇聚交融之地。“草原丝绸之路”也在辽元时期进入历史上最为辉煌繁盛的时期。因此，蒙元和契丹民族的妆饰文化更多的是受到这条丝路的影响。

草原丝路普遍处于北纬 40°~50°，气候寒冷，降水量少，呈干旱、半干旱状况，土壤水分仅能供草本植物及耐旱作物生长。冬季寒冷而漫长，常常造成风雪灾害；而夏季则很短促，气温不很高，但全年的日照时间较长。生活在这片土地上的游牧者只能过着“逐水草而居”的迁徙生活。这种气候条件就导致草原民族在妆容上更重护肤，而不重彩妆。因为他们的脸冬天要包裹起来避免严寒冻伤，夏天又要防晒，而且干旱缺水导致他们没有条件经常洗脸。因此浓艳的彩妆对他们来说既不卫生，又没有必要。因此素妆的风习不仅流行于辽金元等所有北方游牧民族，也一直沿袭到清朝（图 7-1、图 7-2）。

二、汉女淡妆

辽元汉族女子受宋代理学影响，在妆容上，多承袭宋代素雅、浅淡的风格。郑光祖《双调・蟾宫曲》中便有“缥缈见梨花淡妆，依稀闻兰麝余香”的咏叹。唇妆则依然喜爱含蓄内敛的樱桃小口，元代王实甫在《西厢记》中曾写道：“恰便似檀口点樱桃，粉鼻儿倚琼瑶。”这里的“檀口”指的是一种颜色浅红的唇脂。眉妆则多为蛾眉。记录元代社会风情的《三风十愆记》云：“……窈窕少女，往来如织，摩肩蹑踵，

混杂人群，恬不为怪。然不事艳妆色服……淡扫蛾眉，以相矜尚而已。”元曲中也有描写“如望远山”的远山眉的句子：“今古别离难，蹙损了峨眉远山。”（刘燕歌《仙吕·太常引》）另外，元代也有中间宽阔，两头尖细，形似柳叶的柳叶眉。元代杨维桢《冶春口号》之六中便有“湖上女儿柳叶眉，春来能唱《黄莺儿》”之句（图 7–3）。

三、契丹佛妆

与宋代并立的辽代契丹族妇女有一种非常奇特的面妆，称为“佛妆”北宋叶隆礼在《契丹国志》中便记载：“北妇以黄物涂面如金，谓之‘佛妆’。”[1] 这种面妆满脸涂黄，因观之如金佛之面，再加上契丹普遍礼佛崇佛，故称之为“佛妆”。[2] 北宋地理学家朱彧的《萍洲可谈》卷二中也载：“先公言使北时，使耶律家车马来迓，毡车中有妇人，面涂深黄，红眉黑吻，谓之佛妆。”可见与面涂金黄相搭配的还有红色的眉妆和黑色的唇妆，其整体共同构成为佛妆，与汉族审美大异其趣，非常另类。北宋彭汝砺出使辽国，有感于此，曾专门为此赋有一首非常谐趣的诗《妇人面涂黄而吏告以为瘴疾问云谓佛妆也》，以记此事，诗是这样写的：“有女夭夭称细娘（辽时称有姿色的女子为细娘），珍珠络臂面涂黄。华人怪见疑为瘴，墨吏矜夸是佛妆。”[3] 把辽女的“佛妆”误以为是得了脸色蜡黄的“瘴病”，读起来令人忍俊不禁（图 7–4）。

宋人庄绰在他辑录轶闻旧事的《鸡肋编》中进一步介绍了这种被南方人视为“瘴病”的妇女化妆法：“（燕地）其良家士族女子皆髡首，许嫁，方留发。冬月以括蒌涂面，谓之佛妆，但加傅而不洗，至春暖方涤去，久不为风日所侵，故洁白如玉也。

图 7–3　元人《梅花仕女图》中的淡妆女子（台北故宫博物院藏）<

图 7–4　佛妆妆容复原（模特：李依洋；化妆造型：李依洋；设计：李芽）>

1　（宋）叶隆礼：《契丹国志·卷二十五》，上海古籍出版社，1985，第 242 页。另见蒋祖怡、张涤云整理：《全辽诗话》，岳麓书社，1992，之彭汝砺《佛妆》诗之注释。

2　（宋）朱彧：《萍洲可谈·卷二》，中华书局，2007。

3　此诗在《宋诗纪事》题为《燕姬》，《全辽诗话》中题为《佛妆》，见《全辽诗话》。

其异于南方如此。”[1]文中提到的括蒌即“栝楼”，是一种藤生植物，其根、果实、果皮、种子皆可入药。宋人唐慎微《证类本草》“栝楼”条谓其有“悦泽人面”的功效[2]。唐代本草学家日华子在《日华子诸家本草》说：栝蒌子可“润心肺，疗手面皲”，栝蒌根则有治疗疮疖、生肌长肉的作用。总之，栝蒌有治疗皮肤皴裂、冻疮的功效[3]。可以说，“佛妆”是契丹贵族女性在冬季和初春季节所采用的一种独特的兼具保养护肤和美容妆饰作用的美容术，其主要原料是栝楼提取物，将之涂抹在脸上，形成一种黄色的保护膜，直到春天暖和时方才洗去，类似于今天的免洗面膜。因北地冬季严寒且多风沙，脸上加敷此物可抵御沙尘风雪对皮肤的伤害，经过整整一冬的保养，春暖花开时节再洗掉这层面膜时，皮肤便可“洁白如玉”。“夏至年年进粉囊，时新花样尽涂黄。中官领得牛鱼鳔，散入诸宫作佛妆。”[4]对契丹女性来说，南国的胭脂粉黛比较适合夏天的妆容，却不能满足她们冬日的需求，她们对具有保养作用的护肤用品的需求更为真切和实际，这使得宫中来自江南的女性也不得不入乡随俗进行效仿：“也爱涂黄学佛妆，芳仪花貌比王嫱。如何北地胭脂色，不及南都粉黛香。”[5]

总之，“作为契丹贵族妇女冬季使用的一种独特的美容护肤术，‘佛妆’既是契丹所处的严酷的地理环境、气候特点以及其独特的生产生活方式下的产物，具有护肤美容的物质实用效果；也与契丹人崇佛、礼佛的浓厚的宗教文化氛围密切相关。”[6]辽朝开国统治者的治国思想是以儒为主，释道并重。但在辽代中后期，由于统治者崇佛日盛，“欲使玄风，兼扶盛世”，名刹伽蓝遍布境内，佛教超越了其他的宗教，盛极一时，这对辽代的政治、经济、文化、艺术等都产生了深远的影响。

四、蒙元平眉

元代后妃的眉式颇具特色，据《历代帝后像》中所绘的诸多蒙古皇后肖像来看，蒙古女子大多脸型圆润，身形丰满，面部脂粉并无特别之处，也不施面花，非常自然素朴。但所有肖像。不分年代先后，均画“一”字平眉。这种眉式不仅细长，而且极其平直，大约取其端庄之态。皇后头戴蒙古特色的姑姑冠，冠上垂挂以珍珠为主的华丽珠串，均戴有宝石耳饰，身上则穿交领大红织金锦袍服，珠光宝气，有着一种独特的大漠华美（图 7–5、图 7–6）。

五、面花儿

元代的女子依然喜爱戴面花，但从图像上来看，主要集中于汉女。元代熊梦祥在《析津志·岁纪》中曾详细地记载了当时向宫廷进贡的化妆品及首饰的种类：“资正院、中正院进上，系南城织染局总管办，金条、彩索、金珠、翠花、面靥、花钿、奇石、戒止、香粉、胭脂、洗药，各各精制如扇

1 （宋）庄绰：《鸡肋编》，中华书局，1983，第 15 页。
2 （宋）唐慎微：《证类本草·卷八“栝楼”条》，华夏出版社，1993，第 217 页。
3 （唐）日华子撰，常敏毅集辑：《日华子诸家本草》，宁波市卫生局，1985，第 22 页。
4 （清）史梦兰著，张建国校注：《全史宫词》，大众文艺出版社，1999，第 467 页。
5 （元）柯九思：《辽金元宫词》，北京古籍出版社，1988，第 42 页。
6 王子怡：《时新花样尽涂黄——辽代契丹女性“佛妆”考》，《装饰》2014 年第 3 页。

拂。”可谓品种齐全了，其中依然没有缺少面靥和花钿。元无名氏《十二月十二首》词中便云：“面花儿，贴在我芙蓉额儿。”元白仁甫在《裴少俊墙头马上》第一折中便曾写道：“我推粘翠靥遮宫额，怕绰起罗裙露绣鞋。”关汉卿在他的《无题》一词中也曾云：“额残了翡翠钿，髻松了柳叶偏。”山西洞洪广胜寺元代壁画中的宫女，额间即作此饰（图 7–7）。

六、额黄

染额黄在此时虽然不似唐代那样流行，却依旧没有消失，元代张可久在《梅友元帅席间》一词中有：“额点宫黄，眉横晚翠。”之咏叹。孟珙在《蒙鞑备录》中也记载蒙古族妇女“往往以黄粉涂额，亦汉旧妆。”

七、辽元缠足

契丹女子并不缠足，至于蒙古妇女，从安西榆林窟壁画中进香的蒙古贵族妇女所穿鞋子式样来看，与男子是相同的。元亡后，明代将退回朔北的蒙古人称为鞑靼，鞑靼妇女都是不缠足的，这也从侧面说明元代蒙古妇女受缠足风俗影响不大。毕竟，游牧民族需要骑马游猎，缠足会直接影响日常活动。

但元朝统治者入主中原以后，对汉女缠足现象由不反对逐渐转变为欣赏和赞叹。元代出现奉帝王之命唱和应酬的有关女子缠足的应制诗就是一个明证：“吴蚕八茧鸳鸯绮，绣拥彩鸾金凤尾。惜时梦断晓妆慵，满眼春娇扶不起。侍儿解带罗袜松，玉纤微露生春红。翩翩白练半舒卷，笋箨初抽弓样软。三尺轻云入手轻，一弯新月凌波浅。象床舞罢娇无力，雁沙踏跛参差迹。金莲窄小不堪行，自倚东风玉所立。”（李炯《舞姬脱鞋吟》）晨妆不整，娇羞懒散，娇弱无力，小脚难行，倚风玉立，这都成了曾经以剽悍勇武著称的蒙元统治者眼中的美人形象。

在统治阶级的赞赏提倡及风俗势力的惯性作用下，元代汉女中缠足风气愈演愈烈。“弓鞋”“金莲”等小脚的代名词常见于元人杂剧、词曲之中。如萨都剌《咏

图 7–5　《元世祖皇后像》，头戴姑姑冠、一字平眉（台北故宫博物院藏）<

图 7–6　《缂丝元明宗皇后坐像》，头戴姑姑冠，画一字平眉，两耳戴大塔形葫芦环，身穿织金锦袍（美国大都会博物馆藏）∧

图 7–7　山西省洪洞县广胜寺水神庙明应王殿元代壁画《园林梳妆图》中蛾眉、淡妆、眉心点花钿的女子形象 >

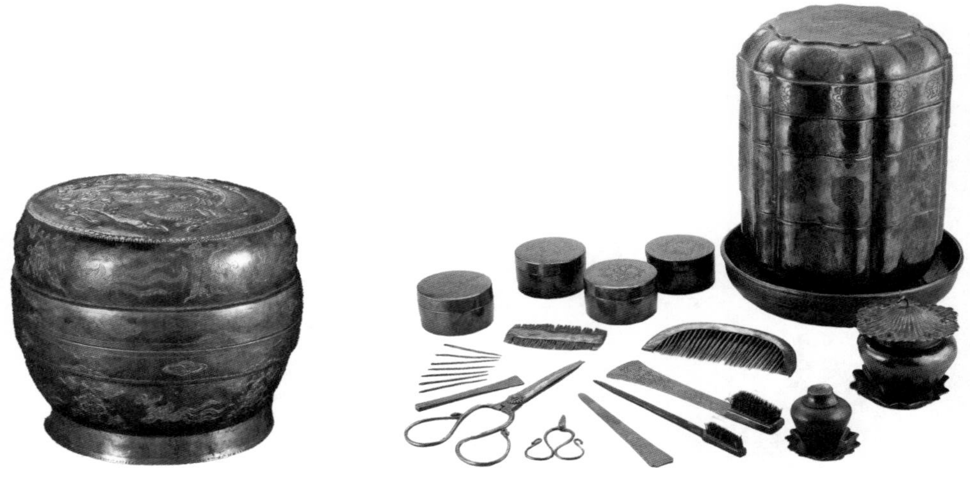

图 7-8 金花银奁（辽陈国公主墓出土）<

图 7-9 银奁、银托盘及梳妆妆具（苏州张士诚母墓出土）>

绣鞋》诗云："罗裙习习春风轻，莲花帖帖秋水擎；双尖不露行复顾，犹恐人窥针线情。"似乎元代妇女的小脚比宋代的"快上马"式更加纤小。最明显的莫过于元代的词曲杂剧中，无论描写何代人物，无不提及纤足。如古典名剧《西厢记》中，张生遇到莺莺之后，独自回房。百般思恋纠结在心头："想她眉儿浅浅描，脸儿淡淡妆，粉香玉搓腻咽顶，翠裙鸳鸯金莲小，红袖鸾鸟玉笋长。"关汉卿《闺思》中也有："玉笋频搓，绣鞋重跌"等。元代陶宗仪撰《辍耕录》中则云："近年则人相效，以不为者为耻也。"可见这种以不缠足为耻的观念在元朝末年已越来越盛行了。不过和宋代一样，当时即使是富贵人家也不是个个缠足的。

八、化妆器具

辽、元由于是游牧民族政权，受生活习惯的影响，瓷器易碎，贵族会更偏爱金银材质的妆具，妆奁、粉盒莫不如此。

如辽陈国公主墓出土过一件金花银奁（图 7-8），整体为圆形，子母口扣合，有圈足，盖面锤鍱、錾刻浅浮雕效果行龙戏珠纹，盖侧沿饰凤纹与折枝牡丹纹，器腹饰海棠纹，圈足底边錾刻一周联珠纹，有花纹处均鎏金，出土时奁内置一件银盖罐和三件小银盒，小银盒内装有脂粉。元代的日用器皿体量都比较大，妆奁也不例外。代表作有苏州张士诚母墓出土的银奁和托盘（图 7-9），托盘的作用有两点，一来由于是套奁，有了底部托盘的支撑，方便搬动，二是可作梳妆时放置小粉盒、梳篦等妆具之用，便于归置。张士诚母银奁内装有：银剪刀一把、银刷两把（一作抿，一为牙刷）、银薄片刮器一件、银镜一件、银圆盒四件，小银罐一件，大小银碟各一件、银梳一件、银蓖一件、银针六支、银脚刀一把、银小剪刀一把、银荷叶盖罐一件。可以说非常齐全了。还有无锡钱裕夫妇墓以及上海任氏家族墓出土的漆奁。这 3 件妆奁均为多曲花瓣形，除任氏墓出土的为四层一盖，其余均为三层一盖，且任氏墓出土者器型

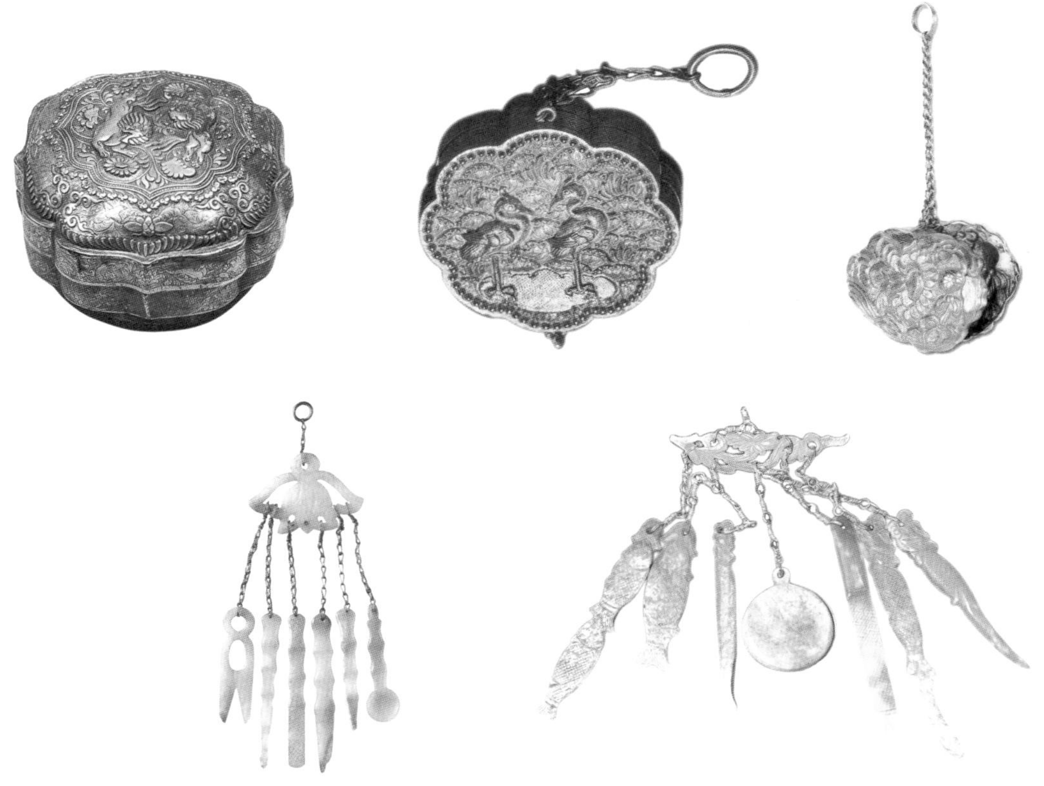

最大，奁高 38.1 厘米、径 27.2 厘米，属宋元时期漆奁中体量最大者。无锡钱裕夫妇墓的妆奁内装有木梳两把、小漆盒三件、粉扑 1 件。

辽元时期的金银粉盒极其精美。如内蒙古赤峰阿鲁科尔沁旗耶律羽家族墓出土有一件双狮纹鎏金银盒（图 7–10），应是脂粉盒。辽代最具特色的金银粉盒是配有系链可以随身携带的粉盒，如辽代陈国公主墓出土的八曲连弧形金盒佩（图 7–11）、赤峰市巴林右旗巴彦尔灯苏木和布特哈达出土的辽菊花纹金盒（图 7–12）等。

辽、元妆具的另一个特色就是喜爱将几件用于修颜化妆、身体清洁及其他生活用具以链条相连佩戴于胸前、腰间或揣于袖内，便于随身携带使用，这显然与游牧民族的生活方式有关，游牧民族有四时迁徙的生活习惯，因此需要随身携带各类日用小工具，以备迁徙时长途跋涉、野外扎营等不时之需。因此宋代作佩件之用的妆具发现极少，但在辽元时期就开始多见，且挂件种类日益齐全。可作佩件之用的梳妆用具多为脂粉盒、粉罐、香囊、镊子、剪刀、耳挖、梳子等小件类用具，用系链连缀后既可单个佩系，亦可成组佩系。如辽陈国公主墓驸马腰腹部出的佩件有玉柄银锥、琥珀柄银刀、玉柄镇刀等，而公主腰腹部出土佩件众多，有金粉盒、金香囊、海螺形玉瓶、雁形琥珀佩、鱼形玉佩、玉粉盒、针筒等，另有 3 组玉佩，其中 1 组为用具形玉坠组合，出土于公主腹部，玉坠的形状有剪、觽、锉、刀、锥、勺（图 7–13）。可见，女子的佩件种类比男子多出了很多化妆及女红用具。内蒙古多伦县小王力沟辽圣宗贵妃萧氏墓，出土有玉组佩一件（图 7–14），花叶形玉珩下系挂有鱼形柄玉匕、

图 7–10　双狮纹鎏金银盒（辽耶律羽家族墓出土）∧

图 7–11　八曲连弧形金盒佩（辽代陈国公主墓出土）∧

图 7–12　辽菊花纹金盒（赤峰市巴林右旗巴彦尔灯苏木和布特哈达出土）∧

图 7–13　公主用具形玉坠组合（辽陈国公主驸马墓出土）∨

图 7–14　玉组佩（内蒙古多伦县辽圣宗贵妃萧氏墓出土）∨

图 7-15 银五事儿（湖南石门县雁池乡窖藏出土）<

图 7-16 银七事儿（攸县丫江桥元代窖藏出土）∧

图 7-17 双猴铜镊（河北承德县辽代窖藏出土）>

鱼形锉、单鱼形饰及双鱼形饰、摩羯形柄首鐎形佩、摩羯形柄首刀形佩，中间系挂一个小圆盒。

元代这类佩饰更为多见，称为“事件儿”，根据系挂工具及物件的数量，又可称作“三事儿”“七事儿”等。女子“事件儿”一般银链之下缀粉盒、油缸、荷包、剪刀、胆瓶、葫芦瓶、镊子等；男子“事件儿”一般将粉盒、油缸等女子妆具换成小刀、解锥等物。湖南石门县雁池乡窖藏出土有银五事儿，压口为一覆荷造型，银链下缀着剪子、镊子、荷包、粉盒和荷叶盖罐（图 7-15）。攸县丫江桥元代窖藏则出土有三件银七事儿，其中一件丢失，其余为玉壶春瓶、香囊、剪刀、折肩长颈瓶、葫芦瓶、解锥（图 7-16）。

辽元墓葬中也出土过发刷、镊子和剪刀等理妆用品。其中河北承德县辽代窖藏出土过一把铜镊（图 7-17），造型尤为别致，镊端有花朵形孔，作拴挂之用，其下有活动转轮与镊身相连，镊身的两股中部均开一槽，中间嵌一小猴。小猴双臂前倾，脚部嵌在槽孔里，可来回游动。镊端另有一双脚固定的小猴，上身可活动，双臂前伸，两猴的双手均有小孔，嵌在槽孔里的猴游动过来时，固定猴身体前倾，两猴恰好双手相握，此时镊的双股也闭合紧密，当两猴手握在一起的时候，两猴头部也可以亲密地贴合在一起，设计极富匠心。[1]

课后思考

1. 路上、海上、草原三条丝路对妆容文化的影响分别是如何体现的？
2. 契丹族“佛妆”盛行的背后动因是什么？
3. 游牧民族的生活方式对化妆器具的设计产生了哪些影响？

1 邓莉丽：《锦奁曾叠——古代妆具之美》，中华书局，2023。

第八章

明朝的化妆

一、概述

元代蒙古族入主中原，以不平等的种族政策统治汉人，对南方知识分子和人民尤其严酷。农民领袖朱元璋以“驱逐鞑虏，恢复中华”为目标，领导百姓推翻蒙元统治，于1368年建立了明王朝。基于前代辽、金、西夏、蒙古族的统治与民族之间错居所造成的杂乱无章，明开国伊始，即着手推行唐宋旧制，极力消除北方游牧民族包括服饰在内的各种影响，从而重建一国一代之制，恢复大汉文化传统，这也直接体现在妆容的回归上。

明朝是中国政治上独裁的开始。为了强化专制，在思想文化领域开创了明清帝国近六百年专制君主屡兴文字狱的先例，以严刑酷罚来钳制人们的思想与言论，对以后的中国社会产生了重要的影响。儒家把齐家、治国、平天下看得同等重要。“皇帝要臣子尽忠，男人便愈要女子守节”[1]两者是同样道理。因此，宋代的理学发展到明代，对于女性的束缚愈发严酷起来，明代可以说是奖励、表彰贞节最积极的时代。明太祖朱元璋登上皇位不久，即把表彰妇女贞节当作维护其封建专制制度的大事来抓，于洪武元年（1368）下达诏令：“民间寡妇三十以前夫亡守制，五十以后不改节者，旌表门闾，免除本家徭役”（《明会典》），不久，又“著为规条，巡方督学，岁上其事。大者赐祠祀，次亦树坊表”（《明史·烈女传》），巡方督学每年都将地方上的节烈妇女上报朝廷，朝廷便按照贞节的程度给予封赏，颁发贞节牌坊等。由于朝廷的大力表彰，妇女守节不仅自己荣耀，而且给家族带来光荣，还有“免除差役”的经济利益，于是寡妇即使自己不愿意守节，家族也会逼迫她守节。同时大造社会舆论，把妇女贞烈与宗教迷信联系起来，制造出许多守节感天、因果报应一类神话来毒害女性。这就使得明清女性的生存处境愈发艰难，妆容脂粉自然也跟着愈发素净起来，端庄恭俭、低眉顺眼成为此时体面女性的不二选择（图8–1）。

明代中后期，“心学美学”的出现，是反宋儒“存天理、灭人欲”人性二重论的一种崭新的美学思潮。阳明心学反对把道德本体建树在客观的“理世界”中，而提倡将之建树在人的心灵中，提出“心即理”的观点，这就使得人的道德理性和人的自然感性纠缠在一起，使得伦理和心理交融为一体，而非二重了。阳明后学更是将宋儒天理与人欲的对立通过“复古以革新”的策略置换为“人欲亦是天理”的包容性说法，“私”与“欲”的观念由此被肯定。因此，在明代后期，“情理”的堤防遭到冲击，“情欲”的旗帜冉冉上升。从情到欲，以欲激情，不仅是艺术家所热衷表现的主题，也是思想家开始论证的命题；不仅是活跃于意识形态的新思潮，也是弥漫于社会习俗的新风尚。这种思潮表现在化妆领域，最明显的就是大批拜脚狂的出现。

二、三白妆

从传世的画作来看，明代女子妆容回归宋代汉族传统，大多画薄施朱粉，

1 鲁迅：《鲁迅杂文全集（上册）》，北京燕山出版社，2013，第8页。

轻淡雅致的淡妆，少有浓烈奇异的妆面。后妃、命妇妆扮更是如此，中老年命妇甚至接近素颜，或仅仅施涂极浅淡的胭脂，且表情非常恭谨。明代侍女画像经常以“三白法”涂抹脂粉。所谓“三白法”，原是指在绘画创作中在人物的额、鼻、下颏三处用较厚的白粉染出，既能表现人物面部的三个受光凸出部分，又能表现古代妇女施朱粉的化妆效果。人物画只是在摹写现实人物形象时，提炼了这种视觉感受，也可以称之为“三白妆”。明代唇形依然以小为美，或仅涂下唇，或比原唇略小（图 8–2）。

三、杉木炭画眉

在眉妆上，明代女性迎合男性的审美喜好，尚秀美而求媚态。明代小说家冯梦龙笔下的杜十娘，便是：“两弯眉画远山青，一对眼明秋水润。”兰陵笑笑生笔下的潘金莲也是：“翠弯弯似新月的眉儿，清冷冷杏子眼儿。”女子所画眉形大多纤细弯曲，只是有一些长短深浅之类的变化。虽不免单调，却特别能够衬托出女性的柔美与妩媚（图 8–3）。

明代妇女画眉的材料除去前面所讲的螺子黛、“画眉集香圆”等高档画眉墨等，还发明了一种价更廉，用更广的画眉修饰品，即用杉木炭末画眉。明代张萱在《疑耀》中论周静帝时的黄眉墨妆时，曾连带说到当时（明代）的风尚：“墨妆即黛。今妇人以杉木炭研末抹额，即其制也。……一说黑粉亦以饰眉。”

四、面花儿

面花儿在明代民间依然流行，明代文学名著《金瓶梅词话》中的女子个个都是面花的积极拥护者。潘金莲“粉面颊上贴着三个翠面花儿，越显出粉面油头，朱唇皓齿。”宋惠莲也是“额角上贴着飞金并面花儿，金灯笼坠子。”同侍一夫的李瓶儿自然不会甘拜下风，也是“粉面宜贴翠花钿，湘裙越显红鸳小。”明代汤显祖《牡丹亭》第十四出中也写道：“眉梢青未了，个中人全在秋波妙，可可的淡春山钿翠小。”

图 8–1　明万历《夫妇像轴》中的素妆夫人像（北京故宫博物院藏）<

图 8–2　唐寅《孟蜀宫妓图》中的三白妆女子（北京故宫博物院藏）>

图 8–3　山西晋祠明代彩塑侍女，蛾眉凤眼、面如满月 V

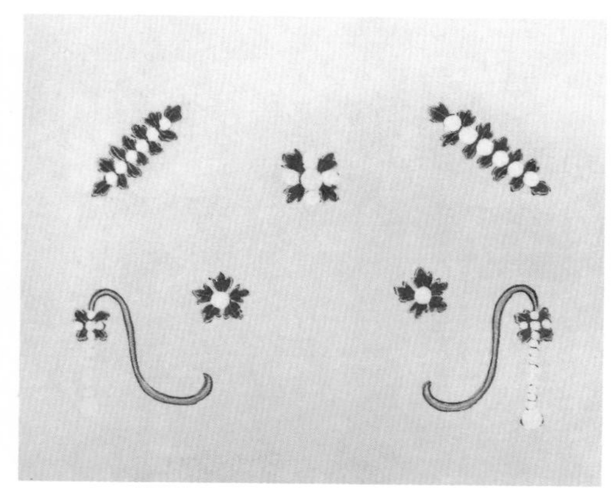

图 8-4 明代肖像画中贴珠翠面花的侍女（北京故宫博物院藏）<

图 8-5 明代中东宫妃的珠翠面花儿和珠排环（摘自《明宫冠服仪仗图》插图）∧

图 8-6 紫茉莉珍珠粉（张咏缇制作）>

故宫博物院收藏的一幅明代中后期肖像画中的婢女，我们可以明确地看到在其唇角、下巴和两眉梢眼角处各贴饰一枚珍珠，额头上有一朵花形的珠翠面花（图 8-4）。

但在宫廷中，面花儿基本已经绝迹，虽然在官方制度记载上皇后有“珠翠面花五事”（图 8-5），妃则是“面花二”，但从传世画像上看，明代后妃命妇基本已不再使用宋代皇后脸上的那种珠翠宝靥了。

五、珍珠粉与玉簪粉

明代妇女喜用一种以紫茉莉的花种提炼而成的妆粉，名为“珍珠粉”；和一种以玉簪花合胡粉制成的“玉簪粉”。其中“玉簪粉”多用于秋冬之季，而“珍珠粉”则多用于春夏之季。明代秦征兰在《天启宫词》中曾云：“玉簪香粉蒸初熟，藏却珍珠待暖风。”诗下注曰：“宫眷饰面，收紫茉莉实，捣取其仁蒸熟用之，谓之珍珠粉（图 8-6）。秋日，玉簪花发蕊，剪去其蒂如小瓶，然实以民间所用胡粉蒸熟用之，谓之玉簪粉（图 8-7）。至立春仍用珍珠粉，盖珍珠遇西风易燥而玉簪过冬无香也。此方乃张后从民间传入。”曹雪芹在《红楼梦》一书中对此也曾有生动明确的记载。在第四十四回《变生不测凤姐泼醋，喜出望外平儿理妆》中，平儿含冤受屈，被宝玉劝到怡红院，安慰一番后，劝其理妆，“平儿听了有理，便去找粉，只不见粉。宝玉忙走至妆台前，将一个宣瓷盒子揭开，里面盛着一排十根玉簪花棒儿，拈了一根递与平儿。又笑说道：‘这不是铅粉，这是紫茉莉花种研碎了，对上料制的。’平儿倒在掌上看时，果见轻白红香，四样俱美，扑在面上也容易匀净，且能润泽，不象别的粉涩滞。”

六、胡胭脂

一种以紫铆染绵而制成的胭脂，谓之胡胭脂。明代李时珍《本草纲目·虫》卷三九曾言：“紫铆，音矿。又名赤胶，紫梗。此物色紫，状如矿石，破开乃红，故名。……是蚁运土上于树端作巢，蚁壤得雨露凝结而成紫铆。昆仑出者善，波斯次

之。……紫铆出南番。乃细虫如蚁、虱，缘树枝造成……今吴人用造胭脂”。所谓紫铆，是一种细如蚁虱的昆虫——紫胶虫的分泌物（图 8–8）。此虫产于我国云南、西藏、台湾等地，寄生于多种树木，其分泌物呈紫红，以此制成的染色剂品质极佳，是一种发冷的红。

唐代王焘所撰《外台秘要》卷三十二中载有一“崔氏造胭脂法”，即以紫铆为原料所制：“紫铆一斤（别捣），白皮八钱（别捣碎），胡桐泪（半两）波斯白石蜜（两螺）上于铜钱铛器中，着水八升，急火煮水令鱼眼沸。内紫铆又沸，内白皮讫搅令调又沸，内胡桐泪及石蜜摠经十余沸，紫铆并沉向下，即熟。以生绢滤之，渐渐浸叠絮，上好净绵亦得，其番饼小大随情。每浸讫，以竹夹如干脯猎于炭火上，炙之，燥复，更浸，浸经六七遍，即成。若得十遍以上，益浓美好。”

这一制作方法是把紫铆上的红色素煮出，然后用丝绵饼浸染，浸染的次数越多，则胭脂的红色越浓艳美好（图 8–9）。

由此可见，古人制作胭脂，从最早的矿物（朱砂），到后来的植物（红蓝花、山燕支花、玫瑰、山榴花等），待到明清时期采用动物的分泌物，可谓含天地之精华，用心良苦。

七、明代缠足

明代女子的妆饰风格，总的来说，在面妆上趋于简约、清淡，而在缠足方面则达到鼎盛。缠足陋习源于五代，经宋元发展，至明清则达到鼎盛。小脚对当时男人的吸引程度是令人难以理解的。当时的封建文人对小脚的把玩可谓到了登峰造极的境界。而且不惜付诸文字，公布于众，把其作为一种学问来百般切磋，玩味无穷。从而出现了一大批专门论述小脚文化的著作，其间的肉麻与龌龊之情至今读起来依然让人瞠目。此时的缠足实际上已经摆脱了初始为束缚女子行动的本意，而成了满足男子感官欲求的一种工具。“金莲要小”成了明清时代女性形体美的首要条件，第一标准。

图 8–7　玉簪粉复原（张咏缇制作）<

图 8–8　紫铆 ∧

图 8–9　紫铆染色的绵胭脂（李芽制作）>

明代人胡应麟指出："宋初妇人尚多不缠足者，盖至明代而诗词曲剧，无不以此为言，于今而极。至足之弓小，今五尺童子咸知艳羡。"而且，明代还形成了妇女以缠足为贵，不缠足为贱的社会舆论。《万历野获编》中便有一记载："浙东丐户，男不许读书，女不许裹足。"把不准缠足作为对丐户妇女的一种惩罚。在明朝的皇宫，则上至皇后下到宫女无不缠足。崇祯皇帝的田贵妃便因脚恰如三寸雀头，纤瘦而娇小，而深得崇祯喜爱。明代宫中在民间选美，入选的妙龄女孩不仅要端庄美貌，还要当场脱鞋验脚，看其是否缠足，足是否缠得周正有形，然后才能决定是否留在宫中。

伴随着小脚的流行狂潮，一种特殊"选美"活动也应运而生了。这便是举世无双、独一无二且有中国特色的——"赛脚会"。所谓赛脚会，实际上就是我国北方一些缠足盛行地区的小脚妇女利用庙会、旧历节日或者集日游人众多的机会，互相比赛小脚的一种畸形"选美"活动。其中，素有"小脚甲天下"之美誉的山西大同赛脚会最为名闻遐迩。

相传大同的赛脚会始于明代正德年间（1506—1521），几乎每次庙会都要举行，多以阴历六月初六这日最为盛大。每到这一日，那些认为自己有可能在赛脚会上夺魁的小脚妇女便只睡上三四个小时，起床后便对镜梳妆、浓妆艳抹、珠翠满头，有钱人家的女子还要熏香沐浴。但最重要的则是要着力修饰自己的小脚，穿上最华贵时髦的绣鞋和绣袜，尔后便赶至庙会，将一双小脚展露于人。这时，一些青年男子便到女士丛中，观看妇女的小脚，品评比较，挑选出优胜者数人。被选中的妇女，得意洋洋，喜形于色。没有中选的妇女，往往垂头丧气地返回家中。而后，再将初选者集中起来，进行复选，最后公决第一名称"王"；第二名称"霸"；第三名称"后"。此时，当选者欢呼雀跃，以此为生平莫大荣幸。他们的父兄或丈夫也十分高兴，咸以为荣。评比完毕，王、霸、后三位小脚女人便坐在指定的椅子上，一任众人观摩其纤足。但只限于纤足，若有趁机偷窥容貌者，则会被认为居心不良、意图不轨而对其群起而攻之，并将其赶出会场，永不许再参加赛脚会了。也有大胆而缴誉心切之女子，为争宠夺魁索性裸足晾脚，畸形毕显，直闹得观客云集，人头攒动，成为庙会上一引人瞩目的焦点。在观看小脚之际，一些青年男子还会把一束束凤仙花掷向这三位小脚女郎。三位一一接受，散会后，便"采凤仙花捣汁，加明矾和之，敷于足上，加麝香紧紧裹之"，待到第二天，则全足尽赤，"纤小如红菱，愈觉娇艳可爱"了。

当然，除了山西大同，其他地区的赛脚会也很隆重，像山西运城、河北宣化、广西横州、内蒙丰镇都有不同形式的赛脚会。另外，在云南通海还有"洗足大会"，甘肃兰州还有"晒腿节"等，实际上，都是赛脚会的变相（图 8-10）。

八、化妆器具

明代开始，妆奁的功能开始走向多样化，将照容与收纳合二为一，又称妆台、镜台或镜箱等。明代妆奁从形制上分主要有宝座式、屏风式及折叠式。宝座式妆奁外形如一件小型扶手椅，不仅添加了华丽

的雕饰，且座椅下方增加了分格抽屉。中国国家博物馆藏佚名“聂胜琼持镜图”中所绘镜台便为宝座式（图 8–11）。

屏风式妆奁一般为五屏风式，中扇最高，左右递减，并以此向前兜转，左右两侧及前方加设围栏，前方围栏中间留一入口，台座下方设对开门，门内再设抽屉。如故宫博物院藏明黄花梨木雕凤纹五屏风式妆奁，台座为柜式，两开门，内设抽屉三具，使用时，有一木架置台座上承接圆镜（图 8–12）。

折叠式妆奁一般上层为可用于支架铜镜的背板，可以放平，也可以用背板下方设的支架支成斜面，台座有两开门，门开后内有抽屉（图 8–13）。

明清时还有一种官皮箱，体积较小，但结构复杂，功能多样，官员巡游出访时常随身携带使用，故俗称“官皮箱”。官皮箱多用于盛放文书、房契、账册、文具等贵重细软物品，但有的官皮箱盖子上装有铜镜镜支，因此后来也兼作“梳妆匣”之用（图 8–14）。

明代脂粉盒可分为“民样”“官样”两大类。“民样”粉盒以瓷质最为多见，纹饰及工艺都较为简单，有圆形、方形、方胜形、银锭形、多边形、仿生形以及联体盒等。上海博物馆藏有一件明成化红绿彩云芝纹圆盒（图 8–15），应为官窑烧制。帝王妃嫔们使用的“官样”脂粉盒则代表了当时手工业产品的最高水平，这些脂粉盒工艺有金银打造、粉彩、掐丝珐琅、染牙、玉雕等。定陵出土的孝端皇后的八棱形子母口金粉盒最具代表性（图 8–16），金粉盒有圈足，盒盖平顶，錾刻一坐龙和海水江崖纹、云纹，器腹与盖壁上下对应分为八格开光，每格开光内錾刻一行龙纹。

图 8–10　明代唐寅《陶谷赠词图》中的小脚女子（台北故宫博物院藏）∧

图 8–11　《聂胜琼持镜图》中的宝座式镜台 ∧

图 8–12　明黄花梨木雕凤纹五屏风式妆奁（北京故宫博物院藏）∨

图 8–13　明代折叠式妆奁 ∨

图 8–14　明代黄花梨官皮箱 ∨

图 8-15　明成化红绿彩云芝纹盒（上海博物馆藏）

图 8-16　孝端皇后的八棱形子母口金粉盒（定陵出土，李芽摄影）

图 8-17　孝端皇后的八棱形子母口金粉盒内的金粉扑（定陵出土，李芽摄影）

图 8-18　孝端皇后的圆瓷胭脂盒（定陵出土，李芽摄影）

图 8-19　刡刷（上海明李氏墓出土）

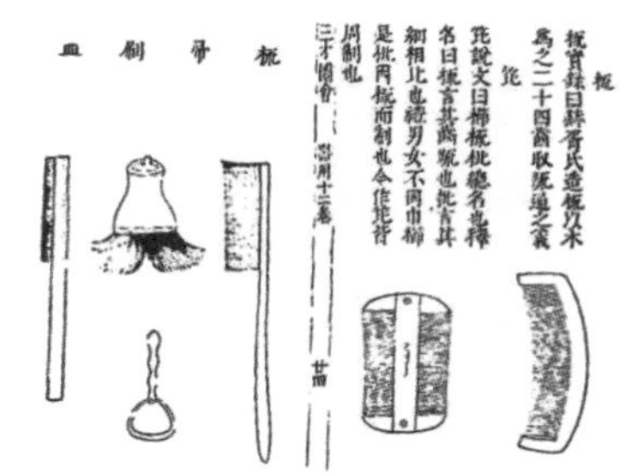

图 8-20　《三才图会》所绘“皿刷帚梳”图

盒内有一金粉扑盖，其上錾刻二龙戏珠纹，宝珠巧做盖钮，边缘錾出一周小孔，连缀棉絮绒粉扑，出土时粉扑上尚有残留白色香粉（图 8-17），粉扑径 8.2 厘米。另在孝端皇后棺内的漆盒内，还发现有一小圆瓷胭脂盒 （图 8-18），盖与身扣合而成，瓷盒通高 2.4 厘米、口径 3.2 厘米，器壁及盖壁各绘一两条行龙及海水江崖纹，盖面绘一行龙纹，底部以青花书“大明万历年制”，出土时里面尚有红褐色胭脂。

明代除了形制较大的妆奁，还有一些小型的梳妆用品收纳盒，如梳匣、小套奁等，移动携带更为方便，装头油的油盒则称作“刡头缸”。上海明李氏墓出土有长方形梳妆盒一件，盒内装木梳 2 把，木刷 1 把。其中的木刷造型独特，刷柄收腰，柄呈莲花状，应为刷头油的刡刷（图 8-19）。明《三才图会·刷皿梳帚说》记载：“刷与刡，其制相似，俱以骨为体，以毛物妆其首，刡以掠发，刷以去齿垢，刮以去舌垢，而帚则去梳垢。”书中也绘有“皿刷帚梳”图（图 8-20）。[1]

课后思考

1. 明代女子化妆的总体特色是什么？看重什么？轻视什么？
2. 古代制作胭脂的原料都有哪几大类？
3. 明代的妆奁有哪几种形制？分别有什么特色？

1　邓莉丽：《锦奁曾叠——古代妆具之美》，中华书局，2023。

第九章

清朝的化妆

一、概述

二、素面朝天

三、眉形平顺

四、“地盖天”唇妆

五、走向西化

六、樱桃小口

七、乞丐妆

八、开脸

九、珠粉

十、花露胭脂

十一、玫瑰胭脂

十二、清代缠足

十三、化妆器具

一、概述

1616年，女真族努尔哈赤统一女真各部，建立后金政权。天聪九年，皇太极登基，改国号大清，是为清太宗。顺治元年（1644），清世祖入关，定都北京，逐步统一全国。清代是满族建立的朝代，自皇太极改国号为大清到辛亥革命为止，共历11帝，统治276年。

满族是一个尚武且以游牧生活方式为主的民族，其能迅速占领汉人的江山，主要靠的就是军队的精武和善战。因此，清初统治者从建国之初就意识到，“骑射国语，乃满洲之根本，旗人之要务”。[1]要想江山稳固，保住八旗子弟善骑射的武功，就必须有一整套有利于骑射的衣冠制度与之相适应。加之清朝统治者认为辽、金、元等少数民族之所以最后政权丧失，被汉族同化，皆因其废弃本民族衣冠语言等习俗之故。因此，清朝统治者在入关后，其服饰在很大程度上仍保留了适于狩猎骑射的民族特色。但在满族社会，骑射并不是男子的专利，女子也骑射成风。《建州闻见录》中便载:“女人之执鞭驰马，不异于男”。满族民歌中更有“十五女儿能试马，柳荫深处打飞龙”的吟咏。而骑射的生活，风餐露宿，并不需要浓妆艳抹，因此，满族在入关之初一直保持着非常质朴的民风，清朝前期的满族女子追求的是一种健康开阔的美，在妆容上总体来讲都极其清淡，几乎是素面朝天的形象。

清初满族统治者曾要求汉人一律剃发易装，遵从满俗，极大地伤害了当时汉族人民的民族自尊心，激起顽抗，使得政局不稳，这迫使清政府在制定服饰制度时，采纳了明末遗臣金之俊的“十从十不从”建议。其中便有一条为“男从女不从”，即男子必须从满俗，而女子则可以满女从满俗，汉女从汉俗。于是，清代汉族女子的妆容则基本延续明代的传统，维持着端庄恭俭、低眉顺眼的形象，且缠足与守节之风愈演愈烈，甚至连风行了上千年的面饰也愈发少见。

满女与汉女此时在妆饰文化上的最大分野便是对待脚的态度。汉女在缠足的道路上愈发偏执与变态，缠足之风达到了登峰造极的程度。此时的缠足实际上已经摆脱了初始为束缚女子行动的本意，而成了满足男子感官欲求的一种工具。而满女并未受此影响，保留天足，遵守祖制，依旧骑射，很好地维持了游牧民族剽悍的本性。

当然，随着满汉长期错居，中原生活的富足与安逸，使得满族女性越来越愿意接受汉族文化创造出的脂粉香风。汉女虽然妆容不好浓艳，但上千年积累下的追求美养兼顾的妆品制作理念与技艺则大大影响了晚清贵妇们的妆台之好。加上清末西风东渐，传统与创新相辅相成，导致清末女子的妆容甚至呈现出些许西式风情。中国传统的化妆旧法逐渐被淘汰，西洋的化妆术开始急剧提倡。

1 《清朝通典·卷七十七》。

图 9-1　从左到右依次为孝庄文皇后、顺治帝孝康章皇后、康熙帝孝诚仁皇后、雍正帝熹贵妃，都接近于素面朝天

二、素面朝天

清代实行满、汉不通婚的政策，挑选秀女只面向旗人。因此，除了极少数例外者，清宫中一般不用汉女充当宫女，更不能充当嫔妃。清宫妆扮，基本上代表的是满女妆扮。

从清宫保留下来的大量后妃容像来看，清初后妃基本都是一副素面朝天的样子（图 9-1）。从皇太极到雍正帝的后妃像来看，不论常服像还是朝服像，无不如此，非常务实且质朴。她们身份的贵重，主要体现在服装和冠戴的华丽上。至于宫女，则是宫规要求必须朴素，直到晚清也未曾改变。根据一位随侍慈禧前后达八年之久的宫女何荣儿对清宫往事的回忆："清宫里有个好传统，当宫女的要朴素，说话行动都不许轻浮。要求有宫廷气派，像宝石玉器一样，由里往外透出润泽来，不能像玻璃球一样，表面光滑刺眼。所以我们宫女不许描眉画鬓，也不穿大红大绿。一年四季由宫里赏给衣裳。……除去万寿月（旧历十月老太后的生日月）能穿红的、擦胭脂、抹红嘴唇以外。……清宫二百多年，宫女很少出过丑事，这也是制度严的关系。"[1]

清代的汉族女子，由于政策规定"男从女不从"，即汉族女子可以依旧从汉俗，因此妆容审美依旧延续明代的传统，在面妆上愈发清淡（图 9-2）。

三、眉形平顺

清代满族后妃眉形大多较为平顺，多为眉头略粗，眉尾稍细的蛾眉款式（图 9-3）。清初，自然舒展的唇形依然还是主流，平直端庄的峨眉，并无刻意娇饰，一耳三钳则保留了满女的典型特征。

而汉族女子由于汉族男子在政治上的没落，使得她们在家庭当中愈发被控制，生活愈加受到摧残，女子从而委顺从命，

1　金易，沈义羚：《宫女谈往录》，紫禁城出版社，2010，第 25–26 页。

图 9-2 清代改琦《元机诗意图轴》局部，图中汉装女子八字蛾眉，樱桃小口（北京故宫博物院藏）∧

图 9-3 《乾隆慧贤皇贵妃像》∧

图 9-4 清代改琦《秋风纨扇图》（清华大学美术学院藏）∨

图 9-5 郎世宁绘《乾隆忻嫔像》（美国克利夫兰美术馆藏）∨

卑微恭谨，贞节牌坊比比皆是。据统计，仅安徽歙县一地，明清两代（至咸丰年间）旌表与未旌表的烈女共计 8606 人，其中，清代又是明代的十倍左右[1]，欲守节便禁招摇，在这样的社会风气影响下，清代人物画中的汉族女性大多呈现一副低眉顺眼，楚楚娇人之状，眉妆则多为眉头高而眉尾低，眉身修长纤细略呈八字的眉形(图 9-4)。

四、“地盖天”唇妆

到了清中期乾隆朝，这位十全老人既继承了康雍两帝建立的盛世辉煌，又延续着自己的文治武功与恩威并重，创造了属于他的长达 60 年的乾隆盛世。其在艺术品位上追求广收博取、海纳百川，相比于开国几代帝王的恭谨庄重，乾隆帝显然活泼了很多。满族后妃的妆容也因此有了一些变化，其中最大的特色就是体现在唇妆的“地盖天”上。所谓“地盖天”，就是指只妆点下唇，不妆点上唇。乾隆朝流行的样式是下唇涂满，上唇素色，很多后妃像都作如是妆扮，并非孤例（图 9-5）。其流行起因史书中并无提及，在宋明时期就已经有了，当为一种时代审美体现。胭脂非常克制，眼妆基本不画。

到了道光朝，下唇的妆点则开始逐渐

1 唐力行：《商人与中国近世社会》，浙江人民出版社，1955，第 154 页。

缩小，不再涂满整个下唇（图 9–6），直至晚清，进一步缩小成圆圆一个红点（图 9–7）。其应该是满汉长期错居之后，受汉族樱桃小口审美喜好的影响所致。《宫女谈往录》中也专门对此有过讲述：“我们两颊是涂成酒晕的颜色，仿佛喝了酒以后微微泛上红晕似的。万万不能在颧骨上涂两块红膏药，像戏里的丑婆子一样。嘴唇要以人中做中线，上唇涂得少些，下唇涂得多些，要地盖天，但都是猩红一点，比黄豆稍大一些。在书上讲，这叫樱桃口，要这样才是宫廷秀女的妆饰。这和西洋画报上的满嘴涂红绝不一样。”[1] 这段记载，既记录了晚清宫廷满女的妆容特点，也间接传达出西洋妆容也已开始被国人所熟知。很快，末代皇后婉容便成为西洋妆容最早的尝鲜者之一。

五、走向西化

婉容作为中国的末代皇后，她的生活已经不可避免地受到西方的影响与冲击。婉容的父亲郭布罗・荣源是位开明人士，时任内务府大臣，一直主张男女平等，认为女孩子应该和男孩子同样接受教育。因此，他不仅教婉容读书习字、弹琴绘画，还特意聘请了在中国出生的美国人任萨姆女士为英语老师。从照片中可以看到，即使是在清宫生活的阶段，身着传统袍服的婉容，妆容审美也已经明显出现了西化的倾向，不仅开始画眼线与眼妆，唇妆地盖天的戏剧化造型也很难在她的脸上看到（图 9–8）。而 1924 年“北京政变”后，婉容随溥仪离开紫禁城，她开始改变宫中的装束，换上了时装旗袍和高跟皮鞋，还烫卷了头发，毅然决然抛弃了过去繁重的珠玉枷锁，成为租界中的“摩登女性”。这时的婉容妆容则已经开始完全融入西方世界，大胆地依据原有的唇形涂画出性感的红唇，刻意修剪过的纤细长眉也与清宫中的自然天趣大相径庭。至此，中国人的妆容开始走上了与国际接轨的道路（图 9–9）。

图 9–6　道光帝《彤妃画像》，下唇妆点开始逐渐缩小 <

图 9–7　溥仪父亲载沣的生母刘佳氏，下唇妆点已缩小为一个樱桃大的圆点 ∧

图 9–8　婉容宫中照片，黛眉长描，画有眼线，唇妆自然 >

1　金易，沈义羚：《宫女谈往录》，紫禁城出版社，2010，第 111 页。

图 9-9 婉容与溥仪，婉容穿着改良旗袍，烫发，妆容已然完全西化 <

图 9-10 清代沙馥《机声夜课图》局部，此图已采用西方的明暗画法，画中女子几近素颜（南京博物院藏）∧

图 9-11 清代费丹旭《姚燮忏绮图像卷》局部，图中女子均采用的是李渔的点唇之法（北京故宫博物院藏）>

六、樱桃小口

在唇妆上，清代汉族女子仍以樱桃小口为美，既有弱化唇色的（图 9-10），也有“地盖天”的，也有上下唇都往小里点染的。清代的李渔在《闲情偶记》中曾形象地描述过当时妇女的点唇之法：“点唇之法，又与勺面相反，一点即成，始类樱桃之体。若陆续增添，二三其手，即有长短宽窄之痕，是为成串樱桃，非一粒也。”这种“一点即成”的樱桃小口在费丹旭的仕女画中较常见（图 9-11）。

点唇用的妆具清代叫作胭脂棍，故宫藏清代描金夔龙凤象牙什锦梳具中就有胭脂棍两根，一端为广口圆形塞满红丝绒的象牙头，圆头直径 0.5 厘米左右，点唇时将其沾染胭脂，便可于唇中间点出所需唇妆。《宫女谈往录》中讲到过点唇的方法：“涂唇是把丝绵胭脂卷成细卷，用细卷向嘴一转，或是用玉搔头在丝绵胭脂上一转，再点唇。”

至晚清，随着西方文化的输入，西式自然而饱满的唇妆开始燃起星星之火，而其燎原之势则要到民国中期了。至此，樱桃小口一点点的中式唇妆逐渐走向式微。

七、乞丐妆

至晚清，满族贵族间还流行一种奇异的妆束，名“乞丐妆”，在当时被列为“服妖”。在清代无名氏《所闻录·衣服妖异》中有详细记载：“光绪中叶，辇下王公贝勒，暨贵游子弟，皆好作乞丐状。争以寒气相尚，不知其所仿。初犹仅见满洲巨事，继而汉大臣子弟，亦争效之。……犹忆壬辰夏六月，因京师熇暑特甚，偶至锦秋墩逭暑，见邻坐一少年，面脊黧黑，盘辫于顶，贯以骨簪，袒裼赤足，破裤草鞋，皆甚污旧；而右拇指，穿一寒玉班指，值数百金……俄夕阳在山……则见有三品官花令、作侍卫状两人，一捧帽盒衣包，一捧盥盘之属，诣少年前……少年竦然起，取巾醴面，一举首则白如冠玉矣。盖向之黧黑乃涂煤灰也。……友人哂曰：‘君不知辇下贵家之风气乎？如某王爷、某公、某都统、某公子，皆作如是装。’”这种乞丐妆是清朝弟子追求新奇，奇装异服的一种体现，在恍若乞丐装束的穿着之下，用一件极其名贵的首饰来暗示身份的特殊，其中的小心机让人忍俊不禁。

八、开脸

在明清时期江浙一带，女子在出嫁之前两三日，还要请专门的整容匠用丝线绞除脸面上的汗毛，修齐鬓角，称为“开脸”，亦称“剃脸”“开面”“卷面”等，也属于妇女的一种妆饰习俗。明代凌濛初《二刻拍案惊奇》中写有：“这个月里拣定了吉日，谢家要来娶去。三日之前，蕊珠要整容开面，郑家老儿去唤整容匠。原来嘉定风俗，小户人家女人篦头剃脸，多用着男人。”西周生的《醒世姻缘传》中也有描写：“素姐开了脸，越发标致的异样。”《红楼梦》中的香菱嫁给薛潘之前，也是：“开了脸，越发出挑的标致了。”可见，开了脸的女子当是人生最美丽的时刻，也是一种由姑娘变成妇人的标志。

开脸的具体方法是这样的：用一根棉线浸在冷水里，少顷取出。脸部敷上细粉（不用乳脂），于是将线的一端用齿啮住，另一端则拿在右手里。再用左手在线的中央绞成一个线圈，用两个指头将它张开。线圈贴紧肌肤，并用右手将线上下推送。这动作的功效犹如一个钳子，可将脸上所有的汗毛尽数拔去。如果开脸者的技术是高明的，那会和用剃刀一样的不会引起痛苦。在有些地方（如浙杭一带），除婚前开脸外，婚后若干时必须再行一次，俗称“挽面”。有些地方则在婚后需要时可随意实行，绝无拘束。直至近现代部分农村地区仍保有这种习俗。例如在如今的海南新安村，“开脸”便是这里尚存的古风之一。这里有些老妇人每月开一次脸，开脸实际上已经成为她们的一种享受（图 9–12）。但尚未出阁的女子想要拔除脸上的汗毛，却是一桩大悖礼教的事。

图 9–12　海南新安村正在“开脸”的老妇人

九、珠粉

清代妇女喜爱用珍珠为原料加工制作妆粉，称为“珠粉”。清黄鸾来《古镜歌》中曾云：“函香应将玉水洗，袭衣还思珠粉拭。”就连皇后化妆用的香粉，也是掺入珍珠粉的。近人徐珂在《清稗类钞·服饰》中便记载有：“孝钦后好妆饰，化妆品之香粉，取素粉和珠屑、艳色以和之，曰娇蝶粉，即世所谓宫粉是也。”

随着商品经济的发展，清末时，面向女性消费的化妆品、饰品专卖店也出现了。始创于清道光十年（1830）的扬州“谢馥春”，是中国第一家化妆品生产企业，“天

图 9-13 1915 年，国妆品牌谢馥春荣获巴拿马银牌大奖

下香粉莫如扬州”，谢馥春在当时以“香粉油”三绝闻名天下，民国四年（1915）2 月举办的“巴拿马太平洋万国博览会”（即“旧金山世博会”）上，国妆谢馥春因其形美、质正、味纯，香件及香粉荣获巴拿马银牌大奖（图 9-13），获同类产品最高殊荣，由此奠定了谢馥春化妆品的国际品牌地位。到了咸丰年间，苏州人朱剑吾经营的“老妙香宫粉局”也是集产销于一身，前店后厂，以香粉、生发油为主要产品，为沪上首家化妆品工厂。清末其生产的香粉、香油占领上海及浙江市场，后研制成护肤“宫粉”，因受到皇帝青睐而销路大开。为扩大营业，粉局迁至汉口路昼锦里，昼锦里因香粉工厂、化妆品经销店汇聚而几乎成为一条脂粉街，被称为“香粉世界”“女人街”。同时，西方的化妆品和化妆术也开始被追逐，据晚清林语堂夫人所写《十九世纪的中国女性美容术》一文所载：“现在摩登的化妆术正在急遽地提倡，以前传统的化妆旧法几乎全被淘汰了。尤其是居住在沿海都市里的中国女子，她们对于修饰和美容都是崇尚西法的。

十、花露胭脂

《红楼梦》第四十四回，曹雪芹对胭脂也有一段颇为精彩的描写：“（平儿）看见胭脂，也不是一张，却是一个小小的白玉盒子，里面盛着一盒，如玫瑰膏子一样。宝玉笑道：‘铺子里卖的胭脂不干净，颜色也薄。这是上好的胭脂拧出汁子来，淘澄净了配上花露蒸成的。只要细簪子挑一点抹在唇上，足够了；用一点水化开，抹在手心里，就够拍脸的了。”用花露蒸的胭脂称为“花露胭脂”，这里所说的“上好的胭脂”原料当是指红蓝花。

十一、玫瑰胭脂

玫瑰胭脂在清代非常流行，一过阴历四月中旬，京西妙峰山就要进贡玫瑰花，给宫里做玫瑰胭脂。“首先要选花，要一色砂红的……要一瓣一瓣地挑，一瓣一瓣地选，这样造出胭脂来才能保证纯正的红色。几百斤玫瑰花，也只能挑出一二十斤瓣来。内廷制造，一不怕费料，二不怕费

工，只求精益求精，没这两条，说是御制，都是冒牌。”“选好以后，用石臼捣……成原浆，再用细纱布过滤。纱布洗过熨平不许带毛丝，就这样制成清净的花汁。然后把花汁注入备好的胭脂缸里，捣玫瑰时要适当加点明矾，说这样颜色才能抓住肉，才不是浮色。再把蚕丝棉剪成小小的方块或圆块，叠成五六层放在胭脂缸里浸泡。浸泡要是多天，要让丝绵带上一层厚汁。然后取出，隔着玻璃窗子晒，免得沾上尘土。千万不能烤，一烤就变色。用的时候，小手指把温水蘸一蘸洒在胭脂上，使胭脂化开，就可以涂手涂脸了。”[1]

十二、清代缠足

到了清代，缠足之风达到了登峰造极的程度，其流行范围之广和缠足尖小的程度均已超过元明时期。袁枚在《答人求妾书》中说：“今人每入花丛，不仰观云鬟，先俯察裙下……仆常过河南入二陕，见乞丐之妻，担水之妇，其脚无不纤小平正，峭如菱角者……”在汉族上层统治者和封建文人中，小脚崇拜进入了前所未有的狂热阶段，甚至出现了一小批小脚癖和拜脚狂（图 9–14）。

究竟什么样子的小脚才算最美的呢？在清代文人知莲《采菲新编》的《莲藻》篇中被描述得淋漓尽致。不仅对妇女的小脚大加赞美，更把小脚之“美”总结成四类：形、质、姿、神。“形”之美讲究锐、瘦、弯、平、正、圆、直、短、窄、薄、翘、称；“质”之美讲究轻、匀、整、洁、白、嫩、腴、润、温、软、香；“姿”之美讲究娇、巧、艳、媚、挺、俏、折、捷、稳；“神”之美则讲究幽、闲、文、雅、超、秀、韵。且每一个字都有一番精辟描述，对小脚的体会可谓深入骨髓。

除了《莲藻》篇之外，清代文人品评小脚的“专著”还有很多。如清朝的风流才子李渔，他对小脚的研究也颇具切肤之感，他提出小脚“瘦欲无形，越看越生怜惜，

图 9–14　1900 年中国山东的小脚女子，点唇是一亮点 <

图 9–15　三寸金莲鞋 >

1　金易，沈义羚：《宫女谈往录》，紫禁城出版社，2010，第 110–111 页。

图 9-16 清黄花梨屏风式妆奁（国家博物馆藏）

图 9-17 清代黑漆描金柜式妆奁（故宫博物院藏）

图 9-18 清红木染牙三多花卉纹妆奁（沈阳博物院藏）

此用之在日者也；柔若无骨，愈亲愈耐抚摩，此用之在夜者也。”而且还指出小脚的魅力不仅在于其小，还要“小而能行”，“行而入画”。此外，文人方绚还写了一本专门品评小脚的《香莲品藻》。内载香莲宜称、憎疾、荣宠、屈辱等五十八事，并列有“香莲五式”“香莲三贵”“香莲十八名”“香莲十友”“香莲五客”“香莲三十六格”等种种条款，视腐朽为神奇，对妇女的一双小脚进行不厌其烦的描摹、品评和赞美，可称为是一部小脚的“圣经”。对于缠足这样一件已经消失的习俗，后人可以通过这些文字大致领略当时小脚崇拜的审美核心（图 9–15）。

十三、化妆器具

清代为帝王后妃服务的各类“宫样”妆奁，大都材质昂贵、工艺精湛、构思巧妙，代表了典型的清朝宫廷审美。这些妆奁，大都出自清代朝廷造办处，这是清代制造皇家御用品的专门机构，所出器物代表了当时社会工艺的最高水平。清代妆奁基本延续明代样式。如国家博物馆藏有清黄花梨屏风式妆奁（图 9–16），台座后面有五扇小屏风，台座下方设四个小抽屉，抽屉面板上透雕卷草、缠枝莲花、凤纹等。再如柜式妆奁，这类妆奁将官皮箱上方的盖去掉，设计成围栏形，如故宫博物院藏清代黑漆描金妆奁便是如此形制（图 9–17），奁顶部有围栏一圈，围栏中置可折叠镜架，中部奁盒设对开门，门后有抽屉及隔层若干，放置各类梳妆用具，奁体采用黑漆描金、透雕工艺装饰纹样。沈阳博物院也藏有类似形制的清红木染牙三多花卉纹妆奁（图 9–18），妆奁门扇上镶嵌有染牙石榴、仙桃及佛手，为清代流行的“三多”纹样，寓意多子、多福、多寿。两个侧面镶嵌染牙山石、天竺、菊花、牡丹、水仙、桃花等四季花卉，象牙染色淡雅，构图疏密有致，为清代“官样”妆奁的上乘之作。晚清受西学东渐的影响，清宫中还出现了很多西式风格的镜台，如故宫博物院藏清代铜镀金镂花镶玳瑁嵌珐琅画片带表妆奁，为 18 世纪英国制造，上端有表，表下有镜，匣

图 9-19　清金累丝龙纹胭脂盒

图 9-20　清晚期银烧蓝花卉纹瓜式胭脂盒

图 9-21　粉玻璃葡萄花双环耳粉盒

图 9-22　麻玻璃描金透花粉盒（沈阳故宫博物院藏）

图 9-23　19 世纪铜镀金架玻璃香水瓶（清宫旧藏）

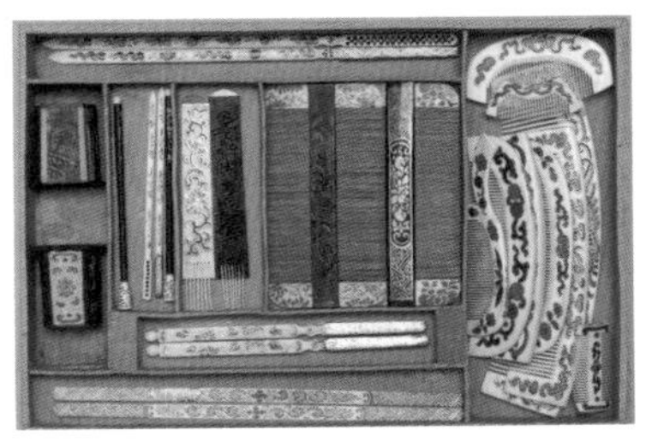
图 9-24　描金带彩象牙什锦梳篦（北京故宫博物院藏）

内装香水、剪刀、眉笔等化妆用品，与中式妆奁风格迥异。

清朝宫廷用脂粉盒也非常精美，有金银打造的、粉彩、掐丝珐琅、染牙、玉雕，还有玻璃的等。如清金累丝龙纹胭脂盒（图 9-19），盒盖累丝饰一游龙，四周累丝饰云纹及八宝纹，盖沿累丝云纹一周，盒内存两件玉匕，应作挖取胭脂或点唇之用。银烧蓝是清代中晚期民间较为流行的工艺品种，清晚期银烧蓝花卉纹瓜式胭脂盒（图 9-20），花纹疏朗，色彩淡雅，盒为八棱南瓜形，盒体为银鎏金质，其上施以绿、粉、蓝等珐琅彩饰折枝花朵纹。另外，玻璃器是清代独具特色的品类，造办处第一家玻璃厂建于康熙三十五年（1696），玻璃生产工艺主要有缠丝玻璃、玻璃胎画珐琅彩、雕花玻璃、戗金玻璃、琢玉玻璃等。玻璃妆具以粉盒和香水瓶为代表，沈阳故宫博物院藏有多件玻璃粉盒，其中粉玻璃葡萄花双环耳粉盒（图 9-21），晶莹剔透，最为精美；此外还有白玻璃粉彩镜盖粉盒（图 9-22）、麻玻璃描金透花粉盒等。清宫旧藏 19 世纪铜镀金架玻璃香水瓶（图 9-23），铜镀金的三角形立式支架上每面各有一扇蓝玻璃蛋形小门，上设半圆形铜镀金手柄用以开关，打开小门，内藏带盖蓝玻璃香水瓶，瓶架底为三弯式支腿，上附圆提环。这类玻璃器不仅是包装容器，也是精美的陈设品。

清宫的梳具非常喜欢用象牙，因为象牙梳头不容易起静电。故宫藏广东造“描金带彩象牙什锦梳篦”，其中梳子有 9 把，

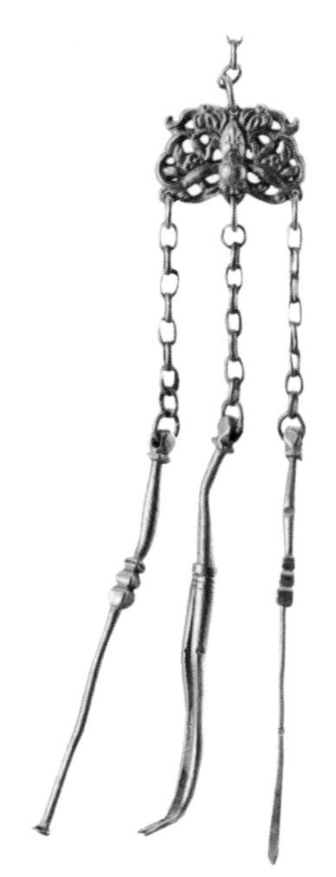

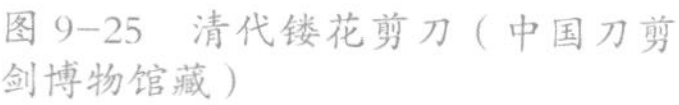

图 9-25 清代镂花剪刀（中国刀剪剑博物馆藏）

图 9-26 清代金三事（西安长安区郭杜镇新文村出土）

图 9-27 清代银事件儿

多为象牙质，篦子 2 把，篦档为牙质（图 9-24）。故宫藏描金夔龙凤象牙什锦梳具盒内还有象牙柄眉刷两件。

清代的剪刀非常漂亮，如中国刀剪剑博物馆藏清代镂花剪刀（图 9-25）和首都博物馆藏清代嵌金铁剪，都戴有镂花装饰，秀气雅致，这些剪刀应兼具修容及女红之用。

明清事件儿的佩戴依旧十分流行，如西安市长安区郭杜镇新文村出土有清代金三事（图 9-26）。清代民间尤其流行银事件儿的佩戴，银链之下系挂的除了镊子、耳挖、牙剔、舌刮、指剔等物，还有刀、剑等，显示了满族人民尚武的传统（图 9-27）。[1]

课后思考

1. 满族女子化妆有什么特点？

2. “开脸”是如何操作的？你如何看待这种化妆方式？

3. 清代为什么流行“乞丐妆”？

1 邓莉丽：《锦奁曾叠——古代妆具之美》，中华书局，2023。

第十章

民国时期的化妆

一、概述

二、敷粉与胭脂

三、眉妆与眉笔

四、唇妆大变革

五、重视眼妆

六、美齿产品

七、香氛

八、染甲与蔻丹

九、化妆品

十、劝禁穿耳

十一、放足

十二、天乳运动

十三、化妆器具

一、概述

民国时期特指自 1912 年孙中山宣誓就职中华民国临时大总统到 1949 年中华人民共和国成立，共历时 38 年。民国不同于此前中国的君主专制王朝，它是经过资产阶级民主革命斗争而建立的共和国家，结束了在中国延续了两千多年的封建帝制。中华民国的建立，从思想文化领域带给人们一种前所未有的自由与解放，使民主共和的观念深入人心。人们的化妆风格自然也随之大变。这不仅是由于朝代的更换，也是受西方文化冲击的必然结果。清朝末年，清政府为了挽救日益没落的封建王朝，派遣大量的学生留洋学习，以图“师夷长技以治夷”。再加上欧洲侵略军和商人的大量涌入，西方的妆容文化必然对中国人的审美观产生巨大的影响。

民国时期，女子们不论是化妆品还是化妆术，受西方影响日益深刻，妆容形象焕然一新。尤其是美国好莱坞影星的化妆造型，直接影响了中国影星的审美喜好。在面妆、发型、衣着，甚至拍照时摆的姿势，都有着很相似的地方。此时女子面妆风格最大的特点便是取法自然。虽有浓艳却不失真实，过去年代里的那些繁缛的面饰和奇形怪状的面妆在这个时代都不见了踪影。取而代之的是表现女子自然、健康、优雅、摩登的妆容形象。

随着新政府的建立，西方资本经济的涌入，女性独立思想的解放等因素，女性用品在民国市场上的需求愈来愈大，其中化妆用品的市场需求不断扩大。民国时期妆品企业数量激增，化妆用品的品类也更加多样。《上海近代百货商业史》一书中写道：“在 1919 年以后，一般专制化妆品的公司及兼制化妆品的药房如雨后春笋，纷纷出现。关于前者有香亚公司华南化学工业社、东方化学工业社、先施化妆品公司、大华实业社、巴黎化妆品厂等。香亚公司为旅美华侨所组织，初设厂于美国旧金山，1919 年始迁于上海，以金钟牌为商标，出品数 10 种，亦为我国大规模的化妆品工厂。关于后者有新亚化学制药厂、五洲、中西、中法等药房。还提到 1934 年上海制造化妆品工厂，大小共有七八十家，经售化妆品者约有七八百家。又据上海市家用化学品工业同业公会关于该业的调查报告称：同业厂数的发展过程，在 1928 年仅 30 余家，这时行业名称为化妆品业，1930 年达 70 余家，1935 年 100 家。抗战胜利后达 120 家，1950 年 173 家。”多样化的化妆用品也推动了民国都市女性妆容形象的发展。女性妆品从传统的粉、黛、脂、香，发展为香粉、鸭蛋粉、雪花膏、冷霜、粉蝶霜、胭脂、生发油、发膏、唇膏、香皂、香水、指甲油等十几种品类。

二、敷粉与胭脂

民国初期，女性的化妆大都是以简洁、淡雅、多元、实用为特点，随着一部分知识女性开始转向崭新的自力更生的谋生方式，女性的气质逐渐开始自信起来。就连自民初以来畅销沪上的《礼拜六》杂志，其封面女郎的形象也在日趋翻新：目光由谦卑垂视而转为含笑平视；由拘泥守礼而逐渐活泼自信，姿态松弛随意。至此，中国女性的形象从端庄谦恭，卑微刻板而转

向了自然活泼，无所拘束。如果我们说清以前，女子的化妆是基于争妍取怜的目的而比较戏剧化的话，如脸上贴花钿、面靥，唇妆故意小巧而丧失原有的唇形等，那么民国时期的女性化妆则可以说是代表一种完全崭新的，独立自信的新女性形象，而掀开中国女性历史新的一页（图 10–1）。

此时的造像术虽然已经很普遍了，但彩色照片的技术还没有发明出来。因此，此时虽然有大量的人物照片可供参考，却都是黑白照片，这对在面妆色彩方面的研究，是很不利的。但好在此时有许多非常写实的彩色美女月份牌画及广告画，并且人们还掌握了在黑白照片上涂色的技术，虽然由于是商业行为，涂得大多有些模式化与夸张，但还是比较准确地反映出了当时人们的审美观念。

民国时期，女性面妆最大特点是自然、健康，红润、光泽，偶有妆容浓艳的红妆，但也不失真实之美。当时敷粉是都市妇女日常生活的必修功课，有经验的上妆手法可起到锦上添花的效果。当时有文章谈到某小姐面部敷粉的经验，手续虽稍繁琐，但成效颇为显著：先用温水洗脸，用上等牙粉擦面，至肌肤红润为止，再用毛巾浸温水后绞干，拭去牙粉。五分钟后以洋蜜润面，务须淡薄均匀，少顷，趁洋蜜将干未干时，轻敷香粉，以丝巾轻拭粉痕，即觉细腻均匀。[1]先洗脸，再磨砂洁面，再滋润，最后敷粉，整个打底过程一气呵成。

敷粉之后便是擦胭脂。从民国时期的图像资料来看，大多数女性的两颊都是红彤彤的（图 10–2），胭脂是当时女性的生活必需品之一。黄石先生在 1931 年《妇女杂志》上所载的《胭脂考》一文中曾写道：“说也奇怪，在‘男权高于一切’的那个时代，女子不向男子争妍取怜，生活就有危险，用胭脂的妇女还占少数；倒是在‘妇女醒觉’‘独立’‘解放’‘女子不复做男子的玩物’这一类的高呼正叫得起劲的

图 10–1　民国影星周璇 <

图 10–2　月份牌画上的民国时期女性形象 >

1　诵椒：《敷粉的艺术》，《家庭周刊》1933 年第 44 期。

图 10-3 民国时期电影皇后胡蝶的长蛾眉 <

图 10-4 民国时期影星阮玲玉的纤细眉线 >

这个时候，政府虽然把脂粉列入奢侈品内，征收重税特捐，胭脂的销路倒反愈大愈广。连号称妇女先导的女学生，妆台手袋里，无一不有胭脂这种'要素'。有人说，爱美是人类的天性，所以人人都要拿胭脂来修饰自己。对！又有人谓文化发达的结果，就是把富贵阶级独享的'奢侈品'，变为人人能享用的日用品。所以在这个文化发达的年头，胭脂就普遍化了"[1]。黄石先生这篇文章写于 1931 年，正是民国中期，可以看出当时女性对胭脂的追求，已经到了趋之若鹜的程度。而胭脂的色彩也有考究，天然胭脂的色彩匀净，呈现出健康的血红色，薄红为佳。1930 年有文记载："胭脂的功用，确是能够增加面部的美。假使我们敷了很白的粉在面上，就觉得美得单调，雪白的面孔，不独不见得美，反而见得讨厌，所以胭脂是不可少的装饰。两边颊上添上一片薄红的，切不像要那些北人用深红的色彩"[2]。

三、眉妆与眉笔

民国时期的女子在眉妆上，一部分比较传统的女性仍承明清一脉，喜爱描纤细、弯曲的长蛾眉或者八字眉（图 10–3）。还有一部分比较洋派的新女性，深受欧美时尚的影响。当时欧美流行把眉毛拔掉，然后用眉笔画上一条细细的、弯弯的、极其精致的眉线（图 10–4），模仿者颇多，盛行一时；还流行一种眉毛相对粗重一些，但会把眉尾四分之三处挑得高高的，显得非常大气凌厉，有一种张扬的性感（图 10–5）。当然，多数女性日常的眉形则弯度平缓，和真实眉形相距不远。实际上，民国时期，除了影星、歌星等上镜率很高的时尚美女描重黛外，大多数普通女子的眉妆和今天并无多大区别，都是追求以自然为美的原则。

《立言画刊》上曾有一文写道因为每个人眼型不同，所以画眉要注意眉目相称，

1 黄石：《胭脂考》，《妇女杂志》1931 年第 17 期。

2 右：《天然胭脂》，《万有周刊》1930 年第 1 期。

才可显得美丽。并介绍了该如何画眉：“目圆者，眉不可画得太直，必须弯弯的随着目形方好。长目者眼必窄，需要将眉画成细长较弯。三角形眼者，画眉最难，需要将眉端低弯，而后渐渐上仰，至眉梢再向下画，与目形相称。二目距离远者，画眉时则宜使二眉前端下垂，而后再上仰。面庞大而圆的人，画眉不可太细”[1]。

这时的普通百姓发明了一些价廉的眉笔。例如擦燃一根洋火，让它延烧到木枝后吹灭，即拿来画眉。这种方法果然是简单极了，但洋火要选牌子好的，并且画得不均匀，色也不能耐久，要时时添画上去。第二种方法稍微复杂一点，也是利用洋火的烟煤，但不是直接利用，需先取一只瓷杯，杯底朝下，承于燃亮的洋火之上，让它的烟煤薰于杯底，这样连烧几根洋火，杯底便积聚了相当的烟煤，然后取画眉笔或小毛刷子（状如牙刷，但比之小）蘸染杯底的烟煤，对镜细细描于眉峰，第三种方法却不用洋火枝，而改用老而柔韧的柳枝儿，据说画在眉峰，黑中微现绿痕，比洋火好看多了，用法照上述第一、二种都可以。假如用第一种的话，却要把烧过的那一端削得尖尖的，才好画呢。最后一种方法据说是到药材铺买一种叫作“猴姜”的中药，回来煨研成末，再用小笔或小毛刷描画眼眉。

四、唇妆大变革

民国时期的唇妆可以说是中国女子唇妆史上的一个巨大变革。此时的唇妆抛弃了中国自古以来所崇尚的以“樱桃小口”为美的观念，大胆依据原有唇形的大小而进行描画，显得自然而随意（图 10–6）。唇膏的颜色则以浓艳的深红、大红为主，这一来是受当时西方所崇尚的唇妆的影响，二来也受唇膏技术上的局限。部分女性还偏好带有珠光的唇色，显得嘴唇水润、饱满、光泽。

图 10–5　民国时期时尚女子妆容 <

图 10–6　金嗓子周璇饱满的唇妆 >

1　赵希敏，霖樨：《画眉》，《立言画刊》1939 年第 44 期。

此时女性唇妆还开始注意与其脸色、所穿服装、所染指甲颜色相搭配。“当你外出的时候，至少在提袋里，要有三颗不同的口红，总能应付各种场合”[1]。民国时期的报刊还详细介绍了如何自制口红，文中声称口红价格昂贵，可以自制，比市售便宜，还可免去外售产品可能因原料不纯净导致皮肤受损伤[2]。

不仅如此，民国女性对如何选择适合自己的唇妆这件事也十分讲究。唇部过厚的人在搽唇时应避免涂在唇线以外的地方，那么口唇便不会显出额外的厚了。薄的唇可用唇膏把唇角画开来，唇角的地方不妨颜色加深，这样可使薄唇改变了原来的样子。若唇生得本来过小的，可以用唇膏把它改造为长短适中的美丽口唇。唇的两角生得过于长的，亦可用暗色的唇膏将其改造，搽了唇膏与未搽唇膏的模样大有不同，同一口唇的分别可用心体会[3]。关于口红的搽法也有一文对此进行了细致的说明：“唇部在未搽口红之前，一定要将其搽得干净，而且要干燥，然后再仔细地把口红搽在上唇；上唇搽红以后，将双唇紧闭起来，使得上唇的口红可以印在下唇的上面。再用小指把下唇的口红仔细的抹匀，最要紧的是唇的内缘的口红要搽抹得匀净；口红搽抹匀净以后，用薄的纱纸盖在唇上，把多余的口红吸掉后，一切的手续便完成了”[4]。

五、重视眼妆

民国时期，随着西方化妆用品与好莱坞电影的传入，女性的妆容形象逐渐与西方接轨。都市女性一改传统中国女性对眼妆的忽视，开始重视对眼部的修饰，除了制作出浓密卷翘的眼睫毛，还要通过眼影粉塑造深邃的眼窝以及用睫墨画出清晰的眼线（图 10–7）。

此时女性的眼妆多是用眼影打造，并且还要考虑瞳孔颜色与眼影颜色的搭配。民国的英文杂志中有一篇《眼部化妆》中谈道：“可以为眼睑使用特殊的化妆品以增强眼睛的自然色彩，眼影通常是膏状的，但也有眼线棒的形式。眼影的颜色取决于一个人眼睛的颜色，将眼影在上眼睑轻轻擦拭，从眼睑开始形成一条线，一直延伸到眼睑弯曲的地方，用指尖涂抹，再搽掉多余的颜色。切记眼影本身的颜色无须很

图 10–7 20 世纪 40 年代的上海女子

1 紫涓：《口红的协调性》，《立言画刊》1942 年第 215 期。
2 佚名：《口红面红的自制法》，《三六九画报》1942 年第 4 期。
3 佚名：《唇的化妆》，《妇人画报》1937 年第 48 期。
4 佚名：《口红的搽法》，《妇人画报》1937 年第 48 期。

明显，它只是用来使眼睛颜色本身看起来更深更亮。除了使用眼影来增强眼睛的美感之外，睫毛也应该得到仔细的修饰。用睫毛刷将睫毛整理成完美的形状，刷掉多余的粉末，再用一点睫毛膏为睫毛添加颜色”[1]。

《申报》曾有一篇文章谈到都市女性美的标准有“四黑：头发、睫毛、眉毛、瞳子；四白：皮肤、眼白、牙齿、腿”[2]。从中可以看出民国女性妆容已经关注到了睫毛的美，这是中国古代女性从未曾关注过的部分。当时的杂志上写道：“受了欧化的影响，时代小姐等眼睫毛以长为美，因此修改睫毛便成为美容术工作之一种”[3]当时防水的染睫毛油已经发明出来了。

20世纪30年代，眼妆已经成为都市女性化妆的重点，尤其注意眼与睫毛的关系。1939年《申报》有一文写道：“欲目的美丽，须以睫毛来衬托，衬托睫毛，须用一种强调的色彩。这种色彩，叫作睫墨，涂抹的当儿，以娇小的刷扫，轻擦睫墨少许，慢慢地扫上睫毛，上睫毛浓些，下睫毛淡些。睫毛画好以后，在下眼睑的下侧，描一截细的线条，这线条是很费工夫的，要使这线条在眼睑的中央部稍淡，近耳的地方稍浓，而接近鼻梁的两侧，比较中央部还要淡些，描好以后，再用小指把线条轻轻擦和，使颊脂的轮廓和线条融成一片。如此，便能发挥美目盼兮的艳丽了”[4]。从上文可看出，民国中后期还出现了专门的睫墨，可用来画睫毛和眼线，当时的眼妆已与当代眼妆相差无几。

六、美齿产品

民国都市女性十分看重牙齿的美容，微笑时露出一口白皙的牙齿是当时美人的标志。对于牙齿的审美，以整齐、白皙、光泽为美。《申报》上一文表示：“人的牙齿不但是咀嚼的作用，并且它在容貌上也占着很重要的位置，谈话嬉笑牙齿都要显露出来的，所以我们对于牙齿，也要和其他部分一样注意美化”[5]。而如何美容牙齿，民国时期的报刊上刊登了大量文章教导国人如何刷牙、护牙，以《盛京时报》的《谈刷牙》一文为例：“刷牙的方法有环状刷法、滚状刷法；刷牙还需有定时，应在早起与夜寝时每刷一次，若能在餐后洗刷更好；每次刷牙至少要用两分钟；刷上和下齿的咬合面；刷上齿的左右外面和前面……刷后用清洁的水漱口”[6]。因此，民国的化妆品广告中牙膏和牙粉的数量是非常多的（图10-8）。最初，中国化学工业社在1912年开始生产牙粉，20世纪30年代，牙膏逐渐占据主流，除这两类产品外，还有牙水、漱口水、擦牙香皂等美齿产品。在1932年《申报》的一则双妹牌牙膏广告画中年轻男女相互微笑并露出洁白的牙齿[7]，可以看出一口洁白的牙齿可起到吸引

1　Lois Leeds: *Make-up Around The Eyes*. The China Press: 1929-12-25（26）.
2　佚名：《女性美的九四标准》，《申报》1939-01-02。
3　张建文，陈嫣然：《美容术的技巧》，《良友画报》1934年第86期。
4　新华：《眼的化妆》，《申报》1939-01-02。
5　爱：《皮肤美与牙齿美》，《申报》1939-01-02。
6　仰山：《谈刷牙》，《盛京时报》1936-12-19。
7　佚名：《双妹牌牙膏》，《申报》1932-01-21。

图 10-8　民国时期留兰香牙膏广告 <

图 10-9　民国时期林文烟品牌花露香水和花露香粉的广告 >

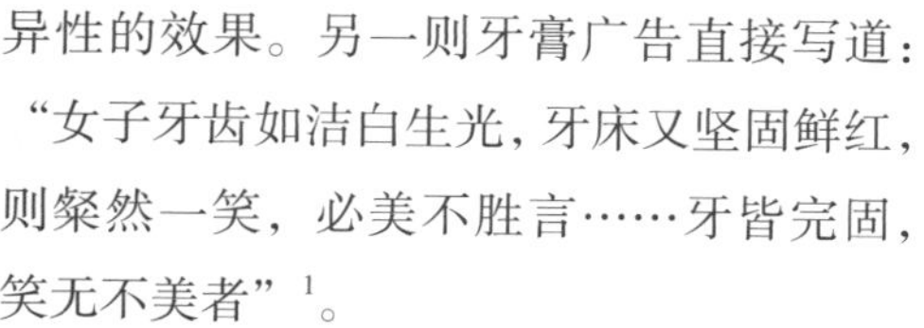

异性的效果。另一则牙膏广告直接写道："女子牙齿如洁白生光，牙床又坚固鲜红，则粲然一笑，必美不胜言……牙皆完固，笑无不美者"[1]。

七、香氛

在香氛气味方面，民国都市女性喜爱使用脂粉、香水、花露水、香粉等妆品来达到身体散发宜人气息的目的（图 10-9）。当时的化妆品也被称为"化妆香品"，化妆品在宣传时，总是大肆强调其芬芳的香气，因为香气甚至会影响妆品的销售量。当时女性对香味的追求表现在化妆的各个方面，1920 年一文写道："唯有化妆品的香，越到了通都大邑，越是谈文明的女子，简直是个香美人了。从头发必定要搽生发油，擦面必定要用香皂，搽脸润手必定要用雪花膏香洋蜜，那衣服手帕洒的香水，真是人影走过去了，香气还留在那里"[2]。至于为什么当时女性对香味如此重视，除了对传统熏香传统的沿袭之外，民国时期《妇女杂志》上曾刊登过一位美国化学教授的观点：现代化妆香品兴盛的原因在于香品中含有强烈的性诱惑力，而中国妇女花着高价去购买现代香品更多是出自虚荣心理[3]。

八、染甲与蔻丹

古时人们染指甲主要用的是一种叫凤仙花的植物。《本草纲目 · 草部》卷十七载："凤仙，又名金凤花、小桃红、染指甲草……其花头翅尾足，具翘翘然如凤状，故以名之。女人采其花及叶包染指甲。"明代瞿佑《剪灯新话 · 壁上题诗》中便云："要染纤纤红指甲，金盘夜捣凤仙花。"元代杨维桢《铁崖诗集 · 庚集》也有"夜捣守宫金凤蕊，十指尽换红鸭嘴。闲来一曲鼓瑶琴，数点桃花泛流水。"这些都形象地描写出了用

1　佚名：《双妹牌牙膏》，《申报》1924-07-20。
2　缪程淑仪：《香与妇女》，《妇女杂志》1920 年第 6 期。
3　仲华：《妇女的化妆香品》，《妇女杂志》1930 年第 19 期。

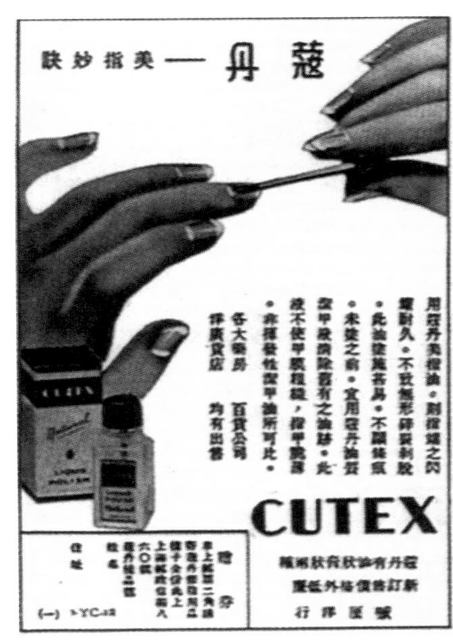

图 10-10　20 世纪初威厘洋行蔻丹化妆品广告

凤仙花染甲的事实。凤仙花染出的指甲总体上是比较淡雅含蓄的一种红。

但到了 20 世纪以后，化学工业得到了长足的发展，快速干燥的亮漆技术被研制出来以后，就立即应用到了指甲油的改革之上。于是，1925 年左右，能让女性的指甲宝石般闪亮的指甲油就诞生了，血红色的指甲油开始大为流行，当时称为“蔻丹”，大量的国外品牌都有关于蔻丹的广告（图 10-10），对指甲的装饰方法也可谓日益考究，除平涂之外，还可以描绘各种图纹。

九、化妆品

“化妆物品日加优，扑粉雪花茉莉油。可怜失爱胭脂粉，无缘再上美人头。”“‘双妹’老牌花露好，担心蜂蝶要分香。”“而今那里像前清，离了开通便不行。要想人家瞧得上，满身抹起雪花精。”一首首质朴的民谣，标志着自晚清到民国早期，短短的二十余年，是否使用化妆品，已成为社会通行的衡量一个人消费档次的尺度。不仅像上海这样的沿海大都市是如此，就连远在内地的成都也是如此。在《成都竹枝词》中就有很多歌咏成都女性对化妆品怀有执着热情的词句。如“娇娃二八斗时装，满敷胭脂赴会场”；“徐娘老去尚浓妆，粉落随风不断香。惹得旁人偷眼笑，还夸打扮学西洋。”女性化妆由服从礼教规范的标识，转为彰显个性的手段，这无疑是一个历史性的进步。

在化妆品制造方面，从清朝咸丰年间开始一直占领江浙以及上海市场的老昼锦香粉和生发油，逐步让位于近代化工厂生产出来的进口、国产化妆品。1870 年就已开始输入上海的美国纽约的化妆品牌子林文烟，是最早进入中国的欧美化妆品。它主要的产品有花露水和香粉。到了 1917 年，上海首家“环球”百货公司——先施公司开张，推出了白玉霜、白梅霜等化妆品。进入三四十年代，西方审美眼光对女性妆饰的影响已涉及女性整体形象的重塑，化妆品的使用以皮肤美白，头发润黑为目标。冬季用雪花膏，夏季用雪花粉、爽身粉、香水。护发则有生发油、凡士林等。许多来自欧美、日本的化妆品品牌也开始在

表 10–1 民国妆品种类表

面妆类	三花香粉、西蒙香粉蜜、四四七七六香粉蜜、力士胭脂、蜜丝佛陀口红唇膏、明星香粉、百花露香粉、和合鹅蛋粉、红叶香粉、娇容香粉、红花香粉胭脂、谢馥香香粉、谢馥香胭脂、孔凤春香粉、孔凤春胭脂、三叶唇膏等
身体保养类	旁氏白玉霜、西蒙雪花霜、夏士莲雪花膏、马牌润面油、双妹雪花膏、先施白兰霜、无敌蝶霜、芳芳雪花膏、嫦娥霜、金钟白兰霜、孔凤春白玉冷霜、司丹康美发霜、三花牌头蜡、双妹生发油、先施生发头油、谢馥香冰麝油、中山乌发油等
清洁香氛类	高露洁牙膏、力士牙膏、狮子牙粉、李施德林漱口水、三星牙膏、双妹牙粉、黑人牙膏、先施牙膏、力士香皂、日光肥皂、五洲固本肥皂、二美香皂、伉俪香皂、蜂花檀香皂、中央檀香皂、影星胡蝶香皂、林文烟花露水、巴黎香水、明星花露水、双妹花露水、先施花露香水、无敌香水等

上海大行其道。如美国的蜜丝佛陀、蔻丹，法国的夜巴黎，德国的“四七一一”，日本的双美人等。而国产的品牌更有后来居上之势，如以影星胡蝶命名的蝶霜，还有雅霜、三花牌、无敌牌等品牌均为普通女性所常用。无敌牌化妆品更是在广告宣传上一马当先，聘请了众多的当红明星（有胡蝶、阮玲玉、王人美等）为其整个一系列的化妆品做广告。其中便有：蝴蝶红胭脂、唇膏、无敌香粉、指甲上光液、指甲褪光水、粉蝶霜、冷蝶霜、三蝴蝶雪花、花露香水、软蝶霜、蝶霜、无敌香水、擦面牙粉、雪齿粉、无敌牙膏等十几个品种（图 10–11）。从这十几个品种中，我们可以看出各种霜与雪花便占了五种。同一个品牌，不同的名称，其用处也一定不同，我们今天虽然不知道其中到底有何微妙的差别，但却可以看出，当时各种面霜的分工已经非常细致了。在当时德国“四七一一”品牌的一个化妆品广告中，曾有这样一段广告词：“每晨整容，先用‘四七一一’玉容霜为粉底；再敷‘四七一一’香粉，则艳丽动人，终日不衰；临睡时用‘四七一一’冷香霜，洁除毛孔，尤有奇效。（图 10–12）”从中可以看出，有化妆前用的粉底“玉容霜”，还有卸妆时用的洗面之品“冷香霜”。其品种不为不全了。

通过对《申报》《妇女杂志》《玲珑画报》《良友画报》等报刊上化妆品广告的梳理，此时女性化妆品分为以下三大类：面妆类产品、身体保养类产品和清洁香氛类产品，具体妆品种类见表 10–1 所示。

1. 面妆类

民国时期面妆类的妆品以香粉、香粉蜜、鹅蛋粉、胭脂等数量最多，其次为唇膏类。

民国时期已经由明清时期的“重脚不重头”的畸形审美重新转变为“看脸的时代”。民国时期《北洋画报》写道：“谈女子的美丽时，也是先由她们的面庞上说起，接着才是研究体态的美”[1]。1930 年《上

1 罗薇：《谈女人的美》，《北洋画报》1936-09-17。

图 10-11　民国时期无敌牌化妆品广告聘请了 12 位明星代言了 12 种产品 <

图 10-12　民国时期德国四七一一牌化妆品广告的广告 ∧

图 10-13　民国苦林雪花膏广告 ∨

海生活》上也有一文写道“女子的外貌着重在脸部，有了美丽的脸庞，始能被称为美丽，而能够达到此效果，需要施用化妆品，来打造自然而美丽的容貌”[1]。

女子化妆时，第一步为敷粉，这是面妆的基础。民国妆粉类产品品类多样，既起到白嫩肌肤的效果，又带有脂粉的香味，在当时很受欢迎。例如三花牌香粉蜜的广告词写道：“摩登妇女共同欢迎，世界各地时髦妇女无不乐用西蒙香粉蜜者，何也”[2]。西蒙香粉蜜称：“摩登闺秀爱用之西蒙香粉蜜，品质精粹，最负盛名，妆台之上陈列西蒙化妆品足以表示其主人为摩登化而深明美容术者”[3]。四四七七六香粉蜜用则号称：“法国五百万妇女一致采用四四七七六香粉蜜”[4]。

口红产品主要有这几类样式：点唇式、变色式、液体式；还曾出现了一种印度树胶式，敷在唇部可使其鲜艳且散发光彩[5]。

2. 身体保养类

身体保养类妆品包括保湿、美容的面霜类产品（图 10-13），以及防脱、护发、生发的养发类产品。这类妆品在民国时期从西洋引入国内市场，凭借其华丽的包装、新鲜的用途，让都市女性趋之若鹜。

面霜类产品多用于敷粉之前，作滋润肌肤、调整肤色，甚至还有疗愈皮肤病之用。以旁氏白玉霜为例，《新闻报》上刊登的旁氏白玉霜的广告写道：“为市上最有价值，人人必备之妆饰品，此粉能够疗皮肤上恶腻及受日光焦灼觉痛发躁粗糙等，日日用之能使肌肤光润洁白有转黑为白之功”[6]。在《申报》上又写道：“妇女之美丽全在肌肤洁白，颜色娇嫩……旁氏白玉霜为化

1　王沛：《脸部的美容术》，《上海生活》1930 年第 4 期。
2　佚名：《三花牌香粉蜜》，《申报》1934-03-01。
3　佚名：《西蒙香粉蜜》，《申报》1934-04-08。
4　佚名：《四四七七六香粉蜜》，《申报》1939-01-14。
5　佚名：《点唇》，《申报》1937-05-04。
6　佚名：《旁氏白玉霜》，《新闻报》1920-06-02。

妆品中最有价值……皮肤粗糙者能使光润，肌肉黑者能使洁白，至香气清芬优雅可爱，男妇老幼均认为至好之良伴也”[1]。“旁氏白玉霜乃化妆品中之最有价值者也，其质料非寻常比，滋润皮肤，娇嫩容颜，一经抹敷即与皮肤融合呈美丽之姿色，且香气馥郁幽雅宜人，又能疗治红瘢粉癣及受日光蒸灸发燥粗糙等均极灵验，故旁氏白玉霜不仅为丰采艳丽之化妆品，又为治疗皮肤病之要素也”[2]。

民国时期对头发的审美主要在于黑、密、顺、光这几点。养发类产品如司丹康美发霜的广告词写道：“搽用少许终日光整；童子头发蓬乱，殊不雅观，每晨令其搽用司丹康少许，则虽粗硬之发亦可柔顺就范，并能使发光亮可鉴，终朝齐整，宛若新梳，既不油腻亦不沾污”[3]。三花牌头蜡广告称：“摩登男女欲求漂亮，必使头发终日光洁”[4]。

3. 清洁香氛类

1933 年的报刊上曾明确指出：“化妆品以广义言，包含牙粉、牙膏、香皂、花露水、生发油、香粉、扑粉、雪花粉等”[5]。其中就包括了大量清洁香氛类产品。

香皂是民国都市女性梳妆台上的重要组成部分，常用于浴身、洗脸，起到清洗肌肤之用。当时的香皂有药皂与非药皂之分，药皂主导杀菌，非药皂起到美肤、保湿之用。例如滴克药皂可用来洗头、去垢、除菌；三星牌香皂广告称：“皮肤偶沾油腻，或因时令关系，皮肤脂肪太多，使容颜晦涩，应用优良香皂一洗，皮肤立即清洁光滑，风采焕发”[6]。著名影后胡蝶就曾为力士香皂做过明星广告（图 10–14）。

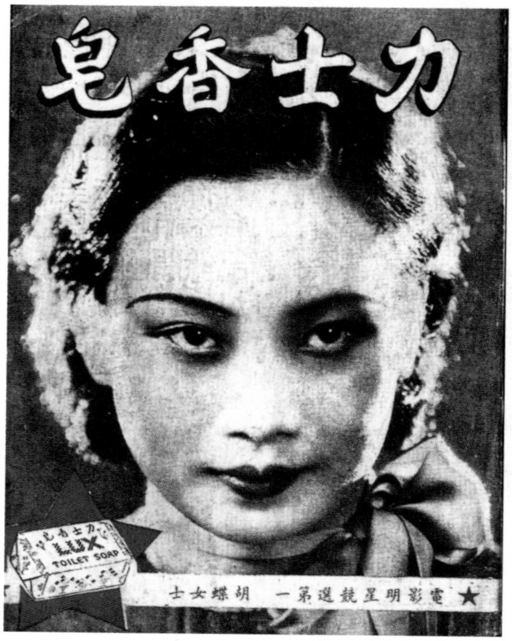

图 10–14　民国影星胡蝶为力士香皂做的广告

当时香氛类产品主要有香水与花露水两种，不过其他化妆品也多带有香气。民国上海地区的女性对气味的追求格外强烈，当时还有文人将上海称为“脂粉的城市”[7]，空气中弥漫着脂粉香气。

但不幸的是，1937 年日本入侵中国，给中国刚刚繁荣起来的化妆品市场一个沉重的打击。残酷的战争使物资贫乏、人心仓皇，还谈什么时尚与时髦呢？战争使生命轻于鸿毛，这一点连美女也不能例外。

1　佚名：《旁氏白玉霜》，《申报》1920–01–18。
2　佚名：《旁氏白玉霜》，《申报》1919–07–23。
3　佚名：《司丹康美发霜》，《申报》1935–04–28。
4　佚名：《三花牌头蜡》，《申报》1932–06–12。
5　佚名：《一年来之国货化妆品业（2）》，《申报》1933–10–19。
6　佚名：《三星牌香皂》，《申报》1933–02–15。
7　刘克美：《脂粉的城市》，《妇人画报》1935 年第 35 期。

战争结束后，中国的化妆品市场可谓一片凋零，进口的牌子一个也看不见了。这种状况直到中国实行改革开放之后，才开始逐渐改变。

十、劝禁穿耳

民国时期随着新文化运动的兴起，追求自由、男女平等的观念逐渐深入人心，对于女性肉身的破坏与束缚逐渐成为人们抨击的对象，其中穿耳和缠足这两件事最被人所诟病。当然，穿耳的副作用不似缠足般恶劣，主要是以舆论的方式宣传穿耳的害处，如 1921 年 11 月 5 日的《申报》有一则《不穿耳朵眼子之提议》，文曰：

“现在我国女子，除了缠足以外，还有一个急需废止的事，就是穿耳朵眼子。推他原来的意思，不过为着带环子格外美丽，取悦男子而已。就不知道人之美丑，在乎天然风姿，也不关乎这小小一耳环。而且现正在讲究解放时刻，女子不是专为男子的玩物，更不能自残肌体，做这卑鄙行为，贬损自己的人格。所以我特来提议，以后诸君生下女儿，务须把穿耳朵眼子与缠足两条事一齐废去。目下世处奢侈，什么耳环有珍珠、金银重重的花式，日新月异。如能不穿眼子，耳环自然无用，全国之中就把这宗款子省下已有若干万数，这好处实在不小。我更望有心社会的人，竭力提倡讲演鼓吹，令一般人都能知晓照行就好了。”

《申报》的文章想来是写给城里受过一定教育的民众看的，不仅提倡要“改变审美观念”，还阐述了穿耳“贬损人格”“世处奢侈”之类的理由，甚是冠冕堂皇。但这还只是一篇劝诫女子不要穿耳的号召檄文而已，并没有强制的功能。而从大约 1927 年开始，中国各地便开始陆续发布废止穿耳的禁令。比如 1928 年的《北平特别市公安局政治训练部旬刊》便刊登了《甘省府禁止妇女穿耳》的禁令，1929 年又刊登了《滨江公安局禁令女子穿耳带环》；1929 年的《安徽民政月刊》刊登了安徽省民政厅发布的《禁止女子穿耳带环令》；1930 年《汕头市政公报》也刊登了汕头市市政厅发布的《布告奉令禁止女子束胸缠足束腰穿耳》的禁令，类似这样的禁令很快便在中国的大江南北普及开来。在这种晓之以理的号召与强制性的禁令之下，城市里面穿耳的女性开始越来越少。但在地处偏僻的农村地区，由于咨询不甚发达，观念又相对守旧，传统生活的模式也比较恒定，因此城里轰轰烈烈的废止穿耳运动则传播得相对比较缓慢。但这毕竟是大势所趋，新时代的新风尚也不可避免地随风潜入，在 1936 年《绥远农村周刊》第 93 期有一篇文章论《耳坠和小脚的害处》写得甚是生动：

“吃亏上当，是无论什么人都不愿意的，但中国人有时明明知道是吃亏上当的事，却偏偏甘心去忍受，你说这又多傻……好好的耳朵，硬把它穿上个洞，好好的两只大脚板，偏偏狠着心把它缠成小金莲，孩子的耳朵肿了烂了，有的甚至因此变成聋子，更有的血染了毒或中破伤风，以致一命呜呼！……长耳朵为的要听事，长脚为的要走路，但仅仅为了叫别人看着好看，却把耳朵穿上洞，脚板缠起来，叫她叮叮当当不自由，扭扭捏捏不方便，这又是何苦呢？小猫小狗，所以被人喜欢，是因为它跳跳蹦蹦，活活泼泼，孩子们应该这样。壮实、干净、伶俐、活泼，才是真正的好看，带上坠子，缠着两只小脚，不但算不得好看，那种丑样子，走遍全世界都找不到。中国人把女子当一种玩物看待，故意叫她不能做事，所以中国虽说有四万万人，其实除去不能做事的女人，顶多仅能有一半，再去了老幼残疾，能做事的人就很有限了，这就是中国所以软弱的最大原因。现在城市里似乎已经好的多，缠小脚和戴耳坠子的女孩子已经不常见了，但在乡间却还没改，现在特别提出它的厉害来，希望大家在这送旧迎新的春节下好好想想，如果真的不对，真是吃亏上当的事，就不要等着官家来问，自己做个去旧复新的人，不但自己摘下耳坠子，放开脚，并且拿定主意从此不再糟蹋自己的小闺女，叫她受活罪。”

此农村周刊因是写给受教育程度比较低的农民们看的杂志，只求通俗易懂，清楚明了，故全文毫无上纲上线，全然是一派大白话，却把穿耳的害处阐述得淋漓尽致，甚至关系到国家命运，叫人看后不由得不动心。至此，应该说，中国用传统观念强制女性破坏肉身的陋习便告一段落，是否穿耳逐渐成为女性一种出于审美追求而自主选择的事情。

从图像资料来看，民国时期绝大多数的女性是不戴耳饰的。但在解放肉身的同时，人们的爱美之心依旧无法阻挡。于是，随之出现了一种可以夹钳于耳垂上的耳饰，也可称为耳钳，这类耳饰在北京故宫和民间都有所收藏（图 10–15）。既可保持妆饰之美，又避免了穿耳的痛苦，保持身体的全形，实是一举两得。由于有了耳钳，也使得民国时期佩戴耳饰的女性形象并不少见，毕竟，禁令只是禁止穿耳，并没有禁止戴饰，耳饰甚至一度成为时髦的都市女性出门前的必备之首饰。

图 10–15　金镶红宝石耳钳一对，通长 4.7 厘米，金镶宝石钩环，系金镶珠宝坠（北京故宫博物院藏）

十一、放足

缠足，不论它在古人的眼中究竟是多么的美，毕竟是一种残害肢体的野蛮行为，既不利于人自身肉体与精神的健康发展，也不利于社会的发展变革。因此，随着西学东渐，人文主义、人道主义思潮的涌现，缠足这种异化的妆饰习俗终于开始逐渐退出历史舞台了。

实际上，反缠足的呼声，在清朝末期就已经此起彼伏了。清政府就多次下达过禁缠懿旨，各行各界有思想、有知识、求进步的文人政客，如康有为、梁启超、钱泳、袁枚、俞正燮等，也都从各种角度，通过各种方式抵制缠足这种恶习。但是风行了千年的小脚时尚毕竟有着顽强的文化土壤，再加上患金莲癖的遗老遗少的执着，要缠足习俗退出历史舞台绝不是一件轻而易举的事。

然而，春雷一声乍响，中华民国元年（1912）3 月，代表着崭新社会制度与观念的中华民国政府刚一上台，便响应新社会的号召，颁布了《令内务部通饬各省劝禁缠足文》的通告：

“缠足之俗，由来殆不可考，起于一二好尚之偏，终致滔滔莫易之烈，恶习流传，历千万岁，害家凶国，莫此为甚。夫将欲图国力之坚强，必先图国民体力之发达，至缠足一事，残毁肢体，阻于血脉，害虽加于一人，病实施于万姓，生理所证，岂得云诬。至因缠足之故，动作竭蹶，深居简出，教育莫施，世事罔问，遑能独立谋生，共服世务。以上二者，特其大端，若他弊害，更仆难数。从前仁人志士，常有‘天足会’之设，开通者，已见解除；固陋者，犹执成见。当此除旧布新之际，此等恶俗，尤宜先事革除，以培国本。

为此令抑该部，速行通饬各省，一体劝禁，其有故违禁令者，予其家属以相当之罚，切切此令。”

这道“劝禁”的命令，写得有理有力，明白无误，本是令人振奋的事，但由于对“故违”者只是予以“相当”的处罚，如何“相当”，却并无答案。于是，在现实生活中，依旧是劝者自劝，缠者自缠。以至中华民国的历史走过了十年之后，在汉口“年事不逾三十，而纤纤作细步者，则自高身价，可望而不可及。此辈率来自田间，往往不崇朝即为嗜痴者量珠聘去。盖求众而供少，物以稀为贵也。”小脚竟然成了婚配市场上的紧俏货色。

有人说，中国的事情，大凡与妇女有关，似乎就会不好办。男人剪辫子，虽然也有人反对，但毕竟抵抗了没几年，男人便没有了拖在脑后几百年的小辫子。可一涉及禁止女性缠足，就显得难乎其难。这实际上是长期以来一切以男权为中心的社会所造成的恶果，只要女性社会地位得不到真正的提高。女子的身心就不会得到真正的解放。

在客观上，小脚放足也不似剪辫子那么容易。小脚一经缠成，是很难恢复原状的。这不是做几篇文章，搞几次运动所能奏效的。裹成的小脚，离不开裹脚布，猛一撤掉裹脚布，如粽子一般严重变形的双脚，就会像失去控制一样走不了路。放足和缠足同样需要一段重新学走路的痛苦的适应期才能离开裹脚布。但也仅此而已，想要恢复成为缠足前的天足的样子，几乎是不可能的。这种半路放弛的脚则被称为“天足”。

但是，中国人在新旧交替和是非之间，往往有一种特殊的适应能力和变通办法。据张仲先生所著《小脚与辫子》一书中说：“缠足放大在清末民初被叫作‘解放’，于是，就有了不彻底的‘解放’办法。”如有一女子学校的小脚女子，因见“凡缠足者皆解放”“遂慨然解放”，但“出嫁后，其夫有‘爱莲癖’，再事收束，双弓尖瘦，仍复旧观。数年后，其夫亡故，复放足为女教员。最后有当年慕其足小媒娶之，莲勾又纤纤矣。”三次缠足，两次“解放”，这看似是一双小脚的变化，却映射出新旧观念之间所存在的尖锐的对立和矛盾。而女性在这场矛盾中，只能是被动的屈从者。

然而，正如毛主席在描述中国革命的道路时所说的：“前途是光明的，道路是曲折的。”小脚的解放也是如此。不论缠缠放放也好，放放缠缠也罢，“三寸金莲”

图 10-16 1916 年天足的民国学生留影，右一为林徽因

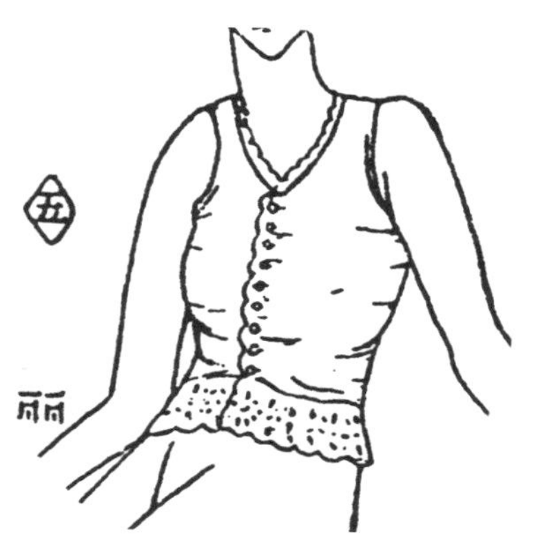

毕竟是在走入“解放”的进程，这是不争的事实。经过二十多年的天足运动，学界已几乎全是天足了（图 10–16）。到二十世纪四五十年代，缠足这一怪诞的妇女妆饰文化现象则真正走向了消亡，原有的小脚女人也全都放了足。小脚的解放，是社会发展的必然，更是中国人自古所尊崇的男尊女卑这种陈腐观念的革新。

十二、天乳运动

中国传统女性以平坦狭小的胸部为美，因此包裹束缚女性胸部，遮掩女性身体性别特征的束胸之俗由来已久，始于何时已难考证。但可以断定的是，束胸在民国时期尤为流行，正所谓“缠足之害渐减，而束乳之患方兴。”[1] 而且束胸问题普遍存在于以女学生群体为首的城市青年女性中，甚至成为城市女性身份的象征，因为当时对女性的传统审美观念依然以身段轻巧娇小为贵，瘦腰病态为美，大乳阔臀者则被讥为粗俗村妇，难登大雅，甚至往昔广东有俗语：“男人胸大为丞相，女人胸大泼妇娘。”

1912 年，沿海都会的妇女虽已放足，但并不准备解放胸脯，坚持信奉平胸美学。当时束胸被认为是时髦，乃“新女子”所为，“缚乳这事，在娼妓、姨太太、小姐和女学生中间都很流行，不过她们都是好新奇，加一个“新”字也不为过”。20 世纪 20 年代，“平胸美学”已成滥觞，女子简直将胸脯列为禁忌，在发育期间，把胸部束缚得紧紧的，不能任其高耸。“最可笑的有些妙龄女子，身体日见丰腴，乳房当然饱满，于是特装名为“小马甲”（图 10–17）的，胸前密密扣住，谁知略一用力透气，而所有纽扣，毕立剥落都解体了。”女子缠胸，使自己的身体看来犹如未发育的小孩，完全抹掉性别的差异，亦消除了肉体的诱惑，传达的女性形象是：无欲、贞洁、纯真（图 10–18）。这是作为中国传统端庄淑女的条

图 10–17　小马甲（《北洋画报》1927 年 6 月 29 日）<

图 10–18　20 世纪 20 年代之光所绘平胸女子月份牌 >

1　林树华：《论说：对于女界身体残毁之改革论》，《妇女杂志》1915 年第 12 期。

件，即一种“遮蔽守贞”的身体观。在传统礼文化的规训下，中国男性对于女性的审美是隐晦而含蓄的，女性的身体隐藏在“宽衣大袖”的服饰形制之下，本身的曲线要被弱化，从而排除因肉体成熟引发的欲望，达至精神上的单纯化，塑造出贤妻良母的理想典型。

但在近代妇女解放运动的大背景下，尤其是经历了五四运动洗礼后，人们对于科学、民主、自由观念的推崇，使束胸看起来无异于倒行逆施。中国妇女解放运动是在男性精英主导的国族主义的推动下兴起的，所以在解放女性的过程中，“国家化”的身体观念主导着身体解放运动的历史进程。国家的身体观以“强国保种”为主导思想，主要关注女性的身体健康以及生育功能。政府强制推进反缠足运动以及天乳运动的背后逻辑是缠足与束胸使中国女性长期体弱多病，而病弱的母体无法孕育健康的婴儿，最后导致了国家的衰弱。在强势的国家话语下，传统的缠足、束胸所塑造的“以弱为美”逐渐变为野蛮、落后的象征，其审美的意涵被逐渐消解。而代表现代女性美的首要条件是健康的身体，“苗条的身材，杨柳般的细腰，纤纤玉手，秋波的眼，樱桃的嘴”都不能算作“美”，“美”的第一个先决条件就是要有“健”全的体格[1]。

因此，当时的开明人士纷纷主张妇女解放胸脯，例如1920年上海的《妇女杂志》力陈束胸之害：“妇女因为生理的不同，胸部比较发达，一般妇女，因为外观上的关系，就用带束住它，或穿紧小的衣服，使胸部不致突出。这一来，于生理上，就起了危害，妨碍血液的流通，阻滞胸部的发达，因此致病的很多。这种习惯，实在和往昔的缠足差不多，人类都有自然的美，为什么要矫揉造作呢？胸部发达，正是妇女自然美的特征，为什么要束住它呢？诸姊妹呀！应明了这一层，立即解除它。”胡适也曾在演讲中多次发表反对束胸的言论，“假使个个女子都束胸，以后都不可以做人的母亲了！”性学博士张竞生自称“中国第一个反对压奶者”，在《美的人生观》中他从形体美观的角度反对束胸，“我国女子因为束奶的缘故，以致于行动时不免生了臀部偏后，胸部扯前的倾斜状态，这不独不美观，而且不卫生。”

1927年7月7日，广州市代理民政厅厅长朱家骅于广东省政府委员会的会议上，提出讨论《禁革妇女束胸》的提案，经决议通过，妇女的解放胸脯运动，又称“天乳运动”，正式开展。提案主要分为两个部分，第一部分是从束胸危害女性身体健康并会导致胎儿体弱的角度阐释了禁止束胸的原因，第二部分规定了禁革的期限与处罚方式，“限三个月内，所有全省女子，一律禁止束胸……处以五十元以上之罚金。”广东强制推行的天乳运动在全国范围内引起巨大反响，媒体纷纷转载并大肆鼓吹。1928年，内政部发出公函，通令全国各地查禁束胸。随后，安徽、河北、江苏、南京、湖南、辽宁、浙江等省市均发布了禁止束胸令。天乳运动由此成为在全国范围内推进的具有官方强制性的女性身体解放运动。

1　张佳沁：《身体解放运动影响下我国女性服饰变迁研究》，博士学位论文，江南大学，2020，第23–24页。

图 10-19　《大共和画报》1914 年第 7 卷第 30 期第 1 页插图《独立傍妆台》<

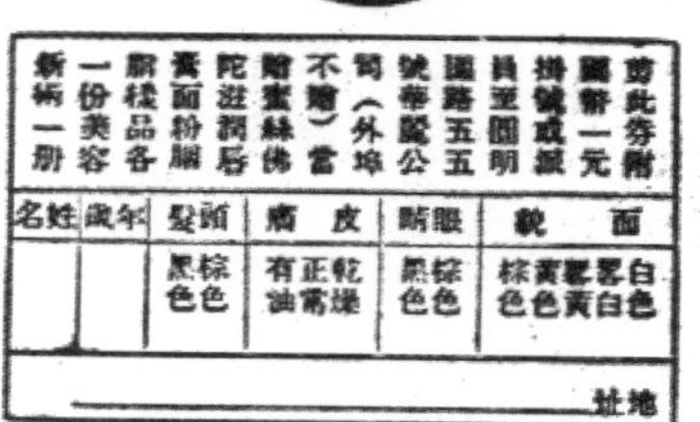

图 10-20　申报（1940-10-21）刊登的蜜丝佛陀广告 >

虽然，“天乳”成为报刊媒体热议的话题，反响热烈，但是相对来说，天乳运动的进展与成效与放足一样并不顺利。直至 30 年代，束胸的妇女仍大有人在，因为高耸的乳房在传统观念中与不贞相关联，所以女性很难在较短的时间内直面自己的自然形体。鲁迅就在《忧天乳》中指出改变这一习性的关键在于“改良社会思想，对于乳房较为大方。”随着社会风气的不断开放，科学的生理知识和健康的身体观念逐渐被大多数女性所接受，束胸才慢慢退出了女性的生活。

十三、化妆器具

随着西方资本经济的涌入，民国的工业得到了极大的发展。这时在妆具上的一个显著变化就是过去放在桌子上的镜台摇身变成了巨大的落地穿衣镜，即使是梳妆台上的镜子也有半人之高（图 10-19）。将镜与桌相结合是西洋的舶来品，镜子体量的转变也象征着古老的中国从农业社会向工业社会正式转型。民国的千金大小姐们用梳妆台来摆放化妆品与珠宝，坐在桌前对镜打扮自己。此时中产以上人家的闺女，陪嫁都少不了大衣柜和梳妆台。

此时的彩妆品和护肤品大量来自西方化工制品，因此包装材料也以批量生产的工业品包装为主。如花露香水一般放在玻璃瓶中，胭脂香粉盒则塑料、瓷器、金属器皿均有，眼影刷、口红管、粉扑等的设计与当代已经非常接近了。蜜丝佛陀（Max Factor）推出的饼型粉盒是很时尚的玩意儿，

由于好莱坞电影中那些漂亮的明星都用这种粉盒，因此成为风气。1938 年，蜜丝佛陀推出袖珍型粉盒（图 10–20），那可是当时的大事，很快传入中国成为所有女士的必备化妆用品。当然，像“杨庆和”“宝成”等银楼还会制作相对传统的粉盒（图 10–21）、肥皂盒（图 10–22）等妆具供不同的人群选择。

化妆容器由于日益小巧便利，因此已经不再单纯放置妆台上使用，而是可以放在随身小手袋中随时随地用于补妆的。《沙漠画报》1943 年第 6 卷第 12 期曾刊登过一篇“凤”女士写的文章《梳妆台的秘诀》：

“说到妆扮，我以前每每遇着烦恼，有时将常用的提袋调换别个出外，很容易忘记将口唇膏取回，或总有多少物件漏带去，若我找不着一条口唇膏，就似无头的鸡四周打圈走的。所以现在凡有贵重的手提袋，其中放有全套粉盒，口唇膏，眉毛墨及别种必需品物，从未缺乏了。日间携带的手提袋，颜色要配合我所穿的衣服。晚上搽较有光彩，美丽，而和谐夜色的面粉。如你不买各款大号的，尽可找一角钱的货样，立刻觉得那个提袋内各样都不落空，异常便利呀！”

图 10–21 “宝成”款刻花立足银粉盒 <

图 10–22 “杨庆和”款萱草纹银肥皂盒 >

课后思考

1. 民国时期在化妆观念上有哪些改革？
2. 民国时期在化妆品上有哪些革新？
3. 民国时期在对待女性的解放上有哪些举措？

第十一章

新中国的化妆

一、概述

1949 年 10 月 1 日，中华人民共和国成立了。中国历史从此走入了一个崭新的历史时期。化妆史也从此翻开了崭新的一页。

中华人民共和国是一个以工人阶级领导的以工农联盟为基础的人民民主专政国家。成立伊始，尽管民国的妆饰遗风尚存，但显然已不符合历史的潮流，犹如昙花一现般倏忽而逝。由于在政治上很快与封建主义和资本主义划清了界限，这自然会涉及人们的化妆风格。新中国的妆容，在相当程度上受到政治因素的冲击，尤其是 20 世纪 60 年代至 70 年代末，全民的妆饰比以往任何一个时期都更多地带有政治内涵，因为这段时间里几乎完全是以政治的标准去衡量每一个人的。梳妆打扮是否靠拢工农兵形象是一个人思想的直接表现。“文化大革命”以前，还有一些老人坚持认为女性只有寡居者才不描眉，不涂唇。当“文化大革命”高潮迭起时，这种说法哪怕在窃窃私语中也不存在了。

1978 年十一届三中全会的召开，中国提出了改革开放的英明决策，中国的国门从此又一次向世界开放了。改革开放后，各方文化迅速涌入中国大地。在改革开放的头二十年，中国人通过影视剧、流行音乐、杂志等途径，吸收和模仿着来自日韩及欧美的主流文化和亚文化，在他们后面亦步亦趋，千军万马挤在一条道上去追赶时髦。通过模仿，国人渐渐增长了眼界，开阔了思路，逐渐开始寻找适合自己本土的化妆品与造型美。于是在 20 世纪 90 年代末，靳羽西女士推出专为亚洲女性设计的化妆品品牌“羽西”，推出适合中国女性的彩妆色系。化妆师李东田在 1999 年注册了中国第一家化妆师经纪公司——“东田造型”，首次提出“人物造型”的概念，让中国的时尚真正与国际接轨。步入 21 世纪，随着世界进入互联网时代，国际时尚的传播不再有时间差，中国时尚开始真正与世界同步。由于女性的迅速成长，21 世纪初的男性流行做“花美男”，女性则流行李宇春带动的“中性风”；由于城乡二元社会区隔的扩大，在乡村青年亚文化中出现了夸张的“洗剪吹”和“杀马特”风潮，而在城市白领中则追求小清新的“裸妆”自然美。当 2010 年中国成为世界第二大经济体后，日益高涨的民族自信心使国潮风在年轻人群体中迅速风行，“汉服热”与“中国妆”成为流行。2014 年开始，中国步入短视频时代，美妆 KOL 们迅速崛起，通过短视频的迅速传播效应迎来他们的黄金时期，他们发明了大量直白且好记的新潮妆容来带动时尚潮流，从而抢占了专业化妆师原本的时尚领导力。中国的化妆开始进入全民造美时代，精英领导时代已黯然逝去。如今，随着元宇宙与 AI 技术的发明，又风行起带有强烈科技审美的 Y2K 审美与赛博格妆容。

可以说，一部化妆史，见证的是时代的兴衰，也与人们的悲喜同步。

二、中西共存

1949 年，中华人民共和国刚刚成立的时候，中国人的化妆风格基本上还是沿袭民国时期那种中西共存的态势。一方面，沿海城市中从事洋务工作及新派的人士依

然尊崇民国时期的西式风格，女子烫发、化淡妆、穿旗袍（图 11–1），少数演艺界人士在出席一些正式场合时还依旧是浓妆艳抹（图 11–2）。男子则依然是“小分头儿，四两油儿”。孩子们也是洋派十足（图 11–3）。

另一方面，基层民众则保持着最朴素的短发、梳辫，有些守旧老人依然头后梳髻，髻式依旧有横S和竖S之分。据老人们回忆：当时人们的化妆品很少用进口的，护肤品一般用的都是国产的百雀羚、友谊、雅霜等，老人们有的还坚持开脸，擦香粉。有钱人头上会抹一些生发油，平头百姓则用刨花水梳头，也一样亮亮的。洗头则是把荆树的叶子揉在水里洗头，据说效果也很好。

但时间不久，由于中华人民共和国成立初期一切活动都是对于旧的社会制度的革命的否定，因此，妆容也必然随着政治运动而发生着戏剧性的变化。中华人民共和国成立后的“三反”“五反”“公私合营”，也许是第一次使资方人士自觉地抛弃西方的生活方式，不再烫发，不再涂脂抹粉；农村的土地改革运动，更是使守旧人士不再敢梳髻别簪。新中国的第一个五年就是在改变旧观念，重新确立新的妆容形象的革命浪潮中度过的。

到 1956 年底，中国基本上完成了对农业、手工业和资本主义工商业的社会主义改造，标志着生产资料公有制占绝对优势的社会主义经济制度在我国初步建立起来了。地主阶级和资产阶级作为旧社会的遗毒在政治上被打倒，从此，妆饰上中西共存的状态彻底结束，中国人迅速步入全民素面朝天的状态。

三、素面戎妆

从 1957 年开始，全党整风运动和全国反“右”派斗争开展起来了，而且反“右”派斗争被严重扩大化了。1958 年，全国掀起了“大跃进”和人民公社化运动，由于片面追求经济速度，忽视了客观规律，再加上自然灾害等因素，导致 1959—1961 年我国经济出现了严重困难，史称“三年困难时期”，这使得中国

图 11–1　20 世纪 50 年代初的服饰形象 <

图 11–2　20 世纪 50 年代初，白杨带领女演员欢迎来访外宾，妆扮还保持民国时的风范 ∧

图 11–3　20 世纪 50 年代初的儿童穿着 >

百姓的生活水平急剧降低，匮乏的经济使得人们的妆饰发展受到了当然的局限。连衣服都是“新三年，旧三年，缝缝补补又三年”，又有谁能顾得上梳妆打扮呢？（图 11–4）。

在经济上，人们经历了三年困难时期，生活极度贫困，吃顿饱饭都是一种奢侈，根本没有闲钱购买化妆用品；在政治上，涂脂抹粉更是被斥为“资产阶级的香风臭气”，无人谁沾，就连搽点头油也被视为资产阶级情调。这时的化妆品基本上就是护肤品的概念，画彩妆只能是女人们心中的一个美丽的梦。连拍结婚照时也是素面朝天（图 11–5）。进口化妆品是一个也看不见了，用的都是上海生产的国货，有雅霜、蝶霜、百雀羚、友谊等；花露水主要用于去痱止痒，当然也有洒在手帕上，当香水使用。20 世纪 70 年代有一种改良包装的滋润油膏非常受欢迎，油膏就是类似凡士林的蛤蜊油，但包装做成洋红色的铁壳圆柱体，使用时，需拧开顶盖，一边旋转，一边就露出了石蜡般的膏状物，就像一支大号装的唇膏。也许，它的受欢迎，就是因为它让当年的女性想到了艳丽的口红。很多女孩子在冬天时，会不时从背包里取出那罐滋润油，朝干燥的嘴唇涂几下，就像涂口红。

当然，这种档次的护肤品也只有像上海这样的大城市中比较富裕的人士可以享用，大多数的普通百姓则是素面朝天。具有五千年文明的衣冠大国，第一次将重体力劳动者的服饰形象置于最高地位。钮扣不要系齐，裤子不要裤线，皱皱巴巴，捋袖子，挽裤腿，浑身风尘仆仆，这才是革命无产者的形象。而全民皆着军便服，戴军帽，背军挎包的流行更是破天荒地把军人形象推到了时尚的最前沿。在这样的服饰狂潮下，与之相匹配的所谓化妆恐怕也只能是把脸晒晒黑而已了（图 11–6）。

四、清纯日剧妆

“忽如一夜春风来，千树万树梨花开”，1978 年中共十一届三中全会的召开，中国

图 11–4　1974 年中国浙江百姓的家庭照 <

图 11–5　1973 年的中国百姓结婚照 ∧

图 11–6　1972 年着军装和军便服的男青年 >

图 11-7　20 世纪 80 年代的山口百惠

提出了改革开放的决议。开放前，女人们基本不化妆，生怕自己成为异类；开放后，人人都想看起来与众不同，人们通过模仿开始了各种大胆尝鲜。

在改革开放的头一个十年，进口的化妆品还很鲜见，“露美”“美加净”“郁美净”“凤凰”“夏士莲”“霞飞”“永芳”等国产化妆品广受欢迎。尤其是“永芳”，有一种油性粉底膏，十块钱一小盒，抹在脸上很白，在当时算是一种很奢侈、很时髦的化妆品。口红和指甲油由于化妆品制作技术和审美的局限，基本都是以大红色为主。

在改革开放和思想观念解放的背景下，外国及中国香港、台湾的歌曲和电影、电视剧，还有武侠小说，言情小说等纷纷进入内地市场。当时，电影电视里的服装就成了最重要的时尚参照依据和模仿来源。20 世纪 80 年代早中期最先引进并热播的影视剧主要是日剧和港剧，日剧有山口百惠的《血疑》（1984）和《命运》（1985），还有《排球女将》（1982）、《阿信》（1985）等，以山口百惠为代表的清纯日式妆容很快就成为女孩子们模仿的对象，尤其是山口百惠那标志性的“一字平眉”（图 11-7），在 20 世纪 80 年代末文眉兴起之后，成为很多女性文眉的首选样式。

五、浓艳港风

在那个刚刚经历过长期匮乏的年代，日剧清纯的妆容，显然并不能满足女性们对色彩的渴望。随着内地引进第一部香港电视剧《大侠霍元甲》（1981）开始，浓郁艳丽的港风便开始风靡神州。20 世纪 80 年代初期的时髦主要是从香港经广东，再流向全国的，港式时尚伴随着港台歌曲风靡全国。八九十年代也正是香港文娱产业鼎盛的时代，香港艺人在媒体上形象潇洒、时髦且有魅力，他们的妆扮风格随着影视剧的流入和造星运动在中国内地流行。当时内地流行买港星的挂历和贴纸，男星里以“无线五虎”（即 20 世纪 80 年代香港电视圈的五位当家小生——刘德华、梁朝伟、黄日华、苗侨伟、汤镇业）为代表；

图 11-8　20 世纪 90 年代的女子短发风潮（刘婉玲供图）

女星则不计其数，如翁美玲、赵雅芝、米雪、杨盼盼、戚美珍、曾华倩、周海媚等，都伴随着他们的影视剧风头无两。男性的"港风"妆容重点是突出自身骨相的优越，彩妆并不流行，眉毛会修理成一字型粗眉、剑眉等，比较追求男性英武、阳光的一面。

女性的"港风"妆容则流行一色的油彩浓妆：乌黑的浓眉，彩蕴的眼影，幽深的鼻影，油汪汪的大红唇膏与血红的指甲油，那时的美女，浑身充斥着色彩，喜气而亮丽，单纯而浓艳。究其原因，内地学香港，香港则学欧美。欧美 20 世纪 70 年代的时尚是：白天，工作妇女追求干净整洁的"自然美"（职业女性的修养）、古铜色皮肤（说明有钱度假）和苗条的身材（说明有时间锻炼）；但一到晚上，夜生活的打扮就大不一样了，艳丽、夸张成为时尚女性的追求，这导致职业女性白天和晚上的打扮简直判若两人。欧美时尚先传入香港，有一个时间差，再传入内地正是 80 年代，浓郁的晚妆风格正巧迎合了国人长期匮乏后对美极度渴望的心情，于是就一发不可收拾了。

而且，二十世纪七八十年代的欧美正值后女性主义时期，也称激进女性主义，她们追求男女平等，追求在职场上得到尊重，在经济和人格方面追求属于自己的独立地位。因此，此时的女性开始为成功而穿，用超大廓型和硬朗线条的时装来包装自己，流行带有宽大垫肩的女装，英国"铁娘子"撒切尔夫人就是这一时期的政治偶像。配合着这种大女主的服装，妆容上便也要浓郁起来才会协调，而且女性第一次流行起了干练的短发，有了男性的硬朗和利落（图 11-8）。尽管与中国传统审美相去甚远，但在那个"饥不择食"的年代，在人们眼中泛滥了十几年的单调的灰色、绿色和黑色以及柯湘发型，使人们对色彩与变化的渴望尤其地强烈。那时节，从沿海到内地，从城市到乡村，服装市场达到空前的繁荣，民众从多年的压抑中迸发出强烈的购衣打扮的欲望。尽管时常有些过犹不及的造型出现，但国人的审美意识开始苏醒了。

图 11-9 1986 年张蔷的爆炸头，迪斯科妆容明媚耀眼（张蔷供图）<

图 11-10 20 世纪 80 年代的中国街头最时髦的烫头款式 >

六、“迪斯科”妆扮

20 世纪 80 年代还掀起一股“迪斯科”妆扮风潮，迪斯科是 20 世纪 70 年代初兴起于欧美的一种流行舞曲，具有强劲的节拍和强烈的动感。20 世纪 80 年代，自张国荣的一曲 monica 风靡开来，迪斯科舞曲开始在中国流行。迪斯科文化的内涵是休闲和娱乐，是要让人全身心投入欢乐与释放中，非常符合 20 世纪 80 年代欣欣向荣的时代气质，年轻人穿着喇叭裤或 T 恤衫，随着激烈的音乐自由舞动。1985 年，迪斯科女郎“张蔷”首张音乐专辑《东京之夜》销量即突破 250 万张，1986 年更成为首位登上美国《时代》周刊的华人歌手。张蔷的爆炸头、光泽闪亮且色彩斑斓的眼妆，浓郁的腮红，饱满的双唇，大大的耳环和明媚自信的形象在当时引起了疯狂的追逐（图 11-9）。烫发又重新流行了起来，女人们不约而同地都选择了烫发，而且已婚女性长度都控制在肩膀上部（图 11-10）。刚刚出现在市场上的喷发胶，一时间迅速地普及，不少的时髦人士都把头发塑造成头盔一样坚硬的样式。爆炸式（头发上半部是烫的卷，下半部是直发，犹如一头刚刚爆炸的蘑菇云而故名）、万能头和最普及的额发高耸——恰似一卷飞檐，满是不管不顾的勇气，直到 20 世纪 90 年代依然流行。

同时，20 世纪 80 年代电影《霹雳舞》（1984）、《摇滚青年》（1988）引发了霹雳舞热潮，中国内地的摇滚音乐也迎来了黄金年代，崔健、唐朝乐队、黑豹乐队、魔岩三杰等中国摇滚人的形象影响了一代人。摇滚青年形象最主要的特征就是皮衣皮裤配长发，有一种玩世不恭、无拘无束之感（图 11-11）。不少年轻小伙受此影响也烫起了头，披肩长发在摇滚乐队中比比皆是，配合着当时刚刚传入中国的喇叭裤与蛤蟆镜，成为 20 世纪 80 年代特有的一道风景。

总之，20 世纪 80 年代的中国都市街头可谓模仿成风，从最初的“大岛茂风衣”

图 11-11　1991 年，黑豹乐队在中国港台地区发行了首张专辑《黑豹》

（《血疑》中男主角的衣服）、“百惠眉”，到随后的“发仔服”（周润发在《上海滩》中的装扮）、“麦克镜”（美国电视剧《大西洋底来的人》主人翁麦克戴的太阳镜），再到“郭富城头”（两边头发厚浓，从中间自然分开，也可四六分、三七分）、“港风大红唇”等，你方唱罢我登场。我们可以理解，一群被迫与时尚美割裂开的民众，一个刚刚开始看见世界时尚的民族，追求时尚的唯一办法就是先直接模仿，而高级的审美能力也会在模仿中潜移默化地培养起来。

七、琼瑶妆

继香港影视剧在内地爆火之后，台湾终于在 1987 年 7 月 15 日零时起解除“戒严”，从此结束了长达 38 年的“戒严”时代。于是，台湾地区的影视剧正式进入大陆。第一部引进大陆的台湾电视剧是 1988 年的《一剪梅》，此后《星星知我心》《昨夜星辰》等多部电视剧在 20 世纪 90 年代初被引进播出，迅速和港剧平分秋色。其中，台剧当中最火的就是琼瑶剧，一时间，每个台都能看见哭哭啼啼的痴男怨女。整个 20 世纪 90 年代，几十部“琼瑶剧”以每年几部的频率“轰炸”大陆电视圈，于是，琼瑶式文艺爱情片中不食人间烟火的女主人公造型，迅速成为当时少女模仿的典范。“琼瑶妆”的特点是格外强调眉眼线条与唇色，喜好塑造眼睛的清晰水灵与唇部的饱满花瓣感，古装发型喜爱空气刘海外加长鬓角，现代造型则喜爱清汤挂面式的飘逸长发。总之“琼女郎”们都散发着清新脱俗、温柔可人的气质，具有一种邻家女孩般的气息，与艳丽飒气的港女风格大相径庭。

与此同时，20 世纪 90 年代中期，社会上出现了一股对年轻青涩时光的集体怀念，年轻人哼唱《小芳》；大学生则感动于《同桌的你》或《睡在上铺的兄弟》这类校园民谣，在这种怀旧的氛围中，中国女性的妆扮由 20 世纪 80 年代女强人式的浓妆宽肩，转变为校园女生式的温婉清秀，女性开始崇尚“淡淡妆，天然样”，发型由大波浪高刘海改为披肩长发、长辫子以及修出层次感的短

图 11-12 20 世纪 90 年代玉女派代表杨钰莹（杨钰莹供图）<

图 11-13 韩国 H.O.T 组合 >

发，这种风格与林青霞、林凤娇的荧幕形象有些殊途同归（图 11-12）。

八、韩流袭来

1992 年，中韩两国正式建交，于是，从 90 年代后期起，韩国开始发起文化产业攻势，其偶像剧、流行音乐和电影带动的时尚潮流受到中国观众的追捧，被生动地称作“韩流”，追随“韩流”的爱好者则被称作哈韩族。1997 年，韩国电视剧《爱情是什么》在中国播放，在国外电视剧收视率中排名第二，这一事件被认为是“韩流”进入我国的标志性事件。同一时期，K-pop 流行音乐在中国也初露头角。1999 年，韩国双人男子歌手组合 CLON（酷龙）在北京举行演唱会。2000 年韩国 SM 公司打造的五人男子偶像组合 H.O.T（图 11-13）在北京工人体育馆举办首场演唱会，引起轰动，同时，还有高耀太、李贞贤等韩国歌手的歌曲传入中国，他们节奏强烈的电子舞曲唱火了中国的音乐市场，引起青少年的狂热追捧。韩流时尚对妆饰造型的影响分两个类型：一个类型就是通过流行音乐的偶像团体输出的，早期的韩国偶像歌手喜欢夸张前卫的装扮，并不被主流群体认可，受众主要是青少年，此时哈韩族的典型装束是染彩色的头发、一派五光十色，有人呈现出板刷头的强硬，有人则呈现出鸟窝般的混乱。戴着各种帽子、穿超大 T 恤衫、松垮得快要掉下的宽腿裤、耳朵上戴数个耳环、挂上手链和颈饰，夸张一点的还会打上唇环或舌钉，描唇线，涂黑色的唇膏，这种风潮一直延续到 21 世纪头一个十年。而韩流的另一个“花美男”类型则要到 21 世纪才开始缓缓展开。

在化妆品方面，国外诸多的品牌在 90 年代蜂拥而至，疯狂地抢占中国的市场。像资生堂、迪奥、美宝莲、欧莱雅、高丝这些著名的品牌，在 20 世纪 90 年代的时尚青年中，已是耳熟能详。知名品牌所引进的并不仅仅是产品，更重要的是它们的化妆理念。化妆品带给人们的不只是美丽，更重要的是描绘出每个人独有的个性与风采。在最初引进化妆品的时候，由于无知

与盲目，国人往往直接把欧洲的化妆品照搬进来。然而由于人种的不同，适合欧洲女性的化妆色彩却并不适合中国女性，导致中国女性化完妆之后总是感觉怪怪的。随着人们化妆知识与观念的进步，更由于有像靳羽西女士这样有知识、有想法的外籍华人的推动，创立了世界上第一个专为亚洲人设计的色彩理论系统，倡导化妆、服装要相搭配，中国人终于有了适合自己的化妆品生产线，国外品牌在打入中国市场时也不得不考虑改进产品以适应不同的需求。中国的化妆品市场终于在 20 世纪 90 年代末出现了前所未有的理性繁荣与兴旺。

化妆带给人们的已经不再是一种好看的造型，而是一种生活态度，这是化妆在质上的一种飞跃。为了这个飞跃，许多化妆师一直在辛勤地努力着。例如化妆师李东田，他于 1999 年 11 月在北京注册了中国第一家化妆师经纪公司——“东田造型”，首次提出“人物造型”的概念，被业界称为“彩妆教父”（图 11–14）。他说：“我希望‘东田造型’是一个渠道，把国外的化妆理念带进来，让中国的时尚真正与国际接轨；也希望把国内的优秀化妆师推上正规的运作轨道，使他们不再仅仅是匠人，而真正成为艺术和浪漫的创造者，让化妆在中国升华为一种生活文化。”

九、日韩“花美男”

21 世纪，世界全面进入互联网时代，互联网从此深刻影响和改变了中国人的生活。由于互联网的普及，世界各个角落的资讯传播已经没有时间差了，人们接受资讯的广度也被大大拓宽；同时，互联网使得很多工作不再需要外出，在家里就可以完成，因此工作对于脑力和智慧的需求远远大于体力，这使得男性的体力优势越来越显得微乎其微，女性反而因为耐心细致与高情商的性别优势快速崛起。因此，时尚从传统世界的以取悦男性为主的审美逐渐转向开始取悦女性，再加上性别平等和性取向自由的价值观越来越被认同，这导致的一个直接后果就是审美越来越偏向中性化，而且不分男女。即使夸张如“杀马特”

图 11–14　李东田（李东田供图）

和 Cos 风，在性别标识上也是模糊的。

花样美男（Flower boys），简称“花美男”，即像花一样美丽的男子。指那些长相比同龄人年轻，肤白貌美，腿身比完美，没有矫揉造作，反而很有男性独特魅力的男子。一听这个描述，其实脑海中首先浮现的就是日本动漫里那些永不会变老的英俊男孩，比如《哈尔的移动城堡》中的哈尔，《元气少女缘结神》中的男主角巴卫等。而将“花美男”打造为真人偶像推出起源于日本知名艺人经纪公司杰尼斯事务，杰尼斯事务所成立于 1975 年，以推广男性艺人和男性偶像团体为主要业务。这是一个传奇的经纪公司，被誉为“男性偶像的世界 NO.1”。杰尼斯旗下的艺人随便举几个都是赫赫有名：比如扮演 2005 年全球大火的日剧《流星花园》男主道明寺司的松本润，扮演迪迦奥特曼人间体的长野博，以及创造过“偶像神话”的木村拓哉。可以说，杰尼斯的创始人杰尼斯·喜多川彻底改变了整个亚洲的审美观，不仅将“偶像”这一概念发扬光大，而且使大家对男性的审美偏向“花美男”化。这与早期日本对男性欣赏的风格迥然不同，早期的男性审美是像高仓健、三船敏郎这类面部非常欧化，并且看起来受过良好教育，身材挺拔威武，肌肉线条流畅，是标准的“硬汉”形象。而杰尼斯事务所旗下的男艺人，留着长发，没有过于突出的方形颧骨，身材清瘦，皮肤白净。这种“花美男”审美迅速发展起来，扭转了早期的“硬汉”审美，四十多年来几乎垄断了日本男性偶像市场，更指引着日本的潮流风向标。比如木村拓哉，每次发型改变就相当于换了大半个东京年轻男人的发型。

杰尼斯事务所的“花美男”审美也深深影响了东亚各国的男性文化，其首先传到了韩国并进一步发扬光大，韩国的 SM、JYP、YG 三大娱乐公司，它们在模式上借鉴了杰尼斯事务所的偶像生产方式，形成了一种从长相打扮到台风妆容，甚至连发型都标准化的男团偶像造星模式。随后，韩国更是利用成本优势，成为亚洲最大的“花美男生产基地”，用整容—时尚—练习生—影视产业链，形成了一个立体的文化产业体系。在 21 世纪，韩流的另一趋势“花美男”类型开始通过爱情偶像剧大量流入中国，比如《蓝色生死恋》(2000)、《浪漫满屋》(2004)、《来自星星的你》(2013)、《太阳的后裔》(2016)等，输出了一大批“花美男”超级偶像。比如韩国“花美男”李准基(图 11-15)，因 2005 年出演电影《王的男人》而一战成名，李准基饰演韩国古代一个才貌双全的戏子孔吉，使得君王燕山君对他迷恋不已。影片中孔吉身着红衣，长发飘飘，明眸善睐。电影一经上映即刻引起热潮，李准基凭借精致阴柔的脸庞和出色的表演刷新了大众审美，晋升为另类男神，从此开启了韩系花样美男的审美先河。但韩式“花美男”并不是单一的风格，比如“霸总专业户”李敏镐也被称为花美男。他具有个高腿长、宽肩窄腰、高鼻梁大眼睛等优异的外形条件，长相标志端正又充满阳刚之气，比较贴合传统的韩式男星审美。韩流的花美男在造星运动下喷涌而出。这些花美男出镜的时候往往会画着非常精致的妆容，干净的底妆，俊朗有型的眉毛，精致的鬓角，像李准基这类阴柔型的花美男还会画眼线，突出亚洲特有的单眼皮线条感，男团演出时还会画口红，描唇线。

图 11–15　韩国男性李准基，“花美男”的代表人物

日韩文化在中国最先影响台湾。步入 21 世纪后，中国台湾地区的文娱产业方兴未艾，琼瑶剧逐渐式微，台湾偶像剧、音乐和综艺成为时代的流行风向标。2001 年，台湾将 51 集动画作品《花样男子》改编为电视剧《流星花园》播出，“Flower boys”被冠以简称“F4”，剧中的四个阳光帅气且多金的大男孩掀起了追星浪潮。而中国大陆在 2010 年以后也出现了“小鲜肉”的说法。纵观亚洲，从日本到韩国，从中国甚至拉美，男明星似乎都逐渐趋向柔美秀气。

“花美男”之所以会取代肌肉发达的猛男或者“国字脸”审美，主要是由于女性经济与女性意识的崛起。数据表明，在当下中国社会的消费场域中，女性在消费能力方面远胜于男性。其次，社会价值观的转变也是因素之一，当代的女性独立自主，对于偶像的态度也发生了变化，传统的“国字脸硬汉”是用来满足爱慕和崇拜心理的，很容易被贴上大男子主义的印象标签。新世纪女性已经不想再去崇拜别人了，她们更喜欢取悦自己，更愿意称自己中意的明星为“老公”，这实际上是一种男色消费，这类男星因此也被冠以“小鲜肉”的称呼。“小鲜肉”的称呼源自日本女性向的成人影片，后在使用中延伸为对颜值颇高、气质干净、年龄较小的男明星的称赞。与 20 世纪末同样颜值在线的唐国强等“奶油小生”不同，“小鲜肉”“花美男”的目标群体就是女性受众，其目的就是迎合女性消费“男色”的欲望需求。女性受众的审美改变直接导致了国内整个娱乐业审美风向的变化，大量男明星开始投其所好，在形象上做出改变，要求自己面容精致、打扮时尚、服饰讲究，尤其是韩系妆造打造的中性柔美形象深受欢迎。而商家也紧抓这一消费符号，利用“男色”积极培育各种商业消费点，诱惑女性消费者打开腰包。女性使用的美妆产品找男明星代言，反而会快速吸引女性消费群体的注意，取得意想不到的广告效果。比如 1996 年日本化妆品公司佳丽宝（Kanebo）邀请了当时 24 岁拥有逆天的颜值的木村拓哉接拍了一

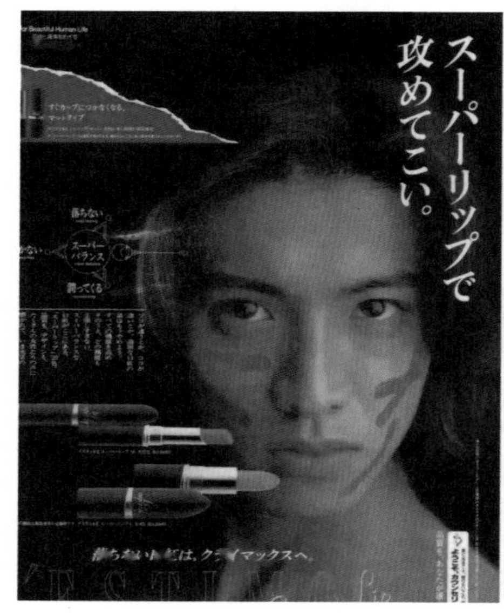

支口红广告，这是有史以来第一次由男演员代言女性口红（图 11-16）。广告播出后，那款木村拓哉色号引起了消费者的疯抢，短短 2 个月就狂卖了 300 万支口红。木村拓哉成为第一个代言口红的男明星，他的这一现象级的代言，也引得其他公司纷纷效仿，越来越多的男明星开始代言女性护肤美妆类的产品，引领了一股潮流。

十、超女中性风

中国的流行音乐则从 21 世纪开始进入高速发展时期，歌曲选秀节目随之高潮迭起。2005 年的超女选秀，在全民参与的热情中，民众（以女性为主要群体）按照自己的审美品位打造出一个全新的“中性审美”风尚。这届的冠亚军都是中性美的女孩子，尤其是冠军李宇春，她以干练的短发，单眼皮，扁平而不丰满的身材，低厚的中性嗓音，没有浓妆艳抹，总是以长裤、衬衫、平底鞋的“男性”装束清爽登台，舞动全场。她对于男性观众来说几乎没有足够的性特征来引起视觉上的快感，颠覆了传统的那种娇柔百媚的窈窕淑女形象，也不再是韩流程式化的包装美女，而是凭借其中性的外形，帅气的风格，潇洒的言谈举止和自信的气质赢得了数以万计的女粉丝的爱戴（图 11-17）。大众不再用传统的美丽来形容赞誉她，而是以个性、酷帅这类跨性别词汇来评价这个新女性的魅力。而且，李宇春作为“中性审美”的典型代表不再是一个特例，越来越多的女性开始剪短长发，换下裙子，脱去高跟鞋，穿上宽大轻松的休闲装，以帅气、阳光的外形出现在世人面前，她们有意识地拒绝传统女色消费时代对外貌的苛刻装扮，改变以往娇小柔弱的小女人性格，进而引发了一股“中性审美”风潮。

女性“中性风”的兴起，其实和男性走向“花美男”的内在原因是一致的，都是女性意识崛起的结果。自女性主义从 19 世纪末第一次喊出声音以来，提倡身体解放，消除性别意识，一直是女权主义的大旗。实际上，在时尚领域，美国 20 世纪 70 年代的“无性别风貌”早开先河，那个朋

图 11-16　1996 年，日本影星木村拓哉口红广告 <

图 11-17　2005 年美国《时代》周刊封面 >

克风盛行，中性化倾向明显的年代，就是在女权主义的高涨和推动下，让女人穿起男人习惯的牛仔裤和牛仔装来表达自己的反叛和平等诉求。女性主义者认为，传统的女性形象其实是男权社会理想强加于失语女性塑造出的结果，作为弱小而无力的他者女性是被动的，只能向社会所认可的价值尺度靠拢。正如尼采所说："男性为自己创造了女性形象，而女性则模仿这个形象创造了自己。"但是随着现代女性独立自主性的提高，她们不再甘心做没有主体性的玩偶，中性美既是对传统美的否定，也是企图通过这种随性的自由来证明自己的第一性。其打破了两性天然的鸿沟，从此，服饰不再被视为划分性别的工具，而是作为一种表达个人风格、态度和价值观的媒介，每个人都应该有权利自由选择自己的着装风格。所以说，中性风的兴起，其核心是体现了一种性别平等和自由的价值观，女性已经从"女为悦己者容"转为"为悦己而容"了。因此，在"90后大学生偶像调查"的社会报告中，李宇春高票获选最受追捧的人气偶像，成为"新女性的风向标"。而美国《时代》周刊更是以李宇春因做自己而受人喜爱（Li Yuchun Loved for Being Herself）为题点出李宇春所拥有的是态度、原创性，以及打破中国传统的中性气质。

十一、裸妆自然美

2001年创立于上海的中国本土化妆品品牌自然堂，在2006年发布了自己的品牌口号：你本来就很美。这代表着新世纪下中国人的一种生活态度，相信每个人都是天成的杰作，都拥有与生俱来独一无二的魅力，没必要异化，也无需掩饰与修正。在这样的时代精神下，女性化妆开始追求一种透明妆容，也称之为"裸妆"，即化妆的最高境界就是看不出你化了妆，还比不化妆要好看。不论是同时期的中国台湾地区偶像剧女主角，还是韩国偶像剧、日本偶像剧女主角，还有2013年日本最新崛起的族群"森女"（Mori Girl），化妆基本都是追求一种似有若无，自然当道的妆感（图11–18）。中国近些年流行的与"杀马特"对立的"小清新"之风也是以裸妆系为喜好。

裸妆主要讲究的是粉底的质地以及个人肤质，要选择与自己肤色相近的粉底液，强调健康的肤色质感，让原本良好的肤质得到更好的展现，从而达到气质与自然的完美结合。对于裸妆来说，眼妆不要打造过于花哨的外形，以简洁自然的眼线为主，眼影基本上都不太明显，她们更愿意用自然浓密卷翘的睫毛来给眼睛提神，而不会用过多的颜色去破坏原本就很美丽的眼睛。眼影几乎都是大地色，适量珠光提亮，强调卧蚕。裸妆在妆容中最最强调的是眉毛部分，化妆师通常不会去改变女性本身的眉型，只是修去杂毛，保留原有的眉型，

图11–18　"森女"系裸妆感（吴娴供图）

再用眉粉进行修饰。唇妆比底妆更加自然，比如非常流行的咬唇妆，这是经典的韩式唇妆，不刻意勾勒唇线，口红颜色透亮，体现出饱满通透之感。

十二、“洗剪吹”与“杀马特”

2005—2006 年，出现了形容中国青少年时尚新风格的词——“非主流”，这股风潮在年轻群体中广泛流行，其受到欧美哥特及重金属摇滚音乐的影响，形象上会辅以耳钉、唇钉、文身、眼线等进行装扮。这类风格最有特点的是发型，整个发型特点是轮廓圆润饱满，层次丰富，空气感十足，纹理会朝面部方向靠拢，刘海偏长，脸型外轮廓被遮挡与修饰，发色以黄色为主，挑染等技法也常有使用。“非主流”发型在技法的制作上要有“洗”“剪”“吹”的必要流程。“洗”是让头发柔顺，易于修剪与打理；“剪”是修剪出各种高低层次感的碎发，并可能辅助于染色、烫发等发型设计技术，增加造型的丰富性；“吹”是利用吹风机打造出蓬松轮廓及一致性的纹理感，并用发胶等造型工具进行塑形定型。这种风格持续时间较长，对青年群体影响深远，也被戏称成为“洗剪吹”风格。

紧接着“洗剪吹”出现的是一种极具视觉冲击的妆饰风格“杀马特”。“杀马特”是从英文单词“Smart”音译而来，本义是“聪明、时尚、灵巧”。其在中国，是指流行于 2006—2013 年的喜欢并盲目模仿日本视觉系摇滚乐队的衣服、头发等装扮的青年亚文化群体，其有非主流的影子，但比非主流更“非主流”。他们无论男女都留着长发或爆炸头，高纯度的发色，发型的顶区竖直向上，几乎垂直于头皮，通

图 11-19 梳着杀马特头型的罗福兴

常为径向对外发射和磁感线状环绕两种，男性面部也会画个性的妆容，如黑色眼线，夸张的眼影，暗色系唇膏等；“杀马特”的发型在视觉观感上有与肩同宽的巨大发量感，一个发型会有 2 ~ 4 种色彩，着装夸张，配色鲜明，并会打耳洞、文身等，在人群中十分有辨识度。“杀马特们”喜欢听网络音乐，偏好使用“山寨”手机，常用街头大头贴机器拍照并上传至自己的 QQ 空间加以装扮。在互联网上，多数网民对“杀马特”持负面的评价，特别是城市青年中的“小清新”群体，更是肆意地嘲弄他们，使“杀马特”一时间成为“土气”“粗俗”“廉价”“叛逆”的代名词。罗福兴是中国公认的“杀马特”家族创始人（图 11-19），1995 年出生于广东梅州五华县的农村，2006 年在互联网创造“杀马特”概念，并引领“杀马特”风潮，2011 年退出“杀马特”。辍学后，他进入城市打工，多年来从事各种行业，最后落脚深圳开了一家美发店从事美发行业。他在采访中说：“当时我是看的那种非主流文化，很酷还

有点吓人，我为了吓唬欺负我的人，就弄了那种发型，没想到他们都不敢欺负我了。等我来工厂工作的时候，我还是带着这种发型，工厂里也没人敢欺负我。因此我就想着把我这种风格发展壮大，让别人也免受欺负。于是我就上网开始搜索一个酷的名字，我本来是想找时尚的英文来起名字，当时找到"Smart"，但是我不会读，因此我就取了三个字母，然后找个字母对应的汉字，我想着酷一点啊，霸气一点，听上去别人不敢动我，于是就起了'杀马特'。"

"杀马特"群体的成员基本都是青年人，他们往往缺少家长的管束，生活日常通常是长达十小时的高强度劳动，以及不间断重复的流水线工作。"杀马特"青年之所以敢于尝试并坚持使用各类"雷人"的奇装异服，很大程度上源自人类自我建构与自我形成的本能需要，这使得他们中的一部分人过分依赖外形的塑造以获取自我的认同，从常人眼里的"异端"中获得审美上的精神满足（图 11–20）。同时，"杀马特"也满足了青年对亚文化群体的归属需求，正如一位曾经的杀马特说："流水线的生活是没有意义的，我总要证明我活过。"从更深层面看，"杀马特"现象反映的是当代中国愈加明显的社会区隔，诸如主流文化与青年亚文化的区隔、青年文化群体内部的"小清新"与"杀马特"的区隔、新生代农民工与城市文明的区隔等。借助罗福兴在纪录片中的采访片段，可以更深刻地理解这种区隔的心境，他说自己从不抬头看都市中的高楼大厦一眼，因为那与他无关。"杀马特"亚文化的流行体现了农村青年想要融入城市的渴望，同时也反映了乡村青年融入城市失败之后的迷茫。

图 11–20　梳着杀马特头型的小镇青年

十三、夸张精致 Cos 风

21 世纪的青年亚文化，除了杀马特之外，还有 Cos 风。Cos 是英文 Cosplay 的简称，翻译过来就是扮装游戏，简称扮装。一般是指利用服装、小饰品、道具以及化装来扮演 ACGN（也称"二次元"），即动漫（Animation）、漫画（Comic）、游戏（Game）、轻小说（Novel）中的角色或是一些日本视觉系乐队以及电影中的某些人物。玩扮装的人被称为扮装者（coser），青少年是玩扮装的主要群体，其本质是对现实生活的一种逃离与期待。

20 世纪 80 年代，动漫作为舶来品传入中国，影响着青少年的文化消费与审美趣味，中国动漫游戏迷也逐渐形成亚文化身份认同。扮装传入我国首先是在香港地区和台湾地区盛行，中国内陆地区在 2000 年 8 月才成功举办了第一届扮装大赛。在其后的一年里华义公司又凭借其在网络游戏上的巨大影响力，打着旗下主力产品《石器时代》的名号开办"2001 年石器最佳扮

图 11-21 漫展 Cosplay 造型（李依洋供图）

装大赛”。与此同时由于上海、广州以及北京等地区在这几年里频繁地开办漫展及同人会展，现今中国内陆地区的扮装也具有了一定程度上的规模。经过长时间的发展与探究，如今的扮装已经是变得相当完善，不仅可以扮人，还可以扮漫画和游戏中任何的东西，例如动物、机械人，只要想得到又扮得到的就可以，没有任何限制。作为动漫的附属文化，扮装在当今社会已经越发的成为一种青少年文化娱乐的主流。扮装不仅需要夸张而又精湛的化妆技术与唯妙唯肖的服装，还需要假发、有色隐形眼镜等附属配件（图 11-21）。相对于生活化妆，扮装的成本与难度要高很多，而随着 Cos 风的流行，其很多元素也慢慢融入日常妆容当中，如夸张的下眼线与睫毛，美瞳等。

十四、寻找“当代中国妆”

2010 年，中国 GDP 超越日本，首次成为世界第二大经济体，中国的综合国力仅次于美国，这对民族自豪感和文化自信心的鼓舞是巨大的。尤其是千禧一代，他们出生即享受中国经济高速发展带来的物质红利，因此对中国传统文化的认同度远高于他们的父辈。在 2022 年新华网联合得物 App 发布的《国潮品牌年轻消费洞察报告》显示：对比 10 年前，国潮热度增长超 5 倍，78.5% 的消费者更偏好选择中国品牌。而在国潮消费中，“90 后”“00 后”成为绝对主力，他们贡献了 74% 的国潮消费。在这样的时代背景下，从 2003 年开始，“汉服热”逐渐兴起。“汉服网络春晚”等文化交流活动、汉服相关社团组织越来越多，热播影视剧、热门手游、高级服装秀中的汉服元素也不断增加，这些通过各类网络平台不断传播，再加上抖音等媒体的精准推送机制也进一步将汉服文化推送给汉服爱好者，使得穿汉服在年轻人中成为一种时尚和一种文化。天猫发布的《2018 汉服消费人群报告》显示，2018 年购买汉服人数同比增长 92%，而“95 后”为汉服购买的主力军。穿汉服必然要画“国妆”相搭配，于是对于“当代中国妆”的探索和尝试，便也蓬勃兴起。

在当今时尚舞台，我们能看到：美式妆容重性感夸张、法式妆容重慵懒随性、日式妆容追求空气感裸妆，韩式妆容追求无瑕妆感、甚至泰式妆容追求混血浓颜，它们的风格在行业内都有比较一致的定义，但一谈到“中式妆容”是什么风格？大家便没有了这种统一的认知，这不能不说是一种遗憾。“何为当代中国妆？”这个问题之所以没有一个标准答案，这和中国的超大规模性和多元成分有关。这里引用施展老师的一句话，他说“完整的中国，是一个将中国疆域内的中原、草原、海洋、高原、西域，这几大亚区域彼此互动、相互依赖、相互塑造而形成的一个多元体系。”汉文化只是其中的一个组成部分，所以我们很难将“中式妆容”一语道尽。

正是由于中国文化的复杂性与多元性，因此当代中国妆就不能局限于某一种既定的风格样式，而应该是一种多元并存的局面。同时，由于妆容必须依附于人体而存在，因此妆容设计又必须与中国的人种特征相结合，从而体现出我们黄种人特有的五官面貌与东方审美。例如因为黄种人眼睑比较厚，很难通过清淡的妆容来放大眼妆效果，所以中式眼妆更适合横向拉长眼线，眼影因此也会比较弱化。再比如黄种人的骨骼结构相对平缓，气质偏向温婉，因此过于强化脸部结构的画法反而有违东方审美。好的设计，一定是懂得取舍，有舍才有得。由此，中式妆容在当代转化应该遵循舍得与多元这两个原则。做到既有固守的坚持，又有包容的心态。

总体来讲，中国妆有内隐与外显两个层面的特点。中国生活妆容的主流审美是追求清雅的淡妆，尤其不画眼妆，浓妆艳抹始终都不是主流。我们历史上看到的浓妆艳抹的人物形象其实主要集中在少数人群中，比如歌舞乐伎的妆容，但她们的妆容其实已经属于舞台妆的范畴了。还有就是个别以色侍人的宫廷嫔妃群体，但这也基本只集中于魏晋南北朝和大唐王朝这两个朝代。其他朝代即使是在这两类人群中浓妆艳抹也并不多见。为什么会这样呢？因为中国人认为人体的肉身本体的美才是美的根本，化妆修饰只是饰其表，两者不可本末倒置。所以中国人虽然彩妆上不尚浓艳，但却非常注重内在的保养，因此养颜用品是极其丰富的，在中医典籍里就记载了很多的护肤护发品配方，也就是说中国的“药妆”起源很早，而且很发达。这可以说回答了“何为中国妆？”的一个侧面，即内隐层面的问题。

在外显层面上，我们可以从戏曲化妆中找到很多灵感。中国戏曲俊扮化妆中最大的特色就是胭脂面红的使用，画的时候眼影处最红，然后逐渐扩散到两腮慢慢变浅，最终的效果是突出鼻子和额头浅色T区的立体感。西方人画眼影一般以棕色系为主，也有彩色的，总之会和腮红的色相区分开，但中国戏曲的眼影和腮红统一都用红色系，在面妆中如此大胆而浓烈地对红色进行应用，在任何其他文化中都不曾有过。当今时尚舞台上也有很多应用戏曲妆容元素的现代演绎，主要也都体现在突出眼部周围的面红上（图 11-22），这可以说是“当代中国妆”的一个外显的典型符号了。

因此，中国妆不仅仅有“清水出芙蓉”的追求肌肤气色内隐品质的“药妆”这一面，也有夸张使用面红的外显张扬的“红妆”

图 11–22 中国妆作品（李东田供图）

的一面，正所谓“淡妆浓抹总相宜”。同时，“中国妆”还富有说明性和评议性的文化属性，把价值观明明白白地画在了脸上，这更是中国独有的一种妆容处理方式。关于这一点，在戏曲净扮妆容一节会有详细讲述。

十五、美妆 KOL 的崛起

KOL，是英文 Key Opinion Leader 的简称，即关键意见领袖的意思。而美妆 KOL，实际上就是美妆博主、美妆主播的总称，他们在微博、小红书等社交平台为粉丝们“种草”各类化妆用品和化妆手法，并在一定程度上影响着用户消费和审美决策。最开始美妆 KOL 是通过图文在互联网上分享的，但自 2014 年开始，快手和抖音等短视频应用相继推出，国内短视频行业进入了快速发展阶段。2018 年“双十一”，某网红 5 分钟约卖出 15 000 支口红，美妆 KOL 开始迎来它的黄金时期。

互联网传播的特性就是要用观众看得懂、听得懂、不需要多思考的方式来传播信息，且要与时代流行文化紧密结合，而美妆 KOL 们是最擅长这方面的一群年轻人，他们发明了大量直白且好记的新潮妆容来带动时尚潮流，并成功带货。比如口红色号传统是以色相来命名的，比如正红色、橘色、粉色等，但在美妆 KOL 的嘴里则衍生出了斩男色、正宫色、暗黑女王色等等让人心生联想的新名词，女孩子们买口红已经不是为了色彩而买，而买的是一种身份联想。与此同时，妆型也越来越开始和文化相结合，发明出“纯欲妆”“白开水妆”“亚裔辣妹妆”“纯野妆”“斩女妆”“AI 建模妆”等（图 11–23），当然“中国妆”也是其中重要的一部分。美妆 KOL 们长期处于市场的最前线，非常清楚市场的喜好与动向，所以他们的一举一动，往往就能成为美妆市场流行的风向标。但我们也应该看到，很多美妆 KOL 本身并没有经过美妆技艺和美学方面的系统学习，水平良莠不齐，他们通过直接面对大众，凭借斩获流量的能力吸粉无数，从而抢占了专业化妆师原本的时尚领导力。在时尚杂志业鼎

图 11-23　美妆 KOL 们创造的妆容新时尚

盛的时代，像毛戈平、李东田等专业化妆师一直是时尚的引领者和教育者，但是在短视频时代，由于任何人都可以经营自己的自媒体，化妆开始进入全民造美时代，精英领导时代已黯然逝去。

十六、闪亮酷炫嘻哈妆

嘻哈（hip-hop）文化诞生于 20 世纪 60 年代美国纽约黑人社区，是在贫穷与帮派中孕育的文化形式，其具有涂鸦、街舞、打碟和说唱等多种文化表现形式，其中说唱是其最为核心的部分，成为亚文化的一种形态，并在全球产生极大的影响力。20 世纪 80 年代，嘻哈文化传入中国。2001 年，周杰伦发布他的第一首说唱歌曲《双截棍》，红遍整个中国。此后，嘻哈文化在中国形成了两类发展趋势，一类是以周杰伦为代表将说唱融合到主流的流行歌曲中；另一类是形成了地下嘻哈团体，只在小范围的圈层里发展。随着商业资本的介入和大众媒介的“净化”传播，2017 年《中国有嘻哈》节目一举爆红，随即 2018 又推出《中国新说唱》系列 3 季，让“暗潮涌动”的嘻哈文化从地下走入主流，继而吸引了一大批年轻人的关注和进入。由于嘻哈文化要结

图 11-24　嘻哈妆（李依洋供图）<

图 11-25　《乘风破浪的姐姐 3》女团表演照（杨钰莹供图）>

合舞蹈、服饰、生活态度等才完整，因此嘻哈服饰和嘻哈妆也顺势流行。

嘻哈妆具有欧美黑人妆容闪亮酷炫的特点：底妆要无瑕哑光，追求健康自然的肤色；眉毛要够挑，追求宏大气场；眼妆则要画上扬猫眼线，浓密翘睫毛和闪亮奢华的金属眼影；脸上高光要够闪，修容要立体；唇妆饱满哑光，色彩偏向大胆（图 11-24）。

十七、白幼瘦的女团风

2020 年，芒果 TV 推出的女团成长综艺节目《乘风破浪的姐姐》（简称“浪姐”）系列催生了女团风妆扮的迅速流行。所谓“女团”一般指的是由几位娱乐圈的女明星组成的团体，她们主要工作内容是唱歌跳舞，主要收入来源是演出、代言、专辑和 MV 录音。

女团风格的穿搭主要特点就是甜美青春有活力，展现出少女感满满的一面，推崇“白幼瘦”审美。因此，女团在服装上的穿搭风格第一个就是选择能展现纤细腰身和大长腿的单品，比如说甜美又性感的露脐装、高腰热裤或紧身短裙等。第二个特点就是选择带有甜美设计的单品，比如说粉色、大红色，带有薄纱或者是蕾丝设计的服装，能够让整个人看起来更加青春元气减龄。在发型上喜爱梳半高马尾长卷发、丸子头、高马尾或麻花辫这类能让人看起来显得更加少女的造型。在妆容上则喜爱在脸上贴亮片、水钻或珍珠，在头发上接上彩色发带以及彩色假发片等。所谓“女团脸”，即大眼睛、高鼻梁、瓜子脸；“女团身材”则为高挑纤细（图 11-25）。女团经理人杜华在两季节目中都表示：“女团应该是整齐划一、漂亮美丽、青春靓丽的，并且需要符合一万小时理论，即在出道前至少有一万小时的练习时长”。总之，不管“浪姐”是 30+，40+ 还是 50+，一律要往白幼瘦的青春美少女型打扮，代表了东亚文化下的一种偏执审美，为东亚女性带来了普遍的身材焦虑。虽然我们每天都在鼓励审美多元，但现如今的中国乃至东

图 11-26　Y2K 造型，planner @23lemarl photographer @lee_yu_wang

亚社会，无论是红极一时的女明星还是在网上吸引注意力的女网红，好像其中的一大部分，都在用自己的存在，力证“白幼瘦”审美的主流。

在“以瘦为美”“白幼瘦”等流行审美的影响下，A4 腰、BM 女孩、i6 腿、纯欲风、反手摸肚脐、锁骨放硬币等概念都曾风靡一时，甚至将女性身材的好与坏同其个人社会价值相勾连，身材纤细的女性被视为自律且成功，而身材较为丰满的女性则被看作是懒散松懈的标志，“连自己的体重都掌控不了的女人如何掌控自己的人生”“要么瘦，要么死”“减肥是一个女人的终身事业”，诸如此类的观念在社交平台中被反复提及强调，在不知不觉中制约着人们的现实观。东亚之所以会执着于“白幼瘦”，说到底是女性对“青春永驻”的变相追求，也同样是基于男性视角为主导出发的观念，有观点认为东亚男性普遍有男权主义，且体型与心智偏于弱小，而白幼瘦的女性看起来幼小脆弱听话，让人感觉容易操控。21 世纪初在中国兴起的女性主义妆扮在第三个十年到来的时候似乎有了衰落的趋势。

十八、“Y2K”美学

2000 年前后带有科技感的千禧风格独领风骚，到现在已成为独特的“Y2K”美学。“Y2K”源于程序员中的“千年虫”问题，因为它诞生于 2000 年，所以又叫 Year 2 Kilo Bug，缩写为“Y2K”。“千年虫”这一程序处理日期上的 Bug，引发了各种各样的系统功能紊乱甚至崩溃，席卷全球。因此，在这个短暂的时期，人们只能怀着乌托邦未来主义和对新时代的信仰，来乐观的看待，也因此诞生了极具未来科幻感的 Y2K 美学。这是当时面对未来科技飞速发展，人们怀着对未来的猜想和期待而创造出来的。“Y2K”作品中，大量运用糖果色、高饱和色彩，彩虹渐变色、荧光色、冰蓝色、海洋色、亮橙色等，因为这些色彩的组合运用能模拟一些科技感和对未来的畅想。同时，将数码、电子、计算机界面都纳入穿搭风格中，喜欢做透明的指甲，

图 11-27 ins 官方号 @kaminosekkei 发布的赛博风格妆

使用PVC、皮革、镭射渐变、金属等充满未来感的服装材质，一扫颓唐与沉闷（图 11-26）。王菲的那张以前卫音乐性和晒伤妆出名的《唱游》专辑内页，便用恐龙和太空演绎了俏皮的 Y2K 风格。二十年后，“Y2K”风又在 Blackpink、朱婧汐、Rich Brian 等明星的“带货”下回潮。朱婧汐在《乘风破浪的姐姐》中宣传的 Y2K 造型、Y2K 女团风，同时主题曲《无价之姐》里夸张的风格，都属于“Y2K”风格。

十九、赛博格妆容

近年来，随着元宇宙概念兴起，同样极具科技感的赛博格等超人类主义妆饰风格又开始在亚文化圈流行起来。赛博格（英文：Cyborg），是“Cybernetic organism”的混成词，又称电子人、机械化人、改造人、生化人，即机器和有机体的混合，但思考动作均由有机体控制。其目的是借由人工科技来增加或强化生物体的能力，体现了人类渴望突破自身生理极限，追求永恒生命与无限智慧的心理诉求。于是，在时尚界，也出现了将人机混合的赛博格妆容，极具未来感（图 11-27）。

二十、艺术化妆

艺术化妆，是指将人的脸部或者身体，通过彩绘或者塑形等手段，创作为一种艺术展示品或者观念展示品为目的的化妆，其既不是单纯为了美化，也不是为了塑造角色等实用目的，而是为了表达某种艺术理念或者某种思想观念。

比较典型的艺术化妆是人体彩绘。我们第一章讲过原始社会的绘身与绘面，其实就属于人体彩绘的初级表现形式，但当时主要是出于各种实用目的的考虑，因此并不算在艺术化妆的范畴。后来随着服饰的普遍穿用和中国人对身体的禁忌，人体彩绘一度没有存在的空间。但改革开放之后，随着两性观念的放开，人们对身体的禁忌逐渐减弱，人体彩绘便慢慢复苏了。比如在一些重大的体育赛事上，如奥运会、世界杯足球赛上，一些超级体育迷们为了表示对祖国选手的支持与热爱，会在自己的脸上画上国旗或者代表球队的球衣颜色。在一些服装模特身上，我们也经常可以看到配合服装展示效果的一些彩绘图案。尤其是在舞台造型的表现上，很多艺术家会借助身体局部的涂绘与服装相搭配来塑造想要的舞台造型。比如中国舞蹈家杨丽萍在跳孔雀舞时，就在身上和脸上画上类似孔雀羽毛的图案，为舞蹈的表现增色不少。但这些类型的人体彩绘，严格来讲都不算是艺术化妆。真正的艺术化妆是在当代艺术家群体当中实现的。他们把皮肤当成画布，在人体上进行各种纯艺术性的表现，把绘身逐渐升华为一种人体与绘画完美结

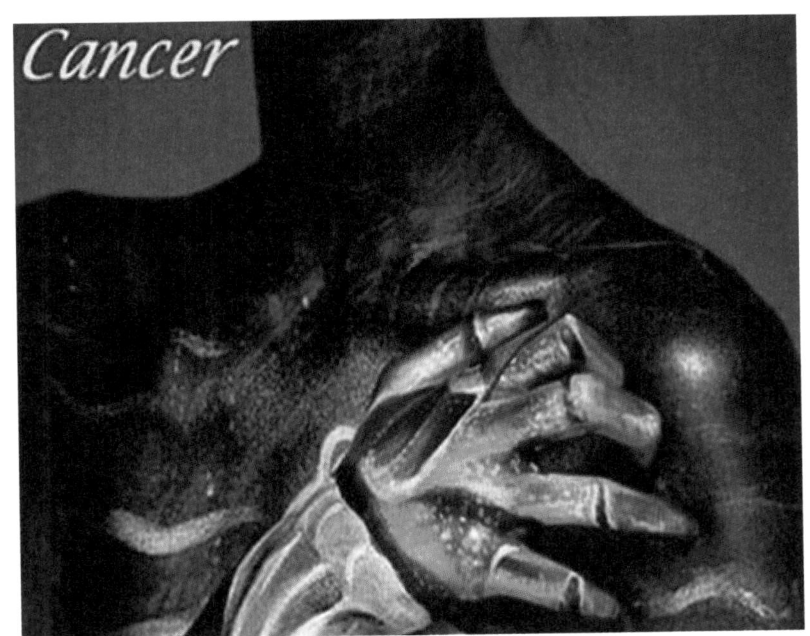

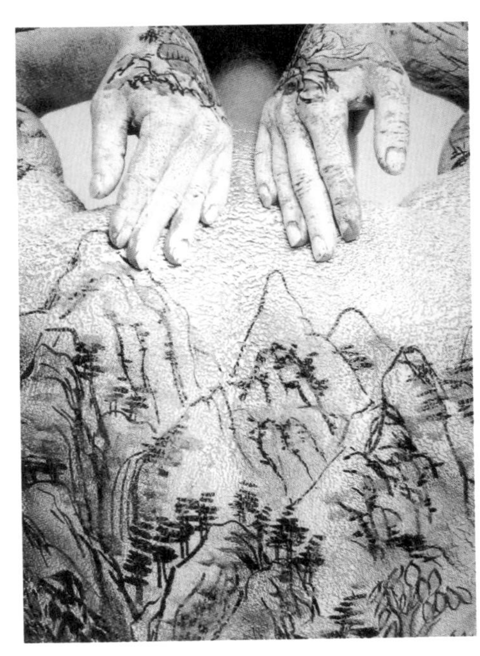

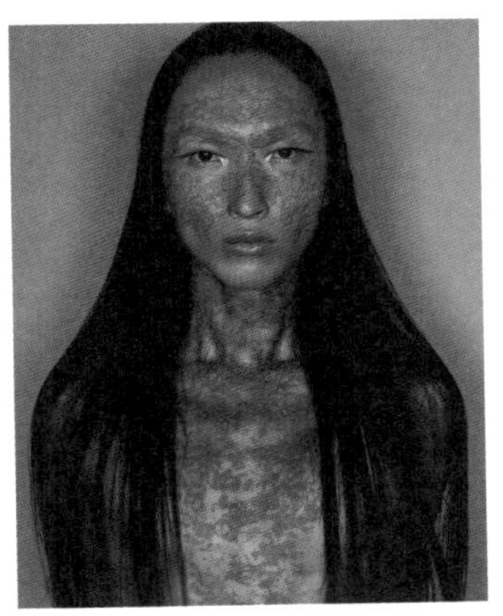

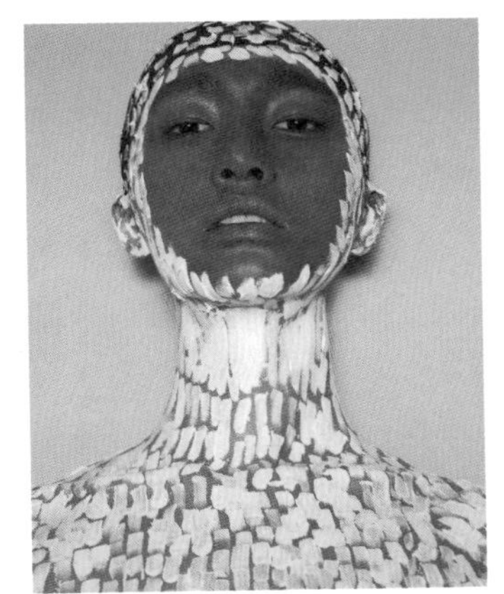

合的新兴艺术形式。其分为两个阶段，第一阶段是追求愉悦视网膜的视觉审美阶段，这一阶段的作品追求彩绘与人体结构的完美结合，需要根据人体曲线、身体结构和模特的肢体语言来表达作品内容（图 11-28）。第二阶段则升华为思想观念的传达，比如中国当代艺术家黄岩的作品《中国山水纹身》，以皮肤和身体承载山水，提醒着我们中国的艺术遗产是每一个中国人生命中重要的部分，并引发观众对古代文化与日常生活之关系的不断思考和反省（图 11-29）。另外，一些当代艺术家为了表现天人合一的观念，会将人体通过彩绘与自然合二为一，让人隐身于自然大美之中。

艺术化妆的第二种类型主要集中在一些专业化妆师中，他们喜欢通过化妆来传达自己的一些审美态度。比如被称为中国"彩妆教父"的李东田，近些年就持续通过创作彩妆艺术作品，来表达自己的时尚态度（图 11-30）。

二十一、化妆器具

随着中国制造业的进步，中国的化妆品和化妆器具在步入改革开放之后得到了爆发式的发展，到今天已经跟国际没有任何差距。总体来讲，就是真正走向了专业

图 11-28　追求视网膜愉悦的人体彩绘第一阶段 ∧

图 11-29　中国当代艺术家黄岩的作品《中国山水纹身》∧

图 11-30　李东田艺术彩妆作品（李东田供图）∨

图 11-31 当代化妆品与化妆器具

化和高科技化，其主要分类有：

眼妆工具：晕染刷、打底刷、细节刷、锥形刷等多种眼影刷；睫毛夹分手动与电加热两类；眼线笔、眼线液；眼影膏、眼影粉、眼影棒、睫毛膏、睫毛胶等。

眉妆工具：修眉刀、修眉剪、镊子、眉刷、眉笔、眉粉、眉粉刷、眉胶、眉梳等。

唇妆工具：唇刷、唇线笔、唇釉、唇彩、口红等。

面妆工具：腮红粉、腮红膏、腮红刷、粉扑、海绵块、蜜粉刷、粉底刷、粉底液、粉饼、修容膏、修容笔、高光粉、闪粉、定妆粉等。

卸妆工具：化妆棉、卸妆海绵、棉棒、卸妆油、卸妆水、洗面奶、磨砂膏等。

此外还有各类可用于粘贴的面饰、睫毛饰、文身纸，以及化妆箱、化妆袋、笔袋等。每一个彩妆品类又有数十种色号来匹配不同的肤色与色彩需求；每一种刷子、刀具也会细分各种型号（图 11-31）。

总之，美妆工具的制作工艺在不断发展，未来将会更加精细，更加贴合人体，更加实用，也更加安全。而且，消费者对美妆工具的消费观念正在发生转变，从追求功能性和实用性逐渐走向追求质量、品牌、健康环保和节能。

课后思考

1. 新中国改革开放前的化妆有什么特点？为什么会有这些特点？
2. 新中国改革开放之后，化妆潮流日新月异，你觉得背后的动因是什么？
3. 你认为当代“中国妆”应该有哪些特点？
4. 谈谈你对艺术化妆的理解。

第十二章

中国戏曲化妆

一、概述

二、戏曲俊扮化妆

三、戏曲丑扮化妆

四、戏曲净扮化妆

五、化妆品与化妆器具

一、概述

戏曲化妆属于表演类化妆。戏曲是我国传统戏剧的一个独特称谓，“戏剧的本质是角色扮演”[1]。角色扮演就是角色转换，即由一种角色形象转换成另一种角色形象，戏曲化妆就是通过演员的装扮来实现这种角色转换。当然，戏曲妆扮的目的也不仅仅是让演员在外形上完成从表演者到角色的转换，更重要的是通过明显有异于日常生活的装扮，让舞台人生与现实人生明确地相区隔，从而让观众产生舞台进程与现实人生不同的幻觉。因此，戏曲化妆和生活化妆在目的和美学追求上有着本质的不同。

中国传统戏曲化妆有其独特的美学特征，那就是“变形取神”，这里的核心是“变”。生活化妆是对人的五官进行锦上添花、美化自我，如在既有轮廓上强化五官的立体感（打阴影）、色彩明艳度（描黛、染唇、敷粉）、增加装饰性（贴面花）等；而戏曲化妆则是为了增强舞台戏剧效果，塑造特定人物形象而通过化妆对演员进行变妆处理，如净角的脸谱、丑角的豆腐块、旦角和生角的俊扮，并以夸张、变形的手法形成一套固定的程式，目的是让演员模糊自身容貌而变妆为剧中人物。因此，程式化是戏曲化妆一个非常重要的特点，我们学习戏曲化妆主要就是了解其程式。同时，“变形”相比于“美化”，在化妆手法上需要采用相对夸张和醒目的手法对脸部进行塑造才能达到瞬间变形为另一个人物的效果，再加上表演区和观众席之间有一定距离，也需要采用相比生活化妆更浓郁和夸张的手法来增强演员五官的视觉效果，这就导致戏曲妆容在妆效上比较张扬，即使是俊扮也不追求含蓄。

总体来讲，中国戏曲妆扮按行当分为三大类：丑角的丑扮，净角的净扮和生角、旦角的俊扮。其总的原则是抽象出生活中美与丑的典型特征，以一个和谐的统一面貌，综合地去塑造人物。因此，“我国戏曲把剧目反映的对象大致划分为四大类，即①状貌美心灵也美好的；②状貌虽美但心灵却是龌龊丑恶的；③状貌虽丑陋或有缺陷，但心灵却是极美的；④状貌既丑陋，心灵更丑恶的。”[2]对这四类人物普遍的化妆原则是使生、旦趋向于单一化，俗称“千人一面”，越美越好，即俊扮，用来表现第①、②类人物；第③、④类人物则归类为净、丑行当，使用勾脸方法予以体现。

二、戏曲俊扮化妆

俊扮是用于生、旦角色所扮演的各种人物的化妆，其特点是通过敷粉、施朱、描黛及勒头、贴片子、牵引等手段达到美化人物的效果，相对于净、丑的大小“花面”而言，其妆面相对素净端庄，故又称“素面”或“洁面”。因其功能主要是为了美化角色，和生活化妆的诉求比较接近，都是为了使人物变得更加美观，所以，俊扮在舞台表演类化妆中是被最广泛应用的，有着非常

1 宋俊华：《中国古代戏剧服饰研究》，广东高等教育出版社，2011，第7页。

2 张连：《中国戏曲舞台美术史论》，文化艺术出版社，2000，第315页。

悠久的历史，从其滥觞到如今成熟后的日益精进，大致经历了五个阶段。

1. 戏曲俊扮的滥觞：歌舞乐伎的妆容

早在战国山东章丘女郎山齐墓出土的乐舞陶俑上，我们就能看到她们脸部均施粉红彩，樱唇涂朱，发髻高耸[1]，说明早在先秦时期，歌舞乐伎就已经开始进行美化仪容的妆扮了，这可被视为俊扮的滥觞。此后，历朝历代的歌舞乐伎，百戏演员便在俊扮的路上一路狂奔，发展出了一系列华丽美艳的妆型。东汉傅毅《舞赋》有云：“貌嫽妙以妖蛊兮，红颜晔其扬华。眉连娟以增绕兮，目流睇而横波。”东汉张衡《七盘舞赋》亦云：“美人兴而将舞，乃修容而改服……粉黛弛兮玉质粲，珠簪挺兮缁发乱。”无论是前者的“红颜”“眉连娟以增绕”，还是后者的“修容”“粉黛”，均是对舞女妆容的形象描绘，基本上敷粉增白，以施朱来增添唇部和两颊的红润，及描黛画眉是俊扮的常规操作。

魏晋南北朝到大唐时期，由于胡汉文化的广泛交融与思想的开放，达到了中国妆容发展的顶峰，也是歌舞戏的大发展时期，大量的描写乐伎和歌舞伎的诗词及陶俑涌现出来，为我们了解那一时期的表演俊扮提供了文献和图像两方面的资料，此一时期的俊扮在常规操作的基础上又增加了大量的面饰与另类元素。如南朝徐勉《迎客曲》中便载有“罗丝管，舒舞席，敛袖嘿唇迎上客”的乐伎形象，这里提到的“嘿唇”，一般认为是“黑唇”的异写，即以乌膏注唇涂成黑色的一种妆扮，是一种来自胡俗的审美，后来在唐代成为流行一时的“时世妆”。到了宋代，南戏里的丑角和副净也是画乌嘴的[2]，很可能是对辽金胡俗的一种讽刺，契丹族当时流行的“佛妆”也是染黑唇的[3]。南北朝江洪《咏歌姬》：“薄鬓约微黄，轻红澹铅脸。”[4]北周庾信《舞媚娘》：“眉心浓黛直点，额角轻黄细安。”这两首诗都提到“额黄”这种化妆习俗。南朝梁简文帝《艳歌篇》中曾描写倡女（以歌舞娱人的女子）：“分妆间浅靥，绕脸傅斜红。”这里提到了“面靥”和“斜红”两种面饰。这些面饰在魏晋和大唐的表演类女俑脸上都非常常见，如西安博物院藏的十六国时期绘面靥与花钿的女乐伎俑（图12–1）和陕西历史博物馆藏的点面靥的咸

图 12–1 十六国时期绘面靥与花钿的女乐伎俑（西安博物院藏，李芽摄影）

1 李白训：《山东章丘女郎山战国墓出土乐舞俑及有关问题》，《文物》1993 年第 3 期。

2 《张协状元》十一出，丑曰：“我恁地白白净净底……”末曰：“只是嘴乌。”又二十七出丑曰：“愿我捉得一盏粉、一铤墨，把墨来画乌嘴，把粉去（面）门上画个白鹿。”可见丑角是画乌嘴的。

3 北宋地理学家朱彧的《萍洲可谈》卷二载：“先公言使北时，使耶律家车马来迓，毡车中有妇人，面涂深黄，红眉黑吻，谓之佛妆。”

4 （陈）徐凌编，（清）吴兆宜注，（清）程琰删补：《玉台新咏笺注》，吉林人民出版社，1999，第 180 页。

图 12–2 屏风胡服乐伎图，脸上饰有斜红和花钿，手上执琴（新疆吐鲁番阿斯塔那张礼臣墓出土，新疆维吾尔自治区博物馆藏，动脉影摄）<

图 12–3 《舞蹈女伎图》，梳有夸张的鬟髻，脸上饰有额花与黑色面靥（陕西礼泉昭陵韦贵妃墓出土）>

阳平陵十六国女乐伎俑，非常明确地为我们展示了十六国时期乐伎俊扮的妆容形象，她们的脸上都有很夸张的红色面靥。唐代这类装扮就更多了，并且对当时的生活妆容产生了深远的影响（图 12–2）。至于各式新巧的眉形和眉色就更是层出不穷，眉妆一直是中国古代女子俊扮的重头戏。如唐万楚《五日观妓》“眉黛夺将萱草色，红裙妒杀石榴花”中提到了翠眉；薛逢《夜宴观妓》“愁傍翠蛾深八字，笑回丹脸利双刀”中提到了八字眉；唐代诗人张籍《倡女词》“轻鬓丛梳阔扫眉，为嫌风日下楼稀”中提到了阔眉；白居易《代书诗一百韵寄微之》“征伶皆绝艺，选伎悉名姬……风流夸堕髻，时世斗啼眉”中提到了啼眉等，不胜枚举。由于歌舞乐伎的职业便是以色、艺娱人，因此，她们的妆扮往往会比生活妆容更加浓艳和强烈，装饰性更强，以增加表演的视觉效果，这对成熟之后的戏曲俊扮妆容产生了深远的影响。

男性乐伎的俊扮与女性是并行发展的，也是以敷粉施朱描黛为主，只是记载相对较少，但图像并不少见。如嘉峪关魏晋一号墓宴饮奏乐壁画和宴乐画像砖以及酒泉丁家闸后凉—北凉宴居壁画中[1]，可以看到男女乐伎均在嘴唇上涂有红色的胭脂[2]；西安唐苏思勖墓伎乐壁画中的男乐伎则在脸颊均涂以胭脂。河北宣化张家口辽墓壁画中也有大量的男性乐伎形象，很多都是脸涂胭脂，黛画双眉，头戴簪花幞头[3]。

2. 戏曲俊扮的成型：宋元时期素面与花面的分化

到了宋金杂剧时期，演出的重点延续前代优戏的传统，以滑稽调笑为主，这决定了剧中女性人物出场较少，还没有形成南曲戏文与北曲杂剧里生、旦或正末、正旦并立互重的角色体制。因此，这一时期的戏曲化妆主要以副净、副末敷粉涂墨的

1 甘肃省文物考古研究所编：《酒泉十六国墓壁画》，文物出版社，1989，第 67 页。

2 朱彦霖：《浅析苏思勖墓壁画〈乐舞图〉》，《教育观察》2017 年第 11 期。

3 河北省文物研究所：《宣化辽墓壁画》，文物出版社，2001。

花面为主，其他角色则基本沿袭生活化妆。

宋代南戏第一次开始在舞台上表现完整的人生故事，不再和其他伎艺表演相混合，演员开始通过歌唱来叙事抒情、表达心境、发展剧情、渲染气氛，以生、旦独唱为主的角色扮演终于成为戏曲主流，出现了七个角色行当，中国戏曲的成熟形态开始形成。于是，戏曲化妆术开始正式分野，分为素面容妆和花面容妆两种类型。素面又称“本脸”“洁面”，主要用于生角和旦角；花面又称“粉墨化妆”，主要用于丑角和净角。素面化妆一般不用浓重和对比强烈的色彩与线条来达到夸张演员脸部造型的目的，而是以美化演员形象为主，故称俊扮。南戏中生、旦角色扮演的人物都要用俊扮，正面与反面人物都是一样，即所谓“千人一面”[1]，这一传统也被后世戏曲一直沿袭，标志着戏曲俊扮的正式成型。但是这时南戏里的全部角色都由男艺人充任，包括旦角，男艺人主要靠戴首饰头面来装扮妇人，关于俊扮的容妆记载还很少。宋末元初词人张炎《满江红》词题“赠韫玉，传奇惟吴中子弟为第一”中有对南戏吴中男伶艺人的妆扮评价：“傅粉何郎，比玉树琼枝谩夸。看□□东涂西抹，笑语浮华。”

到了元代，女艺人的数量大量增加，甚至元杂剧中女扮男的也颇多，戏曲俊扮进入一个崭新的阶段，在旦角化妆上，有了明确的特征记载。元代夏庭芝《青楼集·李定奴》载：“凡妓，以墨点破其面者为花旦。”唐宋时期的贵族妇女以及勾栏女伎，常饰以黑色的花靥，叫作“面花子”（图12–3），亦称“鱼媚子”[2]。黑色面花可显脸白，这在欧洲古代女子脸上也常使用。《太和正音谱》“杂剧十二科”，内有“烟花粉黛”一科，注云：“即花旦杂剧。”可知花旦多是扮演年轻女子特别是青楼女子之类人物的角色。元杂剧的花旦角色，即因这一化妆特征而得名。[3] 马致远的《破幽梦孤雁汉宫秋》第一折里描写汉元帝（正末）所见到的王昭君（正旦）妆扮便是：“将两叶赛宫样眉儿画，把一个宜梳裹脸儿搽，额角香钿贴翠花，一笑有倾城价。”这里的“香钿贴翠花”便是指贴在额角的点翠面花。此外，元杂剧女演员的妆容中，还出现了结合水纱贴片子的方法，当时叫作裹皂纱片。元人高安道《嗓淡行院》中描写女艺人：“一个个青布裙紧紧的兜着奄老，皂纱片深深的裹着额楼”[4]，“额楼”即额头。这种头裹皂纱片的形象，在山西右玉县宝宁寺水陆画中有所表现（图12–4）[5]，左1女艺人头上就是这样装束：额部片子被皂色水纱紧紧勒裹，两侧在下巴下面打结。这可被看成是后世戏曲里贴片子包头的最早实践，是女子俊扮的一项跨越式的进步，对于修饰女性脸型起到了关键的作用。脸上的胭脂妆粉呈典型的“三白妆”俊扮，即额头、鼻梁和下巴三处敷以较厚的白粉，双颊则施以胭脂。旁边的俊扮男艺人脸上

1　张连：《中国戏曲舞台美术史论》，文化艺术出版社，2000，第315页。

2　（元）脱脱：《宋史·五行志》，中华书局，1977，第1429页。“淳化三年，京师里巷妇人竞剪黑光纸团靥，又装镂鱼腮中骨，号‘鱼媚子’，以饰面。”

3　（元）夏庭芝著；孙崇涛，徐宏图笺注：《青楼集笺注》，中国戏剧出版社，1990，第225页。

4　隋树森：《全元散曲（下册）》，中华书局，1991，第1110页。

5　山西省博物馆：《宝宁寺明代水陆画》，文物出版社，1985，第162页。

图 12-4 山西右玉县宝宁寺元代水陆画“往古九流百家诸士艺术众”中女艺人（上）和男艺人（下）形象 ∨

图 12-5 山西省洪洞县明应王殿“忠都秀作场”元杂剧图 ∧

也是同样的“三白妆”，头戴朝天幞头。

元代男子俊扮最主要的特色是假髯和眉妆的性格化使用。在山西省洪洞县明应王殿“忠都秀作场”壁画中（图 12-5），前排左一画齿状浓眉、挂连鬓圆口髯、勾白眼圈者，胸部裸袒者明显为一发乔角色（滑稽角色），属丑扮；后排左三人物则用重墨画眉，作卧蚕式，挂满髯，眉与眼间涂有白粉，明显增添了男性人物的英武之气，类似后世的净扮；中间人物着圆领大袖衫，头戴展脚幞头的就是主角“忠都秀”，眉清目秀，面容姣好，学者廖奔认为其系女演员扮演[1]，面妆为傅粉施朱的俊扮；前排右一挂三绺髯，图中甚至清晰地表现出假髯的铁丝，其眉毛也进行了加重上挑的描画，但不似后排左三人物那般夸张，显得老成持重，属于俊扮的末。这四个男性人物运用了三种不同的假髯，四种不同的眉形，鲜明地体现出四种不同的人物外貌特征。

在元杂剧和小说中，也多喜用不同的眉形和须髯特色来表现人物，如元杂剧《单刀会》中描写关羽便是“赤力力三绺美髯飘”“将那卧蚕眉紧皱”。杂剧《谢天香》中钱大尹自称“老夫自幼修髯满部，军民识与不识，皆呼为波厮钱大尹”。元代成书的《金莲正宗记》描写吕洞宾是“龙姿凤目，鬓眉竦秀，美须髯。”[2]元杂剧《任风子》[耍孩儿] 一折中描写求全保命的普通民众则是“贯串着凡胎浊骨，使作着肉眼愚眉”。《望江亭》中的谭记儿预出家前便“罢扫了蛾眉，净洗了粉脸，卸下了云鬟”。《南村辍耕录·盗有道》中还记载一则一个侏儒盗贼借用优人的假髯并踩跷去行窃获得成功的故事，非常生动：“后至元间，盗入浙省丞相府。是夕，月色微明，相于纱帷中窥见之，美髭髯，身长七尺余。时一侍姬亦见之，大呼有贼，相急止之，曰：‘此相府，何贼敢来？’盖虞其有所伤犯故也。纵其自取七宝系腰、金玉器皿，

1 廖奔：《宋元戏曲文物与民俗》，中国戏剧出版社，2016，第 202 页。

2 胡道静等：《道藏要籍选刊（六）》，上海古籍出版社，1989，第 639 页。

席卷而去。翼旦，责令有司官兵肖形掩捕，刻期获解。沿门搜索，终不可得。越明年，才于绍兴诸暨州败露。掠问其情，乃云：‘初至杭，寓相府之东，相去三十余家。是夜，自外大醉归，倒于门外。主人扶掖登楼而卧，须臾，呕吐，狼藉满地。至二更，开楼窗，缘房檐，进府内。脚履尺余木级，面带优人假髯。既得物，直携至江头，置于白塔上，复回寓所。侵晨，逻者至，察其人，酒尚未醒，酣睡正熟，且身材侏儒，略无髭髯，竟不之疑。数日后，方携所盗物抵浙东，因此被擒。’”

3. 戏曲俊扮的发展：清代生角普遍勒头吊眉眼

从明代开始，中国戏曲逐渐步入鼎盛。折子戏的形成大大促进了戏曲角色行当的分化与独立，戏曲舞台审美基点从以剧本为中心转化为以艺人为中心，因此剧作家会更加关注角色的装扮，编写剧本时对角色的扮相也会做出相关说明规定。如《全明杂剧》在交代角色出场时，往往会简单提示角色的装扮，如女子装扮用“女妆”“妓妆”“尼妆”等表示，人物的淡素装扮常用“淡妆”“素妆”“素衣”“素袍”等来表示。此外，还有“艳妆”“晚妆”“雅妆”“病妆”“新妆”“仙妆”等的服饰装扮提示。[1]但是关于化妆的细节提及得还非常少。如《牡丹亭》第七出“闺塾”描写杜丽娘：“素妆才罢，款步书堂下，对净几明窗潇洒。”第九出“肃苑”写小春香“侍娘行，弄粉调朱，贴翠拈花，惯向妆台傍。”对于化妆的具体形态很少描写。总体来讲，明代女子的戏曲装扮还是以清新淡雅为主。明末文人朱隗与其他江南文人学士共同观看《牡丹亭》演出，曾作有《鸳湖主人出家姬演 < 牡丹亭记 > 歌》记述昆曲家班伶人雅致的表演，其中关于伶人的妆扮描述有“氍毹只隔纱屏绿，茗炉相对人如玉。不须粉项与檀妆，谢却哀丝及豪竹。萦盈澹荡未能名，歌舞场中别调清。态非作意方成艳，曲到无声始是情。”这描绘了明代昆曲艺人容妆的淡雅与丝竹伴奏的清幽。

在清代早中期的剧目选本中，对于妆容的描写与明代差别不大，且此时的戏曲插图多为黑白线刻本，也很难体现妆容信息，但剧本中对于男性的髯口形态则有了较为详细的描绘。以记载清代昆曲“穿关”与“科介”为特色的《审音鉴古录》为代表，其中就有“末黑短胡”“老生白三髯”“净……黑满髯”“丑……八字须”“净……不用画须本髯妥”“净……四喜白须”“外白满髯”“正生……黑三髯”“外黑髯”[2]等描写，说明此时戏曲扮相的髯口设计已基本成熟。

到了晚清，随着大量绘制精美的彩色戏画的存世，通过图像我们可以清晰地看出此时戏曲俊扮有了飞跃式的进步，那就是确立了勒头吊眉眼在美化人物造型上的重要作用，并首先在生角中广泛使用。同时，旦角的头饰和发式等方面也进行了一系列的改进和提高。

生角扮戏首先要干净，扮戏前要剃头刮脸，鬓角、前后发际都要剃干净，扮出戏来才能美观提气。随着戏曲妆扮向精致

1　宋俊华：《中国古代戏剧服饰研究》，广东高等教育出版社，2011，第 83 页。

2　（清）佚名：《审音鉴古录》，学苑出版社，2003，第 67、137、253、400、420、439、697、746、881 页。

化与程式化的发展，生角开始追求剑眉星目，这就要借助“勒[l ē i]头”技术来实现。从晚清的戏画上看，所有生角演员都已经使用“勒头”来吊眉眼了，因此都是立眉立眼的形象。只是这时眼妆还很克制，但眉妆一定是描画过的剑眉。“勒头”是戏曲行话术语，属于中国戏曲独有的一种“变形取神”的手段，有点类似现在医美的“拉皮”术，只是早期主要集中于眉眼部位的上提。勒头需要用到勒头带和水纱联合操作，戏曲所用的“勒头带”是一根宽 2~3 厘米，长 2~3 米的纯棉黑色织带（大多与角色的发色同色，黑发内用黑色勒头带，老生白发内使用白色勒头带），演员在妆扮过程中将勒头带中心以额前发际处为起点，向后环绕头部并向前交叉，以眉尾和眼梢为重点向上提拉，牵引住皮肤使眉眼上吊，再环绕头部在后枕骨下打双扣系紧固定。之后还要再缠绕湿的“水纱”使其与面部妆容衔接服帖，并起到干后塑形收紧的作用。[1]演员一般在完成面部化妆后再进行“勒头”，之后再进行梳发戴饰的环节。勒头不仅可以使松弛的皮肤绷紧，使演员眼珠更多地显露，睁大时英气逼人，连人物内心的细微变化也可以通过眼珠微小的转动得以清晰反映，使面部神情瞬间神采飞扬。勒头还能配合表演动作固定发饰和帽饰，在戏曲妆容环节中起到了至关重要的作用，属于“灵魂式”的存在。从清代升平署戏画（图 12–6）和沈容圃绘的《同光十三绝》[2]中的人物形象来看，清代生角的妆扮最重要的环节就是勒头，立眉立眼的形象和元代的“忠都秀”扮相已大相径庭。升平署戏画和《同光十三绝》同绘于光绪朝，但前者是清内廷如意馆画师绘制，沈容圃则是民间画师，两者所见演员扮相略有不同。升平署戏画的生角脸上脂粉似略浓重一些，比较红润。《同光十三绝》的妆面则比较清淡，虽然也会敷粉，但往往淡到连青胡茬也能看出来，被称为“清水脸”。

图 12–6　清代升平署戏画中的小生“白俭”（左），俊扮；渭水河中的文王（右），老生，俊扮，挂“黪三髯”

1　有关勒头的历史沿革及操作方法的详细论述可参考林佳：《以形传神，臻于至善——戏曲“勒头”的探析》，《服饰导刊》2022 年第 4 期。

2　《同光十三绝》是晚清画师沈容圃绘制于清光绪年间的工笔写生戏画像，该画作参照清代中期画家贺世魁所绘《京腔十三绝》中的戏曲人物，用工笔重彩绘制而成。该画绘有老生、武生、小生、青衣、花旦、老旦、丑角，均是画家选择的清代同治、光绪年间徽调、昆腔的徽班进京后扬名的 13 位著名京剧演员。

图 12-7　沈容圃绘《同光十三绝》中朱莲芬饰演的陈妙常（后排左一），属于旦角俊扮，发髻应属包头戴饰；杨月楼饰演的杨延辉（后排右一）、谭鑫培饰演的黄天霸（前排右一）、卢胜奎饰演的诸葛亮（前排左一），都属于生角戴盔头，两个老生分别挂白三髯和黑三髯 ∧

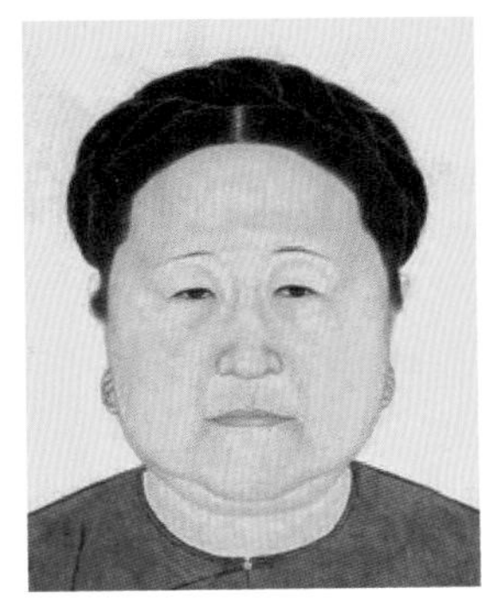

图 12-8　孝庄文皇后盘发像（局部）（故宫博物院藏）∨

图 12-9　清初旗人包头命妇像，包头上装饰了一大二小三个小簪，属于素朴的款式（美国史密斯学会藏）∨

图 12-10　康雍时期宫廷旗人命妇像（美国史密斯学会藏）∨

像文王、黄天霸和杨延辉，眉心还画有印堂纹，中、老年角色则要挂髯口（图 12-7）。再配上各式盔头，装扮的不同身份便呼之欲出。从图像上看，清代生行的盔头形态与勒头技法与今天已基本一致。

清初民间职业戏班的旦角，俗称“包头”，之所以叫“包头”，一说是因为早年装扮时头部要戴发网子[1]。但据笔者考证，“包头”原是旗人的一种头饰，旗人将在女人们头上包系的，经过特别编织的青绫和绉纱称为包头，后来便将佩戴“包头”的这种发式也称为“包头”，又因为佩戴“包头”一般以“盘发”为基础，故而民间也合称“盘发包头”。满洲的先人原本惯于辫发，习惯将辫子以圆形盘于脑顶，再用发簪等加以固定（图 12-8）。清初的不少旗人女性容像，也均是梳用了盘发包头（图 12-9）。而在比较正式的场合或者在戏曲当中，则往往会动用许多大型簪花进行装扮，十分华丽（图 12-10）。

1　清人蕊珠旧史所撰《梦华琐簿》载：“俗呼旦脚曰‘包头’，盖昔年俱戴网子，故曰‘包头’”。

图 12–11 沈容圃绘《同光十三绝》中梅巧玲饰演的萧太后，属于旦角俊扮戴太后钿 <

图 12–12 沈容圃绘《同光十三绝》中余紫云饰演的王宝钏，属于旦角俊扮贴小片梳“大头” >

但包头这种妆容方式并不利于修饰演员的脸型，造型上还需要大量的真发，对于清朝剃头的男旦来说着实是有难度。于是，在乾隆年间，来京献艺的四川秦腔演员魏长生，为了克服男旦在梳妆上的短板，在容妆上创造了两种技巧：一是采用了“梳水头”。所谓“梳水头”，据梅兰芳先生推测：“可能就是现在舞台上的梳大头、贴片子。这种化妆方法，对改变面型有很多便利，这种方法是何人创始，不能臆断，但也可以设想是男演员的发明。因为男演员对改变面型的要求是更为迫切的。魏长生之所以能扮得‘与妇人无异’，和化妆上的梳水头是有密切关系的。”[1]笔者认为其很可能是用刨花水梳出整洁的假髻，发髻结实而且发丝纹丝不乱，再结合缠水纱和贴片子，故称水头。从图像上看，早期的片子主要是贴在上额部，位置普遍比较高，有“小弯”造型，也有“方额”造型，但都会露出演员饱满的额头。“梳水头”装扮起来很出效果，对于男旦来说不啻是一场革命。二是在鞋底上装跷，即用木制小脚绑在演员脚上，模仿妇人小脚走路的娉婷姿态。[2]早期南戏里因为男旦的脚无法缩小，所以科诨中老是拿脚来开玩笑，踩跷很好地解决了这个问题。于是“乱弹部靡然效之，而昆班子弟亦有倍（悖）师而学者”[3]，以至于带来了“蹈跷竞胜，坠髻争妍”[4]的局面。故清人焦循在《哀魏三》中夸奖魏长生：“善效妇人装，名满于京师。”另外，清代满族妇女的典型发式“两把头”及其上面戴的“旗头”，自清后期也被引入戏曲舞台旦角妆容中，逐渐成为表现番邦女子的典型头饰（图 12–11）。

清代的旦角俊扮我们从《同光十三绝》和升平署戏画中可以看到其形制，那时的

1 中国戏剧家协会：《梅兰芳文集》，中国戏剧出版社，1962，第 331 页。

2 《梦华琐簿》载：“闻老辈言，歌楼梳水头，踹高跷二事，皆魏三作俑，前此无之。故一登场，观者叹为得未曾有，倾倒一时。”

3 （清）沈起凤：《谐铎·南部》，大达图书供应社，1934，第 130 页。

4 （清）小铁笛道人《日下看花记·序》，摘自：张次溪：《清代燕都梨园史料·正续编（上）》，中国戏剧出版社，1988，第 55 页。

旦角眼妆延续着中国古代生活妆的画法，基本上属于素眼朝天的形式，只在眼眶上淡淡地施一点点红晕；面部明显能看出敷粉，但胭脂都抹得很淡；“戏班里旧规矩旦角不吊眉”[1]，即不勒头，因此眉形和生脚差别很大，萧太后的眉形比较平直，其余几位微微有些上挑，“升平署戏画”里则很多旦角的眉毛弯如月牙[2]；唇部流行只妆下唇，萧太后和王宝钏（图 12–12）只点一红色圆点，升平署戏画中的旦角也多是如此，陈妙常下唇妆会横向稍拉长一些，总体都是迎合日常审美中的“樱桃小口”，晚清生活妆也大多是如此画法，戏妆与之并没有太大差异。

在 19 世纪后期，由于梅巧玲年岁日高，脸上皱纹日益增多，扮戏时就发明了一种人工补救的办法，“用长约五六尺之黑纱包头一条，命梳头的伙计将此包头拉紧，等他以两手用力把皱皮和抬头纹向上推揉的当儿，包头之人遂将包头展开，向上提一次，就用纱包头用力紧缠一次，重复若干次，直等脸上皱纹全瞧不见了方算完毕。”[3]这便是旦角“勒头”最早的记载，但辛亥革命之前并不普及。

4. 戏曲俊扮的成熟：民国时期的旦角容妆改革

清代旦角的容妆主要体现在头饰上，脸部的容妆和生活妆差别不大。到了民国时期，戏曲的旦角容妆经历了一次巨大的变革，最终走向成熟。上海的冯子和等人是最早动手改革的，而把它完成的则是梅兰芳。

戏曲容妆的变革最先发生在上海，这是因为舞台化妆的演变主要受两方面的影响：一是剧场照明条件的改进；一是社会审美风尚的变化。在这两方面，上海都是开风气之先的。早期戏曲的生、旦容妆都较清淡，这同戏曲多在白天演出，靠自然光照明有关。上海于 1908 年起建造新式舞台，开始采用电灯照明，由于演出照明度的加强，舞台光线由暗变亮，强光之下容妆的色彩和线条必须相应地增加浓度才能显现出来。此外，上海在民国时期被称为“小巴黎”，时髦女性较早受西式化妆的影响，开始画浓重的眼妆，将点染樱桃小嘴改为饱满的性感大红唇。这些变化，都间接影响了戏曲演员的化妆方法。其中最早进行革新的就是当时上海的冯子和，他被称为“唱旦的革新家”[4]，从 1913 年出版的《春航集》卷首的一张青衣剧照（图 12–13）上可以看到，冯子和不但在描眉、画眼、涂唇上已有所改进，而且开始使用贴在脸

图 12–13　冯子和饰《三娘教子》中的王春娥

1　梅绍武：《我的父亲梅兰芳》，文化艺术出版社，2011，第 48 页。王明华说这句话的时候是 1910 年，梅兰芳时年 17 岁，正计划尝试在妆扮中吊眉。

2　杨连启：《清升平署戏曲人物扮相谱》，中国戏剧出版社，2016。

3　徐慕云：《梨园外纪》，三联书店，2006，第 119 页。

4　周信芳：《皮黄运动话“东方”》，《梨园公报》1930 第 9 期。

侧的“直条大鬓”了，这是旦角容妆的一个巨大进步。“直条大鬓”加上原有的“小弯”，现代旦角化妆用的片子才算完备。片子一般用真人头发制成，呈深黑色，贴时蘸刨花水，在脸上贴的部位可高可低、可前可后、可直可曲，对旦角演员面部可以进行很好的衬托，还可以调整轮廓和面部比例，是继“勒头”之后戏曲妆容“变形取神”的又一大创造。

上海的戏曲容妆改革给了梅兰芳很大的启发，他在此基础上继续进行新的推进，在总结前人经验的基础上形成了自己的风格，并最终使旦角容妆走向成熟与完善：

①把“小弯”片子与“直条大鬓”结合，将旦角脸型由方脸调整为鹅蛋脸，并将之广泛运用于旦角。“最早北方的青衣闺门旦、花旦，片子贴的部位，比现在又高又宽，往往会把脸型贴成方的。如果鬓边贴出一个尖角，内行管这叫‘大开脸’。头上再打个‘茨菇叶’，那就是地道的青衣扮相了（图 12–14[1]）。”[2] 梅兰芳之前，“青衣很少用‘小弯’片子，经过梅的倡导，不论青衣、花旦、刀马旦，统一都开始用‘小弯’了，并且数量由原先一个或三个发展为五个或七个，大大丰富了旦脚额部的线条变化，并同生、净等脚色的额部线条明确地区别了开来。”[3]

②开始强化眼妆及勒头吊眉。“从前北方的旦角，不讲究画黑眼圈，淡淡画上几笔就算了事。”[4] 梅兰芳受当时冯子和、七盏灯（毛韵珂），还有到过北京的贾碧云、林颦卿等男旦的影响，发现“以上这几位的眼圈，都画得相当的黑，显得眼睛格外好看有神。”[5] 于是也在眼妆上频下功夫，一改中国传统轻视眼妆的习俗，不仅设计了很美的黑眼圈，而且改变了旦角不吊眉的习惯，与生脚一样勒头吊眉（图 12–15）。[6]

③创制了“古装头”，将之发展为京剧继大头、旗头之后的第三类女性发型。在梅之前的传统戏曲中，旦角的发髻基本上只有两种：一是“大头”：前额七个小弯片，两鬓各一大绺，戴黑色鬃网子，发髻挽于脑后，黑色线帘子后垂及小腿肚，并分出两小绺垂于胸前，多用于汉族女子；二是旗头：后梳燕尾，戴黑色鬃网子，头顶戴大拉翅，多用于藩邦女子。梅创制的各种新型的发式和头饰，统称为“古装头”。其特点是：用真发头套代替线帘子，长度及腰，发髻绾于头顶，髻形有吕字髻、海棠髻、品字髻、编髻等，既可以正着梳，也可以歪着梳。古装头样式相比大头更为轻便，更有利于梅兰芳新戏载歌载舞的表演形式。梅先生通过大胆的创造把中国古代绘画中高髻云鬓的仕女再现在了舞台上，使戏曲舞台上的女性形象丰富了起来，慢

1 杨连启：《清升平署戏曲人物扮相谱》，北京：中国戏剧出版社，2016，第 215 页。

2 梅兰芳：《舞台生活四十年》，北京：中国戏剧出版社，1987，第 224 页。据书中介绍“我祖父表演的时代，不用说，正是这种贴法。就连陈老夫子的早期，也还是‘大开脸’呢。等我搭大班演唱以后，才慢慢地有了变化，就往当年闺门旦贴片子的路子上改了。”

3 龚和德：《舞台美术研究》，中国戏剧出版社，1987，第 285 页。本小节关于梅兰芳戏曲妆容改革的大部分观点参考龚和德先生的这本书。

4 梅兰芳：《舞台生活四十年》》，中国戏剧出版社，1987，第 224 页。

5 同 4。

6 周健尔：《艺苑漫步 · 伊兵与戏剧》，中国戏剧出版社，2004，第 279 页。

慢就积淀为戏曲传统旦角发型的一个重要类别。[1]

④推崇清新淡雅的装饰风格。传统的戏曲装扮倾向于铺锦列绣、色彩艳丽，其目的是要和生活装扮拉开距离，追求一种错采缕金、渲杂丹黄的美。而梅兰芳设计的新式古装造型则转而追求清新淡雅，清水出芙蓉之美。如扮葬花的林黛玉和浣纱的西施（图 12-16），头部主要追求髻形的美感，首饰用得很少，服装则用料轻柔，色彩淡雅，整体装扮使人物显得格外清新脱俗。这种新的装饰风格，是对传统的一种拓展，使得戏曲的装扮，也呈现出一种浓妆淡抹总相宜的丰富性。梅兰芳的改革，不仅影响了京剧，也影响了其他地方戏曲，使得当时许多演员都能够利用容妆技术来改变自身的部分先天身体条件，戏曲舞台形象的塑造因此变得更加唯美了。

民国时期戏曲容妆还有一个很大的推进是由用粉彩改为用油彩，其具体起源于哪一年没有找到明确的记载，但据梅兰芳先生的讲述，在 1916 年已经普遍使用油彩了。有一些红生，如三麻子（王洪寿）还会用银朱勾脸。[2]粉彩画的容妆由于材料性质的原因一般比较清淡，但油彩的覆盖力强，容妆色彩浓郁醒目，造型能力大大高于粉彩，其应该是伴随着新式舞台电灯照明的出现而出现的。

生脚的俊扮在油彩的使用上与旦脚同步，但会更注重原本眉毛与妆后眉毛的结合，他们会用修剪或者粘粘的方式让眉毛一体化。马连良先生眉毛长容易出岔，便一赌气把自己两根眉毛全部刮光了，“这一来再用油黑草纸描成，勒上头吊起来，两道眉毛自然是奕奕英姿，显得特别黑大光亮了”[3]，可见这时的艺术家们对妆容形象的要求已经很讲究了。

图 12-14　升平署戏画中头打“茨菇叶”的武旦花碧莲，眉心还有一抹红色花钿 <

图 12-15　1948 年，梅兰芳在京剧电影《生死恨》中饰演韩玉娘 >

图 12-16　梅兰芳饰《黛玉葬花》中的林黛玉，妆扮清新淡雅 >

1　梅绍武：《我的父亲梅兰芳》，文化艺术出版社，2011，第 77-78 页。据梅绍武讲述，古装扮相是梅兰芳、齐如山和王明华共同创作的结果。

2　梅兰芳：《舞台生活四十年》，中国戏剧出版社，1987，第 250 页。

3　吴晓铃，马崇仁：《马连良艺术评论集》，中国青年出版社，2001，第 104 页。

图 12-17 彩色戏曲片时期，京剧《白蛇传》中李炳淑扮演的白娘子 <

图 12-18 音配像和像音像时期，京剧《贵妃醉酒》中李玉茹扮演的杨贵妃 >

5. 戏曲俊扮的精进：当代材料、技术与新媒体的注入

自戏曲成熟以来，主要的传播途径还是舞台和现场演出，因此传统戏曲容妆有个最基础的要求就是“打远”（远看效果好），妆效会偏浓烈，细节也不是太讲究。但是随着 1948 年我国拍摄了第一部彩色影片——梅兰芳先生主演的京剧《生死恨》(图 12-15)，以及后来电视、高清 3D 电影等新媒体与戏曲的结合，对戏曲容妆提出了新时代的新要求，容妆师们为了符合新媒体近距离大屏幕呈现的需要，对戏曲容妆从各个方面进行了各种形式的新探索和新尝试，将戏曲俊扮的技术与效果发展得更加精进。

《生死恨》之后的四五十年间（即 20 世纪 40—80 年代），一些戏曲电影电视作品开始呈现，统称为彩色戏曲片。这期间俊扮的容妆风格相比以往的戏曲舞台妆而言，最大的变化是面红（红胭脂）面积的缩小与色度的减弱，底色从偏粉白到偏粉黄自然，有一些实景的彩色戏曲片用了接近影视自然底妆的效果，再结合勒头吊眉来加强眉眼的戏曲线条感，整体妆效的饱和度和对比度都比之前舞台妆降低了很多。这可能和此时戏曲服饰造型偏古装，并受显像技术特性影响有关（图 12-17）。

20 世纪 80 年代到 21 世纪初，是戏曲的音配像[1]和像音像[2]时期，这期间整理拍摄合成了几千部优秀戏曲作品，基本以舞台纪录片的形式呈现。这时期的戏曲俊扮面红除了忌高纯度的大红、玫红之外（因为偏冷的红色在镜头里显黑显脏），妆效基本又恢复与舞台妆一致，底色偏肉粉色，面红面积较大。戏曲面红的使用是极具中国特色的，画的时候眼影处最红，然后逐

1 原来的老艺术家由于时代原因没有能够留下视频录像，只留下了原声，为了弥补这种遗憾，由后辈艺术家配像，结合原声表演，重新制作，呈现在舞台上的戏曲表演形式，这个就叫作音配像。

2 就是精选当代优秀中青年演员的代表剧目，采用现代科技手段，先在舞台取像，然后在录音室根据录像配音，最后再由演员本人为自己的录音作音配像，经过复制合成，使音和像都达到最佳的效果。

图 12–19　画有印堂红的戏曲小生（上“元宝”，下“通天”）

渐扩散到两腮慢慢变浅，最终的效果是突出鼻子和额头浅色 T 区的立体感。从黑白灰明度关系来说，就是让眼窝更深邃，五官更立体。西方人画眼影一般以棕色系为主，也有彩色的，总之会和腮红的色相区分开，但中国戏曲的眼影和腮红统一都用红色系，在面妆中如此大胆而浓烈的对红色进行应用，在任何其他文化中都不曾有过。中国在唐朝曾有过，叫酒晕妆，但那时还是忽视眼妆的，而且红色最浓烈的位置在脸蛋上，因此，脸部的立体感和神采都不够强烈。戏曲妆容经过调整后，色彩虽然依旧浓烈但并不艳俗，这一来是色彩单纯的力量导致的，二来也是增强眉眼的效果导致的（图 12–18）。

戏曲小生在眉心还画有印堂红。印堂红的作用是使男性角色看起来精神、硬朗，有一种阳刚之美，可以体现生角的身份和生命力，也是为了和旦角的俊扮区分开。印堂红可以说是生角的“血条”，生命力越旺盛，颜色越鲜艳。一般有两种画法，文生一般画形似半圆小桥的“元宝”，武生一般画一条红杠，类似“人”字形状，使得人物看起来非常英武，也叫“蜡扦”或者“通天”（图 12–19）。

21 世纪 10 年代之后来到了高清 3D 电影时期，影视作品出现了 4K、8K 等高清度，并且还结合了高科技的 3D 效果。这时的戏曲容妆如果延续音配像时期的舞台纪录片风格，在高清大银幕下便显得不够精致，戏曲容妆面临了巨大的考验与挑战。据首批 3D 高清电影工程《霸王别姬》中虞姬的化妆师林佳讲述：“她在创作这部戏曲电影的容妆时，首先根据整体电影景象和灯光效果调整了底妆的基调，用舞台妆的油彩与影视偏油性遮盖力强的粉底膏进行调和，并且区分了俊扮每个行当，主演配演的色度比，妆效在电影镜头下追求干净的同时还要增加灰度和柔光效果；面红则在避免冷色的基础上增加了不同色度、纯度和亮度的红，纯度最高的面红色放在眼眶外侧和鼻中以上，然后往里往下晕染，接近鼻侧影和眉头的位置结合棕红系列侧影，用立体妆面的手法让红色的晕染自然不突

图 12-20 高清 3D 电影时期，京剧《霸王别姬》中史依弘扮演的虞姬＜

图 12-21 史依弘饰演的金镶玉与邱莫言的快速扮相转换设计（服装造型师：蓝玲）＞

兀，并且最大程度地优化演员的面部结构；眉眼的塑造也不用单纯的墨黑色，而是在晕染中加入了紫色、蓝色等丰富了眉眼的灵动感。勒头吊眉的效果增加了牵引纱的处理，让吊眉的着力点不仅在眉眼，并增加了额头、耳旁、耳下，甚至嘴角，使其整体向头顶牵引，用酒精胶结合透明纱的形式调整脸部不同部位的需要，最大程度地优化演员的面部结构，在大屏幕上更有效地提升了戏曲妆效的神韵。还有就是以往舞台镜框式的演出，妆容只追求正面效果，而电影是多机位多角度的，容妆上各角度的衔接都要特别注意，手部、脖子、耳朵都要保证妆效完整，发式头饰造型也是一根头发丝都不能乱飘。”最终上海京剧院的这部 3D 高清电影《霸王别姬》获得了 2015 年国际影像学会“金卢米埃尔奖”。滕俊杰导演在之后的交流中提到：最后 PK 环节，评委组特别赞扬了这部电影戏曲服饰及容妆造型的中式美学做得恰到好处（图 12-20）。

除了容妆上的精进，随着新剧目的不断推出，剧情的多样性与角色表达的丰富性，传统旦角的三大类发式已经不能满足所有人物角色的需要，逐步发展出了一些新的样式。传统的大头片子就是 7 个小弯加 2 根“直条大鬓”贴在鬓角，经梅兰芳改革完善后，基本以贴出鹅蛋脸型为佳，表现女性的典雅端庄。但随着新编剧目的不断创作发展，人物角色的多样性使片子的贴法也变得丰富多彩。一是花片子，就是把小弯梳理成型后，用尖头梳或插针间隔挑出镂空效果，再贴在额头上，可以和传统小弯不同数量不同位置进行搭配，还可以结合刘海短发，小片子的虚实再与“直条大鬓”的不同块面组合，或表现妖娆，或表现俏皮，或表现风情等，带来更丰富的造型效果。二是片子与发式的混搭组合，有七小弯的大头片子配上古装发套发髻，相比搭配古装片子，人物气质会更显端庄，也有古装片子结合大头线帘子造型的，或者在七小弯的中间片子上再叠加刘海短发，人物造型会更显年轻化。三是大量使用鬏网子代替真发头套，再搭配不同的古装发髻。鬏网子相比古装头真发头套更饱满更有支撑力，也更方便佩戴各种饰品，表演时更整洁不容易有发丝散落。四是配合各种赶场赶装的需要制作一体化整体头套，有把额头与鬓发一同制作进去的，也有里面贴片子，再戴一体化造型的头套，这样能保证在几分钟或者几十秒内，快速切换不同的人物造型，这个难点就在于每一部分的位置都要贴合演员，并且在赶装的过程中保证牢度。京剧《新龙门客栈》中，生角邱莫言里层吊眉勒水纱，头上戴帽子，去掉帽子外面套一体化头套，几十秒变旦角金镶玉（图 12–21）。

总之，中国戏曲俊扮滥觞于早期的歌舞乐伎妆容，伴随着戏曲的发展而由简单走向成熟：宋元时期，戏曲容妆术开始正式分为素面和花面两种类型，女演员中已经出现了贴片子包头的方法；戏曲俊扮的灵魂——勒头吊眉眼则是在清代确立的；民国时期，戏曲的旦角容妆经历了一次巨大变革后终于走向成熟，梅兰芳是集大成者；步入当代，戏曲俊扮为了适应新媒体新剧目的需要而越发精进，在材料和技法上都有了进一步的发展和突破。

三、戏曲丑扮化妆

中国的丑扮起源很早且非常重要，原因是中国戏曲早期主要是以滑稽调笑的形式为主，这也奠定了中国戏曲的基本喜剧格调。

1. 戏曲丑扮的前身：巫傩面具中的俗丑之相与先秦至唐五代的优人妆扮

戏曲丑扮脸谱一般认为有两个源头：一个是据学者周华斌研究，丑扮脸谱渊源于上古巫傩面具中的俗丑之相[1]。这类面具并不用于正统严肃的祭礼中，而是广泛存在于社火和新年民俗活动中，属于“娱戏”的一部分，和丑扮外形相似、文化内涵相连、存在着血缘联系，故被认为和丑扮脸谱同脉相连（图 12–22）。这点周先生的论文中已经进行了详细阐述，故在此不再赘述。

丑扮的另一个源头则是先秦古优的妆扮。徐珂《清稗类钞》载：“丑角以优孟、曼倩为先声。”晚清俞樾《余莲村劝善杂剧序》曰：“今之杂剧，古之优也。”《中国古代戏剧形态研究》一书说：“古优往往以丑陋的相貌和诡诘诙谐的言语博人主一粲。在这个意义上也可以说古优是后世戏剧脚色‘丑’的前身。”都认为优与丑角之间存在密切关系。可以说，优人就是丑角在戏曲成熟之前的称谓。

早在先秦时期，歌舞奴隶与优戏奴隶便已有了专门职业分工，女乐也叫“倡优”，以歌舞表演为主，她们的妆扮主要以美化仪容为主，是戏曲俊扮的前身；优人也叫“俳优”，是由供人调笑戏弄的侏儒转变而来，他们的妆扮便属于戏曲丑扮的前身，是我们所要探讨的主要对象。优戏在春秋战国时期发展得十分兴盛，但秦代以前的优戏表演，主要是运用戏谑幽默、夸张讽刺等手段来讲故事，使之产生逗人发笑的效果，还只处于低层次，满足于调笑谈谐与插科打诨的语言技巧展示，而不太注重人物妆扮与行动模拟。这类优戏演出，被以后的成熟戏剧吸收以后，就奠定了中国戏曲的基本喜剧格调，充分体现了中国艺术的乐

图 12–22　傩堂戏《甘生赶考》中的秦童娘子（贵州民族文化宫博物馆藏）

1　周华斌：《巫傩面具与戏曲脸谱：兼论中国戏曲脸谱之发生》，《民族艺术》1994 年第 12 期。

感文化特色。

汉魏时期，由于百戏演出类别繁多，优人往往都是多面手，除了滑稽调笑之外，还常常是一人身兼多种伎艺。此时的优人妆扮，文献中专门提到了“敷粉”，并常常“裸袒游戏”[1]。如《魏志·王粲传》注引《魏略》说：“（曹）植初得（邯郸）淳甚喜，延入坐，不先与谈，时天暑热，植因呼常从取水自澡讫，傅粉，遂科头拍袒，胡舞五椎锻，跳丸击剑，诵俳优小说数千言讫。”邯郸淳是三国名士，被称为“笑林始祖”，曹植为了结交他，就先妆扮成优人，表现一下自己的优戏伎艺，其中就专门提到了“傅粉”，但这里的“傅粉”是敷满整张脸，还是局部敷粉，文献中并没有详说。“科头”是指不戴冠帽；“拍袒”则是指脱掉或敞开上衣，类似于“裸袒游戏”，“裸袒”决定了此时的俳优绝大多数都是男性（图12–23）。

到了唐五代，玄宗于开元二年设立教坊和梨园，把倡优杂戏从宫廷雅乐里区分出来，使之得以在一个宽松的艺术框范里独立自由地延展，优戏所需角色日益丰富，致使这时的化妆术积累了丰厚的技艺，依靠化妆便能改变人的外貌，尤其是在性格妆和俊扮方面，可以神奇地化丑为美，近在咫尺也觉察不出[2]。滑稽角色最有特色的则在参军戏中，参军戏基本上有两个主要角色，一为参军，一为苍鹘，参军较为痴愚，苍鹘较为灵动，二人相互戏谑，逗引观众发笑。参军与苍鹘的装扮，于慎行《榖山笔麈》卷十四《杂考》中记载说：“优人为优，以一人幞头衣绿，谓之参军（图12–24），以一人髽角敝衣如童仆状，谓之苍鹘。”参军穿的绿色属于间色，是等级偏低的色彩；“髽角”是古时未成年梳在头顶两旁的丫髻；“敝衣”则是破旧之衣的意思，可见参军与苍鹘的服饰是非常平民化的。在化妆方面，此时尚未形成稳定的表现形式。历史记载中有后唐庄宗李存勖“自为俳优，名曰‘李天下’，杂于涂粉优杂之间，时为诸优扑跌掴搭”[3]。又有记载他“自傅粉墨，与优人共戏于庭”[4]之语。亦有载一演员“墨涂其面，着碧衫子，作神，舞一曲慢趋而出”。其中的粉是白色，墨是黑色。相比于魏时的单纯敷粉，在表现性上明显丰富了很多。

2. 戏曲丑扮的成型：宋金元丑扮的“抹土搽灰”与“乌嘴”“假髯”

北宋以后，优戏被冠之以“杂剧”的名称，也称“杂戏”。宋金杂剧的表演虽然仍以滑稽调笑式的短剧为主，但发生了一个质的变化，即专职杂剧演员出现了。专业化的分工使得杂剧艺人有了精心研磨

1 《辽东妖妇》见《三国志·魏志·齐王芳纪》裴注引《魏书》：“皇帝即位……日延小优郭怀、袁信等于建始芙蓉殿前裸袒游戏……又于广望观上，使怀、信等于观下作辽东妖妇，嬉亵过度，道路行人掩目，帝于观上以为宴笑。”（晋）陈寿，（宋）裴松之，注：《三国志》，中华书局，2005，第98页。

2 《教坊记》补录中有两条记载可供参酌。其一：“庞三娘善歌舞，其舞颇脚重，然特工装束。又有年，面多皱，帖以轻纱，杂用云母和粉蜜涂之，遂若少容。尝大酺汴州，以名字求雇。使者造门，即见，忽为恶婆，问庞三娘所在。庞绐之曰：‘庞三是我外甥，今暂不在，明日来书奉留之。’使者如言而至。庞乃盛饰，顾客不知识也，因曰：‘昨日已参见娘子阿姨。’其变状如此，故坊中呼为‘卖假脸贼’。”其二：“有颜大娘，亦善歌舞，眼重睑深，有异于众；能料理之，遂若横波，其家人不觉也。尝因儿死，哀哭拭泪，其婢见面，惊曰：‘娘子眼破也！’”

3 （宋）薛居正：《旧五代史》卷四十九“庄宗神闵敬皇后刘氏”之“案语”，缩印本《二十四史》册十三，中华书局，1997，第180页。

4 （宋）孔平仲：《续世说》卷六，宛委别藏本。

图 12–23　东汉科头拍袒说唱优人俑，很遗憾色彩脱落，看不出化妆细节（四川郫县出土）<

图 12–24　唐代“幞头衣绿”脸敷白粉的参军戏俑（国家博物馆藏）>

演技的条件，于是，在宋金杂剧里，第一次出现了角色行当[1]，其中的“副净”一般被认为是由唐代参军戏的参军演变而来[2]，在表演中负责“发乔”，即装呆卖傻，其主要任务是与副末打诨以供人逗乐，“务在滑稽”，“皆巧为言笑，令人主和悦”。[3]副末与副净一样都是滑稽角色，都搽白脸，但一般认为，“丑即副净，外（类似老生）即副末”[4]。副净的妆扮与后世丑角有很多共同特征，主要就是想方设法扮丑来取得滑稽的效果。其化妆的最基本特点是“抹土搽灰”，土指黑色，灰指白色（或黄白色）。黑色抹道，故称“抹”；白色搽脸，故称“搽”。此类涂面化妆在北宋时也叫“抹抢”[5]或“抹跄”[6]。

南戏《宦门子弟错立身》第十二出［调笑令］副净角色说：“我这爨体，不查梨，格样全学贾校尉。趋抢嘴脸天生会，偏宜抹土搽灰。”这里的副净化妆便是“抹土搽灰”。杜杰夫《般涉调·耍孩儿·庄家不识勾栏》里记有副净的场上装扮：“一个女孩儿转了几遭，不多时引出一伙。中间里一个央人货，裹着枚皂头巾顶门上插一管笔，满脸石灰更着些黑道儿抹。”这里的“央人货”就是副净，他脸上涂满白色石灰并抹着些黑道，是副净的标准化妆。

1　宋杂剧通常有5个角色：末泥、引戏、副净、副末和装孤。南宋端平乙未（1235）的灌圃耐得翁《都城纪胜》表示，杂剧中末泥为长，每四人或五人为一场。先做寻常熟事一段，名曰“艳段”；次做“正杂剧”，通名为“两段”。末泥色主张，引戏色分付，副净色发乔，副末色打诨，又或添一人装孤。

2　（元）夏庭芝《青楼集》载：“院本始作，凡五人：一曰副净，古谓参军；一曰副末，古谓之苍鹘，以末可扑净，如鹘能击禽鸟也。”陶宗仪《南村辍耕录》卷二五《院本名目》载：“副净，古谓之参军。副末，古谓之苍鹘，鹘能击禽鸟，末可打副净。”王国维在《王国维戏曲论文集中》也说：“唐之参军、苍鹘，至宋而为副净、副末二色。

3　（明）胡震亨：《唐音癸籤》，上海古籍出版社，1981，第160页。

4　（明）胡应麟《庄岳委谈》载：“古无外与丑，丑即副净，外即副末是也。”《文渊阁四库全书》，上海古籍出版社，2003，第439页。

5　（宋）徐梦莘《三朝北盟会编》载：“炎兴下秩”三十五云：“又用墨抹抢于眼下，如伶人杂剧之戏者”。文渊阁《四库全书》351册，上海古籍出版社，1987，第251页。

6　（宋）孟元老《东京梦华录》（外四种）卷七载：“有一击小铜锣，引百余人，或巾裹，或双髻，各着杂色半臂，围肚看带，以黄白粉涂其面，谓之抹跄。”（宋）孟元老：《东京梦华录》，文化艺术出版社，1998，第48页。

图 12-25 抹灰的副净残俑头像（山西稷山县马村一号金墓出土）

朱有燉《宣平巷刘金儿复落娼》之[点绛唇]中也有：“付(副)净的取欢笑，搽土抹灰。”

戏曲文物中提供了不少“抹土搽灰”的例证：如河南荥阳宋石棺墓杂剧线刻中的副净，其左眼有一墨道贯下，其后侧净扮女子，双眼被两道“八”字形线直贯而下。山西稷山县马村一号金墓副净俑头也有相同妆扮，其中一人头戴黑帽箍，两道粗黑墨线呈八字形贯眉眼而下，绛色嘴唇，唇周围涂有黑圈，鼻下有八字胡须，下颚也涂有黑色，左太阳穴点一墨点（图 12-25）。金代山西侯马董墓左边副净的面部则画一大黑蝴蝶形图案、勾白眼圈。

宋代南戏则发展出七个角色行当[1]，中国戏曲的成熟形态开始形成。于是，戏曲化妆术开始正式分野，分为素面容妆和花面容妆两种类型。素面又称“俊扮”，造型细腻；花面又称“粉墨化妆”，以黑白两色为主，造型粗犷。除了延续插科打诨的副净、副末之外，南戏行当里第一次增添了喜剧角色“丑”，这是丑行的一个重要的标志性事件。《南词叙录》说其是“以墨粉涂面，其形甚丑”[2]。清人黄旛绰言：“丑者，即丑字，言其丑陋匪人所及，撮科打诨，丑态百出，故曰丑。”[3]南戏“丑”的容妆，基本衣钵了杂剧在脸上“搽灰抹土”的粉墨化妆，只是还加了一个“乌嘴”的特色。如《张协状元》十一出，丑曰：“我恁地白白净净底……”末曰：“只是嘴乌。”又二十七出丑扮王德用的台词:“钧侯万福，愿我捉得一盏粉、一铤墨，把墨来画乌嘴，把粉去（面）门上画个白鹿。” 可见丑角是画乌嘴的。乌嘴的实物形象在金杂剧的戏曲文物中多有体现，如山西新绛南范庄金墓伎乐砖雕之一扮相为：头戴弯脚朝天黑漆幞头，上身赤裸，脸上涂以土黄底色，墨眉，乌眼，墨线从上额呈八字形从双眼直贯腮部，乌嘴，两嘴角还各有一团墨迹（图 12-26）。山西平定西关金墓杂剧壁画中：左一头戴独角诨裹、身穿圆领长衫者，有“八字”墨线从眉眼直贯而下；左三戴诨裹、穿长衫者嘴部有一圆形墨圈，乃乌嘴或圆形假须。南戏的丑大概在体形上还有着特殊装扮，《张协状元》：“（丑）亚哥，有好膏药买一个归。（生）作甚用?（丑）与妹妹贴个龟脑驼背。”或许丑的身材也有所扭曲。当丑与净同台出场时，它们共同构成一对装呆卖傻、互相打闹的角色，而由末从旁边撺掇、讥讽、嘲笑他们。

元代戏曲化妆承袭宋金杂剧和南戏又有所发展。元杂剧中虽无丑行[4]，但其花面化妆已经有了类似后世丑角的花面雏形和具有初步性格化的勾脸两种分工。前者为后世丑角脸谱的格式打下了基础，后者则是近代戏曲净行脸谱的近亲。山西洪洞广胜寺明应王殿《大行散乐忠都秀在此作场》戏曲壁画是了解元代北杂剧化妆全貌的珍贵资料，画面共 11 人，均有不同程度的化妆。其中前排左二面部妆扮尤为突出，眼圈涂以白色，红唇，宽宽的“山”状眉形用墨涂染，戴连鬓圆口假髯，胸口“裸袒”，衣着花哨，造型滑稽调笑，一看就是丑角

1 即生、旦、净、末、丑、外、贴。廖奔，刘彦君：《中国戏曲发展史》，中国戏剧出版社，2013，第 335 页。

2 徐渭：《南词叙录·中国古典戏曲论著集成（三）》，中国戏剧出版社，1959，第 245 页。

3 黄旛绰：《梨园原·中国古典戏曲论著集成（三）》，中国戏剧出版社，1959，第 10 页。

4 王国维《古剧脚色考》载：“惟丑之名，虽见《元曲选》，然元以前诸书，绝不经见。或系明人羼入。”黄克保《戏曲表演研究》载：“元代杂剧无丑，喜剧人物由净承担。”徐扶明《元代杂剧艺术》载：“杂剧脚色无丑行”。

图 12-26　伎乐砖雕中搽土抹灰乌嘴的丑扮人物形象（山西新绛南范庄金墓出土）<

图 12-27　广胜寺明应王殿《大行散乐忠都秀在此作场》戏曲壁画中前排左二的丑扮演员 >

的扮相（图 12-27）。在《郑孔目风雪酷寒亭》中搽旦的化妆是："搽的青处青、紫处紫、白处白、黑处黑，恰便似成精的五色花花鬼。"由于是女丑，因此色彩比男丑要丰富得多。元末杂剧《蓝采和》第二折 [梁州]："怎生来妆点的排场盛，倚仗着粉鼻凹五七并。" 其中的"粉鼻凹"即在鼻眼间涂抹白粉块的做法，日后成为戏曲丑行最典型的化妆程式，丑扮谱式一步步开始走向成熟。总体来讲，作为脸谱最早出现的丑扮容妆，它使用的色彩最单纯，主要是黑与白；它选取的形式最抽象，基本脱离面部结构造型而形成独立存在的符号，体现出一种写意的化妆手法。

宋金元丑扮所用白粉主要为蛤粉，这一点《水浒传》第八十二回《梁山泊分金大买》中描写贴净时点明了："第五个贴净的，忙中九伯，眼目张狂。队额角涂一道明戗匹面门搭两色蛤粉。"[1] 蛤粉为蛤蚌壳磨研的白粉，不易褪色、色彩鲜亮，也可用于国画绘制。元佚名《元代画塑记》里记录宫廷艺人画像、雕塑所需工料甚详，其绘塑佛像多用蛤粉。又宋西湖老人《繁胜录》载杭州铺席卖日用家具，有"手巾架、头巾盏、蛤粉桶"等。所用黑色则以炭黑为主，因此在元杂剧中，有时也称为"抹土搽炭"[2]。

3. 戏曲丑扮的成熟：明清净、丑行当的分野使得丑扮的白色"豆腐块"脸谱成为定式

与宋元戏曲形成期还比较粗糙的舞台艺术相比，明代戏曲有了很大的精进，这时的中国戏曲进入了形式美阶段。在戏曲妆扮上一个很大的进步就是：净、丑行当走向分野，并各自演化出自己独有的容妆形式。

净、丑行当宋元时期都是局部勾脸涂面，都具有喜剧功能，差别不是很大。在明代成化本《刘知远白兔记》中，净、丑所扮人物已经出现明显分野。[3] 在明代万历

1　施耐庵，罗贯中：《水浒传》，人民文学出版社，1975，第 1069 页。

2　（元）马致远散曲〔南吕・一枝花〕《咏庄宗行乐》云："内藏院本三千段，抹土搽炭数百般，愿求在坐一席欢。"

3　黄天骥，康保成：《中国古代戏剧形态研究》，河南人民出版社，2009，第 339 页。

时期的刻本《灵宝刀》中，净行职能已经开始趋于正剧化了。[1]所谓正剧化，就是净角去除插科打诨的喜剧功能，在人物塑造上专注于形象的专业化和性格化。净丑分野的真正完成则在清代中叶，李斗的《扬州画舫录》将净、丑分为大面（净）、二面（丑）、三面（丑）三类[2]，“大面的出现标志着净的正剧化”[3]，这种行当划分更适合舞台演出的需要，也更合理，丑脚的家门分行至此已趋于定型，其角色定位也已固定。净丑行当分野的正式完成也预示着净丑花面的正式分野。

对于明代净、丑行当人物脸谱的图示我们还缺乏足够了解，今天见到最早的扮相谱大概是明清交接时候的作品[4]，梅兰芳先生也收藏有少量明代净行脸谱。从文献记载结合图像来看，明代净扮已经开始尝试用各类彩色图绘来突出人物性格特征，并出现按色调分类的勾脸法。而丑扮直到清代依然始终以黑白两色为主，且不画满整脸。两者容妆的分野开始一目了然。

清代保留下来大量的戏曲扮相谱，为我们了解丑扮提供了非常直观的形象资料，丑扮脸谱的绘制开始有了约定俗成的规定，这在清代沈容圃绘的《同光十三绝》[5]和升平署戏画中多有表现。从图像上看，丑角脸谱最主要的特点就是面部正中有一白粉块，这成为丑扮的典型定式，沿袭至今，让人一目了然演员身为丑角的身份。至于丑脚为什么要画白粉块，行业内口口相传据说是“梨园之祖”唐明皇喜好演戏，就是应工丑角，因皇帝的身份演戏有诸多不便，为此皇帝会把一块白玉挂在脑门前，正好遮挡住自己的小半张脸，久而久之，丑角鼻梁上都会按照唐玄宗的白玉位置拍上白粉，就形成了丑角脸谱。也正是因为有诸多皇帝扮丑角的原因（还有上文提到的后唐庄宗），因此，丑角在戏班子里的地位非常高，有“尊丑就是尊皇帝”的说法。[6]

《同光十三绝》的作者沈容圃是“在北京前门廊房头条开画店的名画家”[7]，他的画技法追求准确逼真。图中杨鸣玉的丑扮非常朴素，基本就是面门处绘圆形白粉块，鼻梁部点缀黑色蝙蝠纹，戴二挑髯，眉、眼、唇和其余面颊均是素面（表12–1–4）。同画中的另一个丑角刘赶三饰演的乡下妈妈（男扮女），属于丑脚中的“丑婆子”角色，则是点痣染牙涂黄扮老，女丑是不画白粉块的（图12–28）。结合此画中旦角尚未勒头吊眉眼来看，其应该属于丑扮成熟初期的妆扮。同为沈容圃绘制的《思志诚》戏画里的三个丑扮人物基本也是大同小异[8]。

升平署戏画中的扮相谱虽然也绘于光绪朝，但其是清内廷如意馆画师绘制的。宫廷画师所见的演员妆扮和沈容圃这样的民间画师还是有所不同，视觉上明显更加华丽丰富，丑扮脸谱至此已经臻于成熟。

1　黄克保：《戏曲表演研究》，中国戏剧出版社，1992，第151页。
2　（清）李斗著，汪北平、涂雨公点校：《扬州画舫录》，中华书局，1960，第122页。
3　黄克保：《戏曲表演研究》，中国戏剧出版社，1992，第152页。
4　《北京画报》1931年1月1日、2月3日文。
5　杨连启：《关于〈同光十三绝画像〉》，《中国京剧》2004年第12期。
6　陈志勇：《古剧角色“丑”与民间戏神信仰》，《戏剧艺术》2011年第3期。
7　黄克，杨连启：《清宫戏出人物画（上）》，花山文艺出版社，2005，第3页。
8　刘占文：《梅兰芳藏戏曲史料图画集》，河北教育出版社，2001。

此时丑扮脸谱的特点有（表 12–1–1）[1]：

①**运用黑白两色在面门处添加黑色蝠纹和白粉块来打破面部的和谐**。白粉块的造型有圆形（表 12–1–4）、窝头形（表 12–1–3）、元宝形（表 12–1–2）、菱形（表 12–1–1）等不一而足，白色部分绝大多数集中在眼鼻周围，上不至眉，下不达唇，少部分会下延至唇部，但也只集中在面颊中部，不会扩展至两腮。有一些角色也有在白色面门处点两个红点来体现诙谐的（表 12–1–7）。鼻梁处一般会点缀各种变体的黑色蝙蝠纹，据丑角演员严庆谷老师口述：“因为学丑都是特别聪明的人，鼻根处会有青筋，画蝠纹是福的一种暗喻，但蝠作为一个美好的寓意，实际操作中，每人根据自己的喜好可以自由发挥，有时还会把蝠画成一个寿字，有时还会画成一个小人。比如《审头刺汤》中的汤勤，因为他是卖主求荣的势利小人，于是就有了此种画法。”

②**丑扮的眼妆和眉妆已形成基本定式**。眼妆主要是用黑色将内眼角上提，外眼角下拉，形成八字眼。眉妆文丑大多数是弯月眉（表 12–1–1），部分武丑则会比较夸张，花脸往往面积比较大，比如绰号“赛白猿”的侯君吉是八字眉（表 12–1–6），画了一张猿猴脸，这属于“象形脸”的一种；《三岔口》中的琉璃滑，绰号“夜行鬼”，则是夸张上挑的鼠须眉（表 12–1–5）。

③**丑扮的鼻孔往往会用黑色画出鼻毛外翻的形象**，有的角色会画一个红鼻头（表 12–1–8），一般表现底层人物，寓意酒糟鼻。

④**嘴上都会画嘴岔**。主流画法是先用红色描画嘴唇轮廓，然后再用白色局部提亮下唇或者唇部轮廓。歪脸配歪嘴，侯君吉所画的“香蕉嘴”后世也比较常见（表 12–1–6）。

⑤**反面人物太阳穴画膏药的还比较多**。以圆形（表 12–1–8）、三角形（表 12–1–5）为常见，之所以用绿色和黑色相搭配可能和早期膏药多用树叶制成有关。

⑥**丑脚的髯口样式独具特色**。在式样上往往富有漫画意味，有助于刻画角色性格。常见的有“丑三髯”（简称丑三），式样是三绺细长的黑须，表示胡须疏落，只有寥寥几根，此类角色多数是一些文人墨客或小官僚（表 12–1–8）；“吊挑髯”，又名“八字吊搭”，式样为唇上两撇胡须呈八字形，下面的一撮胡须不是贴在下巴上，而是吊搭起来，可以摇动（表 12–1–1）；“二挑髯”是唇上的两撇胡须向上翘起，清代用得最多（表 12–1–2、12–1–4）；“一戳髯”是唇上的一撇胡须向上翘起，当代

图 12–28　沈容圃绘《同光十三绝》中丑角刘赶三饰演《探亲家》中的乡下妈妈

1　此表中除了表 12–1–4 的图来自《同光十三绝》外，其余所有的图均摘自杨连启《清升平署戏曲人物扮相谱》，中国戏剧出版社，2016。

表 12-1　清代戏画中的“丑扮”容妆

白粉块造型	1. 菱形白粉块《取荥阳》遂和，文丑，挂吊挑髯（八字吊搭）	2. 元宝形白粉块《贾家楼》酒鸨，武丑，挂一撮儿髯，太阳穴画膏药	3. 窝头形白粉块《打曹豹》曹豹，老丑，脸上画皱纹，挂白扎髯、附耳毛	4. 圆形白粉块《同光十三绝》中鸣玉饰演《思志诚》中的闵天亮，挂二挑髯
五岳眉	5. 鼠须眉，画髯《三岔口》琉璃滑，武丑，太阳穴画膏药	6. 八字眉，《贾家楼》侯君吉，武丑，仿白猿脸，太阳穴画膏药	7. 长月眉，画红脸蛋《胭脂虎》旗牌，丑，挂二挑髯	8. 无眉毛，画眼镜，红鼻头，《双卖艺游人，丑，挂丑三髯，太阳穴画膏药

已经很少见了（表 12-1-2）；“八字髯”是指唇上的两撇细长胡须向下耷拉成八字形；“四喜髯”则是指四撮胡须；“五撮髯”式样是指两鬓、唇部和下巴长着五撮胡须，一般用来表现社会地位低下的人物（图 12-29）。此外还有“扎髯”（表 12-1-3）、“一字髯”等，有的髯上还要附耳毛（表 12-1-3），也有不戴假髯，直接将胡髯画在脸上的（表 12-1-5），还有一种叫“鼻签”，即夹在鼻中隔上的一种假髯（如《曹操与杨修》中的马商）。老丑则在脸上勾画白粉块的同时还要在额头、眼角处用白色勾画皱纹，同时勾画白眉毛，突出老年人的年龄感[1]，称为“丑老脸”，再挂白髯（表 12-1-3）。

4. 戏曲丑扮的精进：新媒体的注入导致丑扮细节日益丰富

自戏曲成熟以来，1948 年以前主要的传播途径还是舞台和现场演出，因此传统戏曲容妆有个最基础的要求就是“打远”（远看效果好），妆效会偏浓烈，细节也不是太讲究。但是随着 1948 年我国拍摄了第一部彩色戏曲电影《生死恨》，以及后来电视、高清 3D 电影等新媒体与戏曲的结合，容妆师们为了符合新媒体近距离拍摄的需要，对戏曲容妆从各个方面进行了新探索和新尝试，将戏曲丑扮的技术与效果发展得更加精进。

①在白粉块下增加面红作为底色。清代丑扮以黑白两色为主，是不打底的。但随着新媒体的注入，在镜头下一来因为要和生、旦统一底色，形成一种整体视觉的和谐；二来在高清镜头下，因为丑扮是局部花脸，如果脸上没有一个红润底色的话，裸露皮肤的部分就会显得脸色蜡黄，很不美观。因此，丑扮也开始像生、旦的俊扮学习打底画面红了。用中国戏曲学院教授钮骠的话总结就是：“两颊眉间三片红，一块粉白七笔黑”[2]。即先用水白粉在脸上涂匀抹满，然后再用红色胭脂在印堂和左右两腮处涂抹出三个圆形红晕，涂抹时要从中间向四周揉开逐渐变浅，直到与白粉底色自然衔接，不能有轮廓线。丑扮最重要的改革推动者当属被称为“江南美丑”的孙正阳先生（1931 年生人），他认为“丑角本身就应该是美的，是另一种形式美。……以往的一般小丑通常简单地画个白鼻子就上台了。他却不然，化妆前和小生一样先打底色，然后根据角色的不同，画上不同的丑角脸谱。他认为，丑角脸谱应和净角一样是京剧化妆艺术，必须干净、

图 12-29　白五撮髯（孙莉莉供图）

1　刘厚生：《中国戏曲曲艺词典》，上海辞书出版社，1981，第 81 页。
2　中国京剧传承人大讲坛 · 丑第 74 集“京剧‘丑角的化妆’《双下山》”。

图 12–30 筱月英、孙正阳在《小放牛》中的丑角俊扮 <

图 12–31 孙正阳饰《凤还巢》中的程雪雁（孙莉莉供图）>

漂亮且有个性。”[1]他不仅增加了打底，而且还创造性地使用了丑角俊扮的形式，最突出的例子就是《小放牛》的牧童。他一改原来勾白豆腐块穿茶衣腰包的扮相，换成了俊扮戴草帽圈的漂亮形象（图 12–30）。孙正阳认为，“坏人无需脸谱化，他可以通过精到的表演展现剧中人的心灵丑恶。”孙正阳先生对丑扮“丑中见美”的容妆改革影响深远，现代很多新编戏出现的丑生已经不勾脸了，偏向俊扮，既为了更接近生活，也为了适应现代观众和影视剧的要求，如《勘玉钏》中的韩臣（表 12–2–4）。

②白粉块增加了各种各样的新形式。面门处的“一块粉白”，在清代基础上还增加了方形（表 12–2–1）、蝙蝠形（表 12–2–2）、腰子形（表 12–2–3）、枣核形、筝形等形状，现代的武丑一般只画一个白鼻梁（表 12–2–5），显得精神。此外，丑扮脸谱还有“丑老脸”“歪脸”（表 12–2–8）和“象形脸”（表 12–2–6、表 12–2–7）等。总之，丑扮脸谱也是随着剧目的不断丰富而不断更新的，其尽管有一个基本的程式，但细节会根据剧种的不同和演员的创作一直在不断丰富和变化中。例如丑扮中最复杂的要算“象形脸”，这是指以象形的飞禽走兽等形象勾画在面上的脸谱。根据被称为“江南昆丑王”的演员王传淞讲述：“由于各种人物的性格不同，虽然同样勾上一‘白鼻头’、也要画出许多不同的花样出来。如《贩马记・三拉》中的胡老爷，是由副角扮演的，因为他是个贪赃糊涂官，所以我们在这个人的脸上，画的是一只‘倒挂元宝’。又如娄阿鼠，我们就在他的脸上画了一只老鼠的形象（表 12–2–7）。《蝴蝶梦》的《说亲、回话》二出中，楚王孙有一个老家人和一个书童，老家人是由副扮演的，书童是由丑扮演的，这两个人在戏中，是象征两只蝴蝶的，一称‘老蝴蝶’（表 12–2–6），一称‘小蝴蝶’，

1 忻鼎亮：《江南美丑：孙正阳传》，上海人民出版社，2019，第 63 页。

所以画的是‘蝴蝶脸谱’，因为有副、丑之别，所以两个脸上的蝴蝶，就有大小不同的画法。又如时迁这个角色，虽是由丑行扮演的，但也不是画的‘白鼻子’，在《偷鸡》一出中画的是一只鸡的画案，而且画满了整个脸部。有些人物，虽然画的同样一块大小的‘方块块’，但也要画出许多不同的‘线条’，才能分别人物的性格，总之，这是要根据人物的个性勾出许多不同的脸谱。”[1]“七笔黑”则是指眉毛各一笔，双眼各一笔，胡子二笔，外加鼻梁上一笔。

③**眉眼妆面变得日益丰富。**丑扮眼妆又增加了三角眼（表 12–2–2）、枣核眼（表 12–2–3）、斗鸡眼、杏眼等造型。眉形则增加了短八字眉（表 12–2–2）、一字眉、山字眉（表 12–2–5）等形式，眉眼勾画的线条要简练、对称、富于神韵。在印堂和鼻梁部位必须要勾画简易的蝙蝠，及由蝠纹意象演绎而出的寿字等装饰图案。还要画出嘴岔、鼻毛和白粉块的底线以突出白粉块的轮廓。戴髯口的角色也要画嘴岔，因为丑角的髯口都很难遮住嘴。

④**贴膏药，点痦痣的逐渐变少。**在孙正阳先生“丑中见美”观念的影响下，丑角的脸谱讲究一要传神，二要干净，三要美观，越来越忌讳的就是脏。过去为了突出丑角的花哨和幽默，胡乱添画痦痣、膏药等，以塑造头上长疮，脚底流脓的反派效果。但在当代的京剧舞上，除了像《打渔杀家》的教师爷这样的少数角色因是个泼皮无赖，故在其太阳穴画一个膏药，其他角色画膏药和痦痣的则越来越趋于减少。

以上我们介绍的主要是男丑的容妆特点，当代京剧的女丑则分为两类：一类叫彩旦，一般是大头贴片子的扮相，比如《凤还巢》中的程雪雁（图 12–31）；另一类是丑婆子，一般是老旦的扮相，比如《拾玉镯》里的刘媒婆。这两者一般都不勒头，大多会强化面红，丑化眉眼，有的还会点痣，要比清代浓郁很多。但孙正阳先生扮女丑则相对会克制很多，依然遵循着“丑中见美”的原则。

总之，由于中国戏曲的基本喜剧格调，因此以诙谐调笑为特色的丑角起源很早，而丑扮的发展也经过了一个由简到繁的过程。从汉魏优人的“敷粉”与“裸袒”，到宋金时期的“抹土搽灰”和“乌嘴”，至元杂剧时，花面化妆已经有了类似后世丑角的花面雏形，丑角谱式一步步走向成熟。到了清代中叶，净丑分野真正完成，丑扮脸谱开始有了约定俗成的规定。步入新中国后，随着电视、电影等新媒体与戏曲的结合，戏曲丑扮的技术与效果日益精进，并在孙正阳等前辈的影响下，出现了“丑中见美”的容妆新趋势。

四、戏曲净扮化妆

净扮，这里特指中国戏曲净脚的脸谱化妆。丑扮和净扮都需要用浓重和对比强烈的粉墨在脸上描画色彩与线条来达到塑造不同人物性格的目的，清中叶净丑分野之前统称为“粉墨化妆”或“花面”，其中净扮的脸谱最为丰富，可谓“千人千面”。

1. 戏曲净扮的滥觞：巫傩面具

总的来说，戏曲的俊扮滥觞于歌舞乐伎的容妆，用以养眼娱人；丑扮滥觞于俳

1　王传淞：《表演经验》第二辑，中国戏剧出版社，1960，第 29–31 页。

表 12-2 当代戏曲中的“丑扮妆容”

1. 方形“豆腐块” 邵海龙饰《审头刺汤》中的汤勤，挂吊挑髯，画三角眼，短八字眉	2. 蝙蝠形“豆腐块” 严庆谷在《小吏之死》中饰余丹心，挂丑三髯，画三角眼，短八字眉	3. 腰子形“豆腐块” 黄柏雪在《群英会·借东风》中饰蒋干，挂吊挑髯，画枣核眼，短八字眉	4. 丑角俊扮 严庆谷扮演《勘玉钏》中的韩臣

5. 武丑白鼻梁 石晓亮在《九龙杯》中饰杨香武，挂二挑髯，画山字眉	6.“象形脸” 徐思佳在《蝴蝶梦·说亲回话》中饰老蝴蝶，挂“四喜髯”	7.“象形脸” 张振星在昆曲《访鼠测字》中饰演娄阿鼠，画髯挑髯	8. 歪脸 严庆谷在《三岔口》中饰刘利华

优容妆与巫傩面具中的俗丑之相，用以调笑戏谑；而净扮脸谱笔者认同学者周华斌提出的源于巫傩面具中的凶武之相，用于“驱鬼逐疫、祈福禳灾”[1]。

汉许慎《说文解字》曰：“见鬼惊骇，其词曰傩”。《周礼·夏官司马》载：“方相氏掌蒙熊皮，黄金四目，玄衣朱裳，执戈扬盾，帅百隶而时傩，以索室欧疫。”方相氏所蒙的开四孔的熊皮便是一种面目凶恶的头套（图 12–32），古时也称“魌头”[2]。这类巫傩头套或者面具被认为是神灵的躯壳，戴上面具的巫师能化为神明，巫师再通过歌舞表演模拟臆想中神灵的言行举止，这便被视为最早的戏剧“角色”。在先民的意识中，神、人沟通，巫、优一体，娱神与娱人往往是交融在一起的，几乎所有的部落成员都能以歌舞表演来表达情感、上通神灵，在容妆上也会伴随着用以模仿图腾的“绘身绘面”“文身雕题”和“衣其羽皮”等涂面、假面或假形手段，这种行为也被称为“交感巫术”，在史前人头形陶器上便有体现（图 12–33）。其中，巫师的面具作为神物，一般代表着整个部落公认的图腾标志，具有神圣不可替代的地位。此类面具或神面图腾形象在四川广汉三星堆（图 12–34）和浙江良渚文化玉器上多有体现。

步入殷商奴隶制社会后，随着私有制的出现，因统治秩序的需要，巫师地位逐渐下降，巫（娱神）、优（娱人）开始有了专业化分工。王国维《宋元戏曲考》称：“商人好鬼，战伊尹独有巫风之戒。及周公制礼，礼秩百神，而定其祀典。官有常职，礼有常数，乐有常节，古之巫风稍杀。”[3] 周代定鼎后，随着理性精神的增长，巫风受到限制，官方意识中巫的信仰渐渐被正史观念所取代，装扮神灵的巫师官方地位大大下降。民间的巫傩仪式不像朝廷礼仪

图 12–32　山东沂南北寨村东汉墓石刻方相氏 ∨

图 12–33　脸上绘有山猫图案的马家窑文化彩陶 ∧

图 12–34　殷商青铜巫面具（四川广汉三星堆出土）∧

1　周华斌：《巫傩面具与戏曲脸谱：兼论中国戏曲脸谱之发生》，《民族艺术》1994 年第 12 期。

2　汉人郑玄注《周礼·方相氏》解释作：“蒙，冒也。冒熊皮者，以惊殴疫疠之鬼，如今魌头也。”

3　王国维：《宋元戏曲史》，上海古籍出版社，2011，第 2 页。

那样严肃规范，它们更接近于“戏”（游戏、戏谑、戏剧），因此，北宋苏轼称傩蜡之风是“三代之戏礼”[1]。由于“驱鬼逐疫”和“娱戏”的特定需要，巫傩面具便集中地表现为凶武之相和俗丑之相两类，这与后世戏曲中的净扮与丑扮脸谱异曲同工。因此，周华斌认为：“净行脸谱造型之夸张，色彩之花繁，装饰性寓意符号的添加，以及程式化特征等，与巫傩面具一致。”

2. 戏曲净扮的发展期：汉唐时期的假面与涂面

上古的巫傩面具发展到汉唐时期，演化成秦汉百戏中的“假面”与唐代歌舞戏中的“大面”。原始宗教的交感巫术是一种纯粹的宗教信仰，与审美意义上的戏剧观念还不可同日而语，当乐舞的宗教巫术性质日趋淡化、以人为中心的娱乐审美观逐渐滋长后，就向纯表演性的初级戏剧靠近了。

秦汉百戏便是一种“俳优歌舞杂奏”[2]的初级戏剧，西汉时宫廷里面担任百戏演出的乐工里有一类被称作“象人”，他们的职责就是装扮各类假形，表演诸如“鱼龙曼延”“众会仙倡”“东海黄公”等戏[3]，表演的时候要戴上假头或者假面，装扮虾鱼狮子一类[4]，这类假头、假面属于“神兽型”和“兽人一体型”的神头类面具，依然带有史前文明的余续。这在山东沂南汉墓百戏画像石，江苏省铜山县洪楼村汉代百戏画像石中都有生动表现。

隋唐的歌舞戏也多与百戏杂技相掺合，其中有很多都需要戴面具表演。唐人慧琳《一切经音义·大乘理趣六波罗蜜多经》云：“《苏莫遮》……此戏本出西龟兹国，至今犹有此曲。此国《浑脱》《大面》《拨头》之类也。或作兽面，或像鬼神，假作种种面具形状。”《苏莫遮》便是一种面具戏，表演者要佩戴各种怪异面具。今日本所见《苏莫遮》古歌舞图像便是戴兽面（题作“苏莫者”）（图 12-35），并有古面具遗存。再如《大面》，特指一种面具舞。唐人崔令钦《教坊记》：“《大面》出北齐。兰陵王长恭，性胆勇而貌若妇人，自嫌不足以威敌，乃刻木为假面，临阵著之。因为此戏。”可知这种面具舞来源于实战，出自北齐兰陵王临阵戴面具以吓敌，其面具属于凶武之状的“神将型”。这类“神将型”面具相比于“神兽型”和“兽人一体型”面具，更接近后世戏曲净扮的脸谱了。

但面具毕竟属于“死脸子”，而涂面则是“活脸子”，戏剧由哑剧式的假面乐舞走向演员“代言”的戏曲，由神鬼戏、滑稽戏走向严肃面对社会人生的正剧，这是历史的必然，因此涂面便也应运而生。

图 12-35　日本古画《信息古乐图》“苏莫遮”“兰陵王”舞

1　（宋）苏轼撰，赵学智校注：《东坡志林》，三秦出版社，2003，第 64 页。
2　（唐）杜佑：《通典·乐典》，时代文艺出版社，2008，第 169 页。
3　聂石樵，韩兆琦：《历代赋选·西京赋》，南海出版公司，2007，第 106-125 页。
4　《汉书·礼乐志》孟康注：“象人，若今戏鱼虾狮子者也”。韦昭注：“著假面者也”。

早期的涂面还没有形成固定的谱式，其和“假头”（面具）各有分工，即装扮神灵多用“假头”，装扮鬼魅多用“涂面”。因为神灵的造型具有相对固定的模式，巫师和表演者不得随意变更，而鬼魅则无常形，往往随心所欲。例如战国时田单火牛阵，其将士以“五色涂面”，即假扮鬼神之状。唐代孟郊《弦歌行》云：“驱傩击鼓吹长笛，瘦鬼染面惟齿白”。明指傩仪以“染面”扮鬼。图像如伦敦大英博物馆藏有晚唐五代敦煌《行道天王图》一幅，画面绘一天王神将骑马布道，周围随有十个小鬼。天王为堂堂正正的白面文相，小鬼则皆以朱砂绘面，作狰狞鬼面状（图 12–36）。此类涂面在宋明时期的民间社火中一直有所延续。戏曲净扮中的神鬼脸谱当与之一脉相承。

3. 戏曲净扮的成型期：宋元时期素面与花面的正式分野

宋代是中国戏曲逐渐走向成熟的时期，宋代戏曲称“杂剧”，南宋又有“南戏”，杂剧和南戏均在元代大行于世。杂剧的角色行当是五个，其中“副净”负责“发乔”，即装呆卖傻，相当于后世的“丑”[1]。南戏则出现了七个角色行当，主要便是生、旦、净、丑，“净”第一次以正式名称独立出现，但此时还依然遵循杂剧“副净”打诨的路子。其和“丑”都要涂花面，又称“粉墨化妆”；“生”和“旦”则采用生活化的素面妆，又称“本脸”“洁面”；戏曲化妆术从此开始正式分野。

从词源学上来讲，净脚的“净”，即“靓”（jìng），二字同音通假。“靓”指色彩浓郁的化妆，古称“靓庄”[2]或“靓装”。明初朱权《太和正音谱》谈到戏曲角色时说：“靓：傅粉墨者谓之‘靓’，献笑供媚者也，古谓‘参军’。……粉白黛绿谓之‘靓装’，故曰‘装靓色’。呼为‘净’，非也。”很明确地说了“净”是“靓”之讹。净、丑行当在宋元时期还都是局部勾脸涂面，也都具有喜剧功能。但净以“颜色繁过……眼目张狂”[3]“五色花花鬼”[4]的化妆为特征，比“副净”（丑）的仅限黑白两色的“搽灰抹土”要更丰富多彩一些。除此之外，元代男子净扮还出现了假髯和眉妆的性格化使用。如山西省洪洞县明应王殿“忠都秀作场”元杂剧壁画中第一次在图像上出现了俊扮、丑扮与净扮的明确区分（图 12–37），前排左一画齿状浓眉、挂连鬓圆口髯、勾白眼圈者，胸部裸袒者明显为一发乔角色（滑稽角色），属丑扮；后排左三人物则用重墨画眉，作卧蚕式，挂满髯，眉与眼间涂有白粉，明显增添了男性人物的英武之气，当属净扮的雏形；中间着圆领大袖衫，头戴展脚幞头的就是主角“忠都秀”，眉清目秀，面容姣好，无髯，面妆则为傅粉施朱的俊扮。三人的眉形，髯的处理都各有角色特点。元代陶宗仪《南村辍耕录·盗有道》中还曾记载过一则一个侏儒盗贼借用优人的假髯并踩跷去行窃获得成功的故事，非常生动地描述了优人假髯妆扮的易容效果。[5]

1　（明）胡应麟《庄岳委谈》载：“古无外与丑，丑即副净，外即副末是也。”

2　宋人《集解》载：“靓庄，粉白黛黑也。”

3　元明《水浒全传》第八十二回载：“净色的语言动众，颜色繁过。”

4　元杂剧《酷寒亭》载：“这妇人搽的青处青、紫处紫、白处白、黑处黑，恰便似成精的五色花花鬼。”

5　（元）陶宗仪著，文灏点校：《南村辍耕录》，文化艺术出版社，1998，第 321 页。

图 12-36　晚唐五代敦煌《行道天王图》局部 <

图 12-37　明应王殿“忠都秀作场”元杂剧壁画局部，前排左为发乔角色（丑扮）；中间的演员重墨画眉，挂满髯，眉与眼间涂有白粉，为净扮的雏形；前排右为俊扮“忠都秀” >

净扮在塑造人物性格化方面的技巧来自多领域的熏陶。南宋《都城纪胜》“瓦舍众伎”中曾记载有京师“影戏”一节：影人“用彩色装皮为之，其话本与讲史书者颇同。大抵真假参半，公忠者雕以正貌，奸邪者与之丑貌，盖寓褒贬于市俗之眼戏也”。宋代皮影人物的这种真假参半，忠奸鲜明对比的脸谱化造型手法，也多半被后世戏曲净扮所吸收，形成了“净”行脸谱的造型夸张，色彩花繁，极富程式化等特征。

4. 戏曲净扮的成熟期：明清净、丑行当的分野

与宋元戏曲形成期还比较粗糙的舞台艺术相比，明代戏曲有了很大的精进，这时的中国戏曲进入了形式美阶段。在戏曲妆扮上一个很大的进步就是：净、丑行当走向分野，并各自演化出自己独有的容妆形式。

净、丑行当宋元时期差别还不是很大，但在明代成化本《刘知远白兔记》中，净、丑所扮人物已经出现明显分野。[1] 明代万历时期的刻本《灵宝刀》中，已经出现净行因职能分工不同而趋于正剧化了。[2] 所谓正剧化，就是净角去除插科打诨的喜剧功能，在人物塑造上专注于形象的专业化和性格化。净丑分野的真正完成则在清代中叶，李斗的《扬州画舫录》将净、丑分为大面（净）、二面（丑）、三面（丑）三类[3]，“大面的出现标志着净的正剧化”[4]，这种行当划分更适合舞台演出的需要，也更合理，净丑行当分野的正式完成也预示着净丑花面的正式分野。净的“大面”是整脸脸谱，丑的“二面”和“三面”则均为局部勾脸，二面勾脸面积大于三面。

对于明代净行人物脸谱的图示我们还缺乏足够了解，今天见到最早的扮相谱大概是明清交接时候的作品，已经流入日本[5]。梅兰芳先生的缀玉轩也收藏有少量明代脸谱图示（图 12-38）[6]，但这些脸谱主

1　黄天骥，康保成：《中国古代戏剧形态研究》，河南人民出版社，2009，第 339 页。
2　黄克保：《戏曲表演研究》，中国戏剧出版社，1992，第 151 页。
3　（清）李斗著，汪北平、涂雨公点校：《扬州画舫录》，中华书局，1960，第 122 页。
4　黄克保：《戏曲表演研究》，中国戏剧出版社，1992，第 152 页。
5　《北京画报》1931 年 1 月 1 日、1931 年 2 月 3 日文：“傅惜华先生 20 世纪 30 年代初曾见过照片，断其时代为明清之际。”
6　刘占文：《梅兰芳藏戏曲史料图画集》，河北教育出版社，2001。

要是用于神怪面饰。明万历谢天瑞创作的“七红八黑”也都是神鬼形象：“七红”指《宝钏记》中“以诸神诛妖僧，而必汇戏场之赤面者七人，以实七红之名”；“八黑”指《剑丹记》中“八黑诛妖”[1]。这里的红脸、黑脸并不都是净脚充任，而是各个行当的艺人一同登场，大家都涂作彩脸，这说明传统巫傩仪式的神怪脸谱正逐渐从面具中脱胎出来。在清道光十五年《恩赏日记档》中记有：“十五日承应《佛旨度魔》，调达着勾脸，不许戴头套。”今天京剧舞台上神怪角色中一部分采用勾金银脸谱，一部分戴头套，应渊源于明清戏曲勾脸形式的变化。

从文献记载来看，明代净扮已经开始尝试用各类彩色涂绘来突出人物性格特征，并出现按色调分类的勾脸法。例如明传奇《昙花记》第十四出在人物上场时注明：“净扮卢杞蓝脸上。” 传奇《千金记》里的韩信则 “面赤微须”。项羽由净扮，第十出军人有句话形容他说：“原来还是那黑脸老官说得明白。”这里的“蓝脸”“红脸”“黑脸”应该接近于后世的整脸脸谱，即以一种色调为主，再添加少量其他颜色的纹饰满脸涂绘。从卢杞的蓝脸至少说明当时的净脚专用脸谱已经出现，人们已经根据角色的性格特征，对肤色的选择作归类划一的处理。人们喜爱的草莽英雄，正直刚猛，又“日晒风吹”，便形诸黑脸；忠臣义士，豪爽暴烈，血色上涌易面红耳赤，便形诸红脸；蓝脸则一般用来展现性格豪爽，意志刚强的人物。但明代的脸谱还比较粗糙，类型化的程度远超个性化的显示。观察缀玉轩明代脸谱可知，明代勾脸法较之元已经有很大进步，在描眉勾眼之外，后世的脑门谱、眉谱、眼窝谱、嘴谱已经初见雏形，但神怪脸谱图案总体来讲象形大于象征，成熟人物脸谱的“评议性”此时还远不具备。

净行脸谱从简单到复杂并渐趋成熟，在清代是进步最快速的。随着演出剧目增多，角色行当体制的不断完善和表演技巧的精进，角色人物性格趋向更加复杂多样的需要。明代单色的整脸脸谱若不加以发展，就会出现同台角色扮相雷同，面貌、性格混淆不清的情况。因而，必须让舞台上出现的同一类型人物突出其个性特征，于是脸谱艺术需要进一步进化。主要表现为：在色彩上由统一的大类色谱分化为多色彩的组合，在图案上则由简单的象形转向抽象的象征性与评议性，并丰富了髯口的形态。以清代昆曲“穿关”为特色的《审音鉴古录》的一系列剧本中，就有 “净……黑满髯” “净……不用画须本髯妥” “净……四喜白须” [2] 等描写，《西厢记》“游殿”中还写道：“凡花脸上场，要未开其口，先贯于相，使观者一见即笑，方为趣极也” [3]。

清人由于剃去前额头发，使得额头上也可以加添各种花纹，演员面部轮廓增大了，脸谱可以利用的空间也增大了，这对于脸谱的发展是一个极大的助推力。从清代升平署戏画中的净行脸谱来看，这时的脸谱谱式除了明代已有的整脸（表 12–3–12）外，还有六分脸（表 12–3–1）、三块瓦（表 12–3–2）、十字门脸（表 12–3–

1　（明）祁彪佳：《远山堂·剧品》，明抄本，鼎秀古籍全文检索平台，第 58、60 页。

2　（清）佚名：《审音鉴古录》，学苑出版社，2003，第 253、420、439 页。

3　（清）佚名：《审音鉴古录》，学苑出版社，2003，第 603 页。

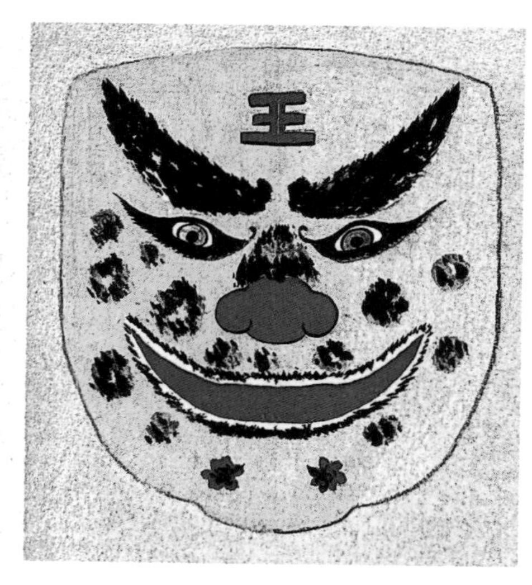

图 12-38 明代神怪脸谱，属整脸，即整个脸部涂一种颜色作为主色，然后再勾勒五官造型（缀玉轩藏）

3）、碎花脸（表 12-3-4）、元宝脸（表 12-3-5）、僧道脸（表 12-3-6）、太监脸（表 12-3-7）、象形脸（表 12-3-8）、破脸（表 12-3-9）、歪脸（表 12-3-10）、小妖脸（表 12-3-11）等，可以说净行脸谱的基本谱式此时均已具备（表 12-3）[1]。

上述十几类脸谱谱式称为“全谱”，每一个全谱又由不同的分谱组成，即脑门谱、眉谱、眼窝谱和嘴谱。这些分谱图案的不同组合，再配合不同色彩的象征性，就在舞台上呈现出千变万化的角色造型。清代的脸谱已经非常成熟了，此时在前代神怪脸谱象形性的基础上进一步发展，又具备了说明性和评议性两个最主要的属性。

脸谱的说明性，是指用脸谱的图案和色彩直接告诉观众角色的性格和身份特点，让观众对这个人物的基本特性一目了然。脸谱塑造人物时一般是遵循“远看色，近看花”的规律，因为观众对“色”的感受往往先于对“形”的解读，所以脸谱往往

1 此表中除了表 12-3-7 的图来自刘占文主编《梅兰芳藏戏曲史料图画集 · 福小田脸谱》外，其余所有的图均摘自杨连启《清升平署戏曲人物扮相谱》中国戏剧出版社，2016。

都有很浓郁的色彩呈现。脸谱色彩的说明性，我们可以借用有“当代中国莎士比亚”之称的翁偶虹先生对脸谱色彩与人物性格关系总结的口诀：“红忠紫孝、黑正粉老、水白奸邪、油白狂傲、黄狠灰贪、蓝勇绿暴、神佛精灵、金银普照。”[1]这个口诀很精练地总结出了脸谱色彩塑造人物性格的一般规律。图案造型的说明性则要复杂得多，一般是用象征的手法来体现人物的某些特质，比如姜维脑门上的太极图，象征他是诸葛亮的学生懂阴阳；包公脑门上的月牙则有多种解读，一说是儿时被母抛弃养护不周留下的驴蹄印痕，一说是显示包公日断阳、夜断阴的脸面无私；《穆柯寨》中孟良脸上的红葫芦象征他善使法宝火葫芦；《龙虎斗》中的赵匡胤两眉之间勾画有螭龙与红痣（龙戏珠），则暗喻他命里注定当帝王。[2]

脸谱作为一种化妆术，最有价值的属性是其评议性。所谓评议性，是指在每张脸谱里，都包含着创作者对这一个角色人性的解读与评判，把价值观明明白白地画在了脸上，因而它是一种寓褒贬、别善恶、明爱憎、分是非的化妆术，故后人常以“春秋笔”来比喻脸谱的评议作用。[3]因此，戏曲中的人物和正史中的人物其实是不能完全对等的。比如说曹操，传统戏曲中都是一张象征奸佞的粉涂得很厚的水白脸，这是因为曹操在历史上被认为是挟天子以令诸侯的奸臣。但实际上，曹操这个人上马横槊下马诗，也有文治武功的枭雄一面。由此，当代的尚长荣先生在《曹操与杨修》这部新编戏中处理曹操的脸谱时，虽然脸上还是涂白，但明显白里透红，而且眉心加了很长的印堂红（图 12–39），红色在戏曲里是象征正面的，尚先生处理的曹操显然不再是一个绝对的反面人物了，而变成了一个复杂人物。因此，通过欣赏不同时代的脸谱，我们还能从中解读出中国人价值观的流变。

5. 戏曲净扮的精进：近现代改良脸谱与脸谱流派的出现

步入 20 世纪，净角脸谱出现了两种演化趋势。一种趋势是随着戏曲改良运动的兴起，各大剧场纷纷以排演新戏添置新式行头争夺观众。当时的社会心理以改良为时尚，其中一种改良行头是利用衣箱中的传统服装加以改造，使其新颖、轻便，更利于演员的表演，如改良蟒、改良官衣、改良靠等，为了与此类改良行头协调一致，脸谱的勾画也趋向写实化，大都由勾脸改为揉脸，或在线条、色彩上加以变化，形成“改良脸谱”。如传统老戏中的鲍赐安，应勾油白三块瓦脸，但在连台本戏《宏碧缘》中，鲍赐安改为揉老脸。传统戏《收姜维》中姜维的扮相，勾红色无双脸，海派演员演出此戏时，改为俊扮，但保留额头上的太极图，尺寸略微缩小，形成一种新的比较简化的改良脸谱。[4]揉脸是指以手代笔把脸部揉成全脸一色，再用重色勾画眉眼和脸纹的一种化妆方式。揉脸的面部色彩求薄不求厚，相比勾脸油彩与肌肤贴合得更

1　翁偶虹：《翁偶虹秘藏脸谱》，学苑出版社，2018，第 2 页。

2　Gu Feng. *A COLLECTION OF FACIAL MAKE–UPS IN BEIJING OPERA*. Better Link Press, 2010: 11–13.

3　张连：《国戏曲舞台美术史论》，文化艺术出版社，2000，第 185 页。

4　贾志刚：中国近代戏曲史》，文化艺术出版社，2011，第 365–366 页。

表 12-3 清代净行脸谱谱式

1. 尉迟敬德，六分脸 脸谱的主色占整个脸部的十分之六而得名，其特点是保留脸部两块主色，额部主色被白色挤成一条主线，两眉之间有椭圆形（虎）眉子	2. 马谡，三块瓦脸 整个脸是一种颜色，但是加重放大和夸张了眉子、眼窝、鼻窝部位，看上去犹如三块瓦片镶嵌在脸部	3. 姚其，十字门脸 从额顶经眉心沿鼻梁至人中画一"通天柱"，与两个眼窝相连接的横纹相交于眼的中间，形成十字形，使眼窝、鼻窝有机地联系在一起	4. 于洪，碎花脸 由"花三块瓦脸"演变而来，保留主色，其他部位用辅色添勾花纹，色彩丰富，构图多样，线条细碎

5. 马汉，元宝脸 又名"半截脸"，脑门部位不勾或者勾红色（俗称肉脑门），眼窝以下勾主色（白脸居多），面部犹如一元宝形，故名，多为副将等配角用	6. 姜子牙，僧道脸 整脸的变格，更加突出眉、眼、鼻、口的变化，额部中间大都勾勒圆光，用以表现和渲染僧道者修身养性的道行	7. 伊立，太监脸 整脸的变格，底色基本以红、白二色为多，兼有少量黄色，枣核眉、宽眼窝、光嘴岔下撇、勾法令纹、脑门画戒疤（一个大红圆点），以示被阉而聚精华于此	8. 青龙，象形脸 主要用于神、怪、妖的人化，是龙是豹，是鱼是虾一目了然，虽然勾得花里胡哨，但不失动物本来面目，多用金银色体现神话色彩

9. 掌刑，破脸 主要指脑门上或左或右有揉抹的半边红色，由于占据的块面比较大，如同破相，故名，一般用于相貌不端的坏人	10. 夏侯淳，歪脸 脸谱左右不对称，五官歪斜不正，有的因打架致残，有的因一半是和尚、一半是强盗，故在谱式上左右不同，以坏人居多。歪脸中还发展出一种英雄脸，是为虎作伥的帮凶的谱式	11. 水妖，小妖脸 表现的是神话戏中的天将、小妖等角色，属象形脸的变格，但样式、形式更灵活抽象，因此又名"随意脸"	12. 曹操，整脸 整个面部涂抹一种颜色作为面部主色，着重于面部肤色的夸张，然后再勾勒出五官造型和面部肌理等，主色以黑、白、红最具特色

紧密，色彩更透明，因此也更自然，更接近于生活中人的本来面目。

另一种趋势是，随着传统脸谱谱式的定型，京剧开始形成诸多脸谱的流派。在京剧传统剧目中，每个净行演员，在遵循传统谱式勾脸的时候，不同演员在扮演同一个角色时，会根据自己脸部特征和对角色的不同理解勾画方法各有差异，每个名家各自勾画的脸谱都独具个性和气质，从而形成不同的脸谱流派。此外，随着新剧目的发展，也有新角色的谱式被创造出来并得到社会承认，这也是对传统谱式的一种补充。由于脸谱都由演员自己勾画，故近现代比较有代表性的脸谱流派都由净角名家创立。

①钱金福（1862—1937）的“钱派花脸”。此时脸谱的发展正在谱式分类充分完善的基础上逐步演进到刻画角色性格的新里程，钱金福大胆改变约定俗成的脸谱，别出心裁地创造出面貌一新的角色勾脸。他的脸谱有“五好”，即“谱式好、神情好、布局好、细节好、笔法好”[1]。钱派脸谱的创新，既高度关注脸谱与角色的契合，又高度关注脸谱的美观，更关注对角色表情的刻画。例如《祥梅寺》黄巢，钱金福不用眉横一字、鼻生三孔、面带金钱的传统红色三块瓦，而是创勾出凝眉式新谱（图12-40）；《五人义》颜佩韦，钱金福把传统元宝脸脑门填满水白色成为花三块瓦脸；钱金福的鲁智深脸谱不勾舍利子，而是勾花眉、花鼻窝；《问樵闹府》煞神，钱金福改一般勾人面脑门谱式成为黑脸红鬓新谱。[2]

②郝寿臣（1886—1961）的“郝派脸谱”。郝老的脸谱艺术具有两个突出的特点：准确和生动。准确可用“快”“正”“匀”“巧”来概括。“快”是指熟练到下笔成章，不烦篡易的程度；“正”的含义在于脸谱能确切表现演员对于人物造型的设计意图，正确地显露形象特点，不单要勾画得像“人”，还要“如其人”，郝老的谱法是

图 12-39　尚长荣先生在新编戏《曹操与杨修》中曹操的脸谱设计（尚长荣供图）<

图 12-40　钱金福设计的《祥梅寺》中黄巢的脸谱 >

1　李孟明：《武净泰斗钱金福脸谱图说》，南开大学出版社，2018，第 1 页。

2　刘增复：《京剧脸谱梦华》，外文出版社，2005，第 68-81 页。

接近现实主义手法的；“匀”的含义包含骨肉匀停（重要部位突出且舒展）和肌理洁净（分清色彩界限）；“巧”的特点一是根据个人实际条件，二是在传统的基础上推陈出新。生动可以用“满”“真”“美”“神”来概括。“满”的含义是在笔酣墨畅之上的人物形象饱满；“真”的含义是假中见真，真中掺有高度的艺术加工；“美”的含义是丑中见美，使人忘其丑。“神”的含义是指郝老“装龙像龙，装虎像虎”，脸谱从无雷同，达到了无往而不利的“下笔如有神”的境界。[1] 如他设计曹操这个人物，曹操照老规矩是勾“枣核眉”和“大三角眼”，侧重表现他的奸诈凶狠。但郝寿臣看《三国志演义》描写曹操的相貌是个单眉细眼、雅致斯文的人物，《捉放曹》这出戏里还有“内藏奸诈”一句话白，认为曹操的脸谱应该体现伪善奸诈又不失开阔，因此把眉形改为长长的两道剑形眉子来增加曹操英武形象和眉宇之间开阔的气概；又把三角眼改为又细又长的两道笑眯眯的眼窝，怒时要它“凤眼含威”，笑时又有细眼带笑的神气。在表情纹上，把斜蝠纹笔画略为改细，脑门纹和法令纹略把幅度夸大，求其在表演效果上能够“眉头一耸，计上心来”。眉心一皱有诈意顿萌，眉心一拧有杀机顿起的表情作用。同时勾窄脑门，只勾在发髻以下，以表现曹操是个难斗的人（图 12–41）。由于对曹操这个人物的成功创造，他获得了“活孟德”的称号。[2]

③刘奎官（1894—1965）的京剧脸谱。他的脸谱勾画，最大的特点是对待同一个角色，在不同的历史阶段会采取不同的画法，使人物不僵化。例如他会把关羽这一角色分四个阶段来化妆：少壮之时在色彩上要鲜艳些，多用丹红；年纪稍长，面部的纹路上便有所增加，脸上的色彩稍稍加深（图 12–42）；待其成为五虎上将之首，则加重肤色（枣红），鼻洼、两鬓均施以灰色，以显示其苍老持重之态；英雄末路“走麦城”时，则将其两鬓散乱，面部涂油以示酣战后汗流满面，疲乏不堪，在被围时，当场背向观众，将面部略揉黑色与面颊红彩结合成暗红色，然后突然转身面向观众，显得煞气满面，使人望之肃然起敬。[3]

此外还有净角演员侯喜瑞、戏剧大家翁偶虹、昆弋表演艺术家侯玉山等都在脸谱设计与绘制上自成一家。脸谱流派的出现，是脸谱艺术高度成熟的标志。

戏曲理论家翁偶虹先生曾说：“中国戏曲脸谱，胚胎于上古的图腾，滥觞于春秋的傩祭，孳乳为汉唐的代面，发展为宋元的涂面，形成为明清的脸谱。”[4] 这是符合事实的。步入近代，戏曲脸谱又衍生出不同的谱式流派，可谓各有千秋，百花齐放。但随着新中国戏曲新编剧目的上演，原来俊扮和勾脸两大形态，渐渐趋向于单一性地从每个角色出发的性格妆，越来越贴近生活化的个性塑造，这对于传统的脸谱造型是一种现实的背叛。戏曲改革运动兴起后，人们对脸谱也持各种各样的态度：

1 北京市戏曲学校：《郝寿臣脸谱集》，中国戏剧出版社，1962，第 109–112 页。
2 北京市戏曲学校：《郝寿臣脸谱集》，中国戏剧出版社，1962，第 1 页。
3 中国戏剧家协会云南分会等：《刘奎官京剧脸谱集》，云南人民出版社，1963，第 103 页。
4 刘蕊：《京剧》，吉林文史出版社，2009，第 30 页。

有人认为脸谱可用，但要剔除迷信、狰狞、丑化的成分；也有人认为不可能有一个人物的性格是永远没有变化与发展的，因而脸谱是“反性格”的；当然更多的人认为脸谱是艺术，应该被尊重、被保护、被传承。

五、化妆品与化妆器具

戏曲化妆的妆品与妆具与生活化妆相比是有一定差别的。生活化妆妆效比较淡，因此用粉彩比较多。戏曲化妆要加强妆效，粉彩效果不够用，因此从民国开始就以油彩为主了。1849 年最早试制油脂性化妆颜料的是德国演员卡尔·波登， 四十年后，化妆油彩开始流行于戏剧界。油彩具有丰富性、滋润性和可塑性，色彩非常浓郁，有利于舞台上“打远”。但画眉毛和眼妆则会有专门的锅烟子，就是锅底灰，这是水溶的粉彩。因为油彩黑色画出来比较实，质感是反光的，锅烟子的质感相当于黑色眼影粉，画出来是哑光的，有虚实。总体来讲，戏曲化妆材料基本都是水性油性结合着灵活运用，从化妆的原理来说，用油彩勾勒上色，再覆盖粉质类定妆。

戏曲勒头要用勒头带和水纱联合操作。“勒头带”是一根 2 至 3 厘米宽，2 米至 3 米长的纯棉黑色织带（大多与角色的发色同色，黑发内用黑色勒头带，老生白发内使用白色勒头带），带子中间会缝合一块长方形的布，其作用是为了压住额头的头发便于贴片子，也是为了避免弄脏演员的头发（图 12–43）。

水纱则是在勒头中专用的一种丝制黑纱，一般选用熟丝。每幅水纱一般可以撕成五块到六块，然后把撕好的水纱浸泡在水里。在使用前还要把水纱抻成斜直的，用时将其抖开折叠，由于水纱干后会更收紧，因此其主要功能是固定防滑和勒眉眼，其次是遮挡和衔接妆面。

贴片子是戏曲俊扮很重要的一个步骤，片子是用真发制作而成，分为大片子（大绺）和小片子（小弯）两种。大片子长约一尺，贴在演员的两鬓之处；小片子长约九寸，贴在演员额头（图 12–44）。片子和发式类形有直接的关系，角色如果梳大

图 12–41　郝寿臣设计的《捉放曹》中曹操的脸谱 <

图 12–42　刘奎官设计的壮年关羽脸谱 >

图 12-43 戏曲勒头带 <

图 12-44 贴好片子的戏曲演员，额部的是“小弯”，两侧的是“大绺”（李芽摄影）>

头，就要贴七个小弯两个大绺，如杨贵妃、穆桂英等；如果是梳古装头，那么在贴片子时只用两个大绺，额头上贴成弯月亮形，也叫月亮门，如崔莺莺和红娘等。

贴片子用的黏合剂是刨花水，刨花水是用优越环境下生长的榆树（不是普通的菜榆、金钱榆）这一类树的树干刨出一片片薄薄的呈波浪形的凝刨花，用热水浸泡便会渗出黏稠的液体来，这就是刨花水，将此水灌入刨花缸，用小毛刷蘸取搽在头发上，可以使头发光可鉴人又便于梳理定型，且能散发出淡淡芬芳，还具有润发乌发的功效。“刨花水”发展到民国时期，随着西洋化学发乳、发油的进入渐渐被冷落了，但在戏曲俊扮中仍然必须要用它，这是化学啫喱和发胶所不能替代的。

课后思考

1. 戏曲化妆和生活化妆的主要区别是什么？为什么会有这种区别？
2. 俊扮化妆通过哪几种方式将演员变美？
3. 你如何评价“丑中见美”的丑扮妆容改革？
4. 脸谱化妆的“说明性”和“评议性”分别是什么意思？

一、概述

影视舞台化妆和戏曲化妆一样，都属于表演类化妆，因此在本质上都追求的是通过演员的妆扮来实现角色转换。但影视舞台化妆并不追求程式化，而是为了帮助演员塑造一个个准确、生动、鲜活的角色，因此和中国传统戏曲化妆又有着根本的不同。

影视舞台化妆除了戏曲化妆之外还包括话剧化妆、歌舞化妆、儿童剧化妆、电影化妆和电视化妆。当然像T台化妆这类服装表演化妆也属于舞台化妆的范畴，但因其不属于角色扮演，且主要是以时尚漂亮妆为主，与生活时尚妆容差别不大，因此不再单独介绍。

中国的戏曲化妆是在宋元时期开始和生活化妆分野的，并在清代逐渐走向成熟。而其他的影视舞台化妆则要到20世纪才出现，早期深受西方技术和文化的影响。一般戏剧史家把1907年春柳社在东京上演的《茶花女》和《黑奴吁天录》作为中国话剧史的开端。电影则诞生于19世纪90年代的欧美，中国第一部电影是1905年在北京丰泰照相馆诞生的《定军山》，其正式放映宣告中国电影的诞生，但早期电影是黑白片时代，中国第一部彩色电影是1948年6月29日诞生的由京剧大师梅兰芳主演的彩色戏曲影片《生死恨》（图12-15）。中国的电视事业是在20世纪50年代末才诞生的，1958年5月1日，中国第一座电视台、中央电视台的前身——北京电视台开始试验播出，早期也都是黑白片，1973年5月1日，北京电视台试播彩色电视，中国的电视才进入彩色时代。此后电视工业迅速发展，到1987年底，中国的电视机年产量近2000万台，电视观众达6亿人，电视逐渐成为中国影响力最大的大众传播媒介。但随着网络时代的到来，电视逐渐衰弱。话剧、电影、电视的诞生时间，也就是相应化妆的诞生时间。

由于影视舞台化妆的功能是塑造角色，其主要工作是用化妆技术进行各类人物形象的模仿而不是创造，当然在一些现代戏剧、舞剧，科幻类影视作品中也会有写意类造型和抽象类造型的需要，但总体来讲化妆技术的进步和发展是其主线，所以这一章节我们在本书中不做重点介绍。当然，不同时期人们对戏剧人物服饰形象的理解和设计也会影响影视舞台化妆的风格。比如“文化大革命”时期的样板戏，在人物形象的塑造上就比较模式化和刻板化，改革开放之后随着政治环境的宽松，才逐渐打破人物模式化塑造，转向追求自然真实。另外，在古代人物形象塑造上，由于中国服饰史学科的研究开始得比较晚，1981年才出版了沈从文先生的《中国古代服饰研究》一书，这是中国服饰史研究的拓荒之作。因此，在20世纪90年代之前，中国的历史剧人物造型和历史真实形象差别比较远，但20世纪90年代之后随着服饰史学科研究成果的日益增多，历史人物形象的妆造则越来越符合史实，这是一个巨大的进步。

二、话剧化妆

话剧化妆的任务是帮助演员塑造准确、鲜活、动人的角色。除了要表现角色的时

代特征、民族、年龄、身份、职业和性格等，还要配合话剧的主题、冲突、规定情境、艺术风格和舞台大小，因为舞台大小和与观众的距离远近都会直接影响化妆的浓淡程度。舞台越大，妆效就要求越浓重。

话剧化妆最常见的风格就是写实性风格。因为话剧绝大部分是现实主义题材的，这类题材需要通过对生活绝大部分的真实再现来寻求艺术上的美感，所以在塑造人物外形的时候就要尽可能地做到逼真和准确，要把规定情境中的角色形象真实地再现在观众面前。为了生动表现各种情境下的人物效果，化妆师往往会运用各种专业化妆术来为演员塑造形象，比如老年妆、青年妆、胖妆、瘦妆、黑人妆、白人妆、受伤妆等技巧，极具特色的还有仿妆，即模仿历史名人形象的化妆术，有的甚至可以唯妙唯肖到以假乱真的程度。如上海戏剧学院承办的大型政论体话剧《开天辟地》（图 13–1），北京人艺上演的曹禺的《雷雨》等，都是体现写实化妆术的代表话剧。

在现代话剧演出中，随着演出风格的日益丰富以及导演手法的不断创新，人物造型的风格上也越来越多地运用写意化妆法。写意化妆不要求真实地再现客观对象，不追求对所要表现的人物进行精确的仿真刻画，而是着重强调对人物形象内在精神实质的表现，要求人物形象有所蕴涵和寄寓，让“象”具有表意功能或成为表意的手段。因此，这类化妆就需要化妆师表现出对这个人物的主观评价和个体审美体验，表达出创作者想表现的精神、品格和理想，有点类似戏曲净扮化妆中的“评议性”功能。比如二十世纪六七十年代期间的话剧，由于内容上政治化、说教化，因此在化妆造型上也走进了一个脸谱式阶段。无论什么题材的演出，总是将剧中角色先分为正面人物和反面人物，在正面人物中再突出主要英雄人物。然后在化妆中把暖色调和浓眉大眼等用在英雄人物脸上（图 13–2），把冷色调和贼眉鼠眼等用在反面人物脸上（图 13–3）。有的化妆师甚至将这种程式化做到极致，会把化妆油彩分为编好码的色号，在化妆时，正反面人物直接用某种

图 13–1　话剧《开天辟地》剧照（化妆造型：吴娴等；吴娴供图）<

图 13–2　样板戏《红灯记》中浓眉大眼的无产阶级英雄李玉和的形象　∧

图 13–3　1970 年样板戏《智取威虎山》中正面人物杨子荣（左二）和反面人物栾平（右下）的人物形象反差设计 >

图 13-4 上海戏剧学院实验剧院上演的《刍狗》剧照（服化设计：黄雨娟，黄雨娟供图）<

图 13-5 百老汇音乐剧《猫》剧照 >

指定色号。这种脸谱式的化妆明显受到戏曲净扮的影响，不仅带有主观评价，还带有极强的“说明性”成分。

此外，话剧中有时还会用到抽象性风格。抽象的造型不是在人物原型的基础上进行稍加改变和添加，而是可以完全打破人的本来面貌和身体结构，融入化妆师许多主观的意向和丰富的想象。比如戏曲中的“包公脸谱”，黑色脸谱和额头上的月亮都是完全打破脸部结构的，是一种符号象征。黑色象征铁面无私、刚正不阿；月亮的象征则是多意的，既可能是“日断阳，夜断阴”的日夜辛劳，也可能是小时候因养育不周造成的踢伤痕迹。由于这些符号已经和观众形成文化共识，便自然演化成一种审美的对象。当然，有的抽象造型具有意义上的模糊性，如上海戏剧学院原创实验戏剧《刍狗》（图 13-4）。这个剧并没有一个传统的故事情节，而是在一个大的主题之下由不同的小故事组成，近似“拼贴剧”的形式。剧中的服化设计运用夸张且有节奏感的综合材料来改造基本服装的廓形，围绕荒诞图形的设计、高饱和色的运用、综合材料机理、外形“符号化”和光影色彩来渲染暴力和悲剧的视觉效果，从而塑造出一个个“非正常人类”和“昆虫”的形象，非常生动且有戏剧效果。

在一些音乐剧和儿童剧中，还会把演员化妆成某种非人类的角色，比如动物、植物、卡通形象等，这属于一种“仿生”化妆风格。比如美国著名的音乐剧《狮子王》，所有角色几乎都是拟人化的动物。还有百老汇音乐剧《猫》（图 13-5），整台演出全部都是造型各异、表情各异、动作各异的猫。中国则以舞台剧“西游记系列”为代表，各路神仙妖怪也多是模仿动物的造型。尤其在当代电影中，科幻片占据的比例越来越高，常常需要设计许多非常人化风格的角色，如外星人等。这些角色的造型样式不仅需要化妆师具有极其丰富的想象能力，还要学会运用现代高科技的新方法和新材料来完美地体现角色形象，使观众在观赏影片的时候能够产生身临其境的感觉。

图 13-6　民族歌剧《沂蒙山》剧照（出品、演出单位：山东歌舞剧院，2018 年；总导演：黄定山；编剧：王晓岭、李文绪；作曲：栾凯；指挥：杨又青；舞美设计：周丹林；灯光设计：胡耀辉、宋方辉；副导演：史记；音响设计：宋多多；服装设计：王钰宽、林琳；化装造型设计：方绪玲；道具设计：邵炜；摄影：崔元；山东歌舞剧院供图）

以上介绍的四种风格，不仅仅是话剧化妆的风格划分，也是整个影视舞台化妆的风格划分。为了实现这些化妆的效果，需要用到很多技术手法。比如绘画化妆法，即利用绘画原理，如明暗层次、线条造型、色彩变化等，在演员的脸上通过表现体积大小，调整五官比例，改变肤色明暗等来塑造形象，比如老年妆、瘦妆、淤青妆等。但由于人的头面部是立体的，而绘画化妆的效果在舞台上很难适应演员 360 度面对观众的效果，因此，还需要使用立体化妆。立体化妆的作用就是运用附加的物质来改变演员原来的形象，这种改变有时是局部的，有时则是整个脸部的造型，使演员彻底变成舞台演出中角色所需要的形象。比如粘贴头发、眉毛和胡须；用牵引法来减少脸上的皱纹或多余的脂肪；在眼皮上粘贴特制的材料来改变眼睛的形状，粘贴疤痕、痦痣等；在需要较大幅度改变演员形象的时候还要用到塑型化妆。塑型化妆有两种：一种是用塑型材料直接在演员的脸上塑造局部形象，适合比较小的部位或者是一次性舞台演出，比如增加鼻尖或者鼻翼等；另外一种是将化妆造型所需要的塑型物件事先制作好，然后粘贴在演员的脸上，一般用于电影、电视以及多场次的演出，最典型的就是《西游记》中诸多神怪人物的化妆。

三、歌舞化妆

歌舞化妆又可分为歌剧化妆和舞剧化妆。由于歌剧与舞剧的表演形式不同，在化妆造型上也有许多不同之处。

歌剧化妆更加注重表现人物的角色特点和人物关系，在造型设计上与话剧化妆有许多相似之处，比较具象。比如，在一些歌剧演出中，人物的服装、发型、化妆和饰品都会强调角色的时代性以及人物的身份特征。而且，歌剧与舞剧在人物造型上主角与配角的妆造差异通常会比较明显，比如上海歌剧院的经典剧目《江姐》和山东歌舞剧院的民族歌剧《沂蒙山》（图 13-6），主角穿的是醒目的大红色服装，其他演员的服装色彩则相对比较暗淡，再结合

图 13–7 舞剧《孔子》人物造型（出品单位：中国歌剧舞剧院，2013 年；总导演：孔德辛；编剧：刘春；作曲：张渠；舞美、灯光设计：任冬生；服装设计：阳东霖；造型设计：贾雷；道具设计：勾德秋；摄影：王宁；演出单位：中国歌剧舞剧院舞剧团；中国歌剧舞剧院供图）

特定的灯光，主角的身份便醒目且突出。

舞剧的表演以肢体动作为主，动作幅度比较大，因此化妆更多强调画面的形式美感，偏向抽象性与写意化，更关注对整体氛围感的烘托。同时，妆造在能正确表现角色特征的基础上，还要考虑演员舞蹈动作的安全性和便利性，比如服装的样式和材料不能束缚演员的动作，头饰与发型要轻便且牢固等。舞剧化妆中的脸部色彩与五官刻画更强调与整体造型的协调性，而不太追求自然写实，往往色彩比较浓烈，线条比较粗犷。因为在剧场中，由于较远的观演距离以及演员的大幅度动作，观众一般很难看清楚演员脸上五官的太多细节。比如中国歌剧舞剧院的舞剧《孔子》（图 13–7）和上海东方青春舞蹈团的经典舞剧《朱鹮》，整体妆造的氛围感和形式感都塑造得很好（图 13–8）。

四、儿童剧化妆

儿童剧的受众是孩子们，因此在人物造型的形式上主要追求夸张且可爱，色彩上对明度、彩度和纯度的要求都比较高。儿童剧的题材主要是童话，因此在剧中出现动物的概率比较高，这要求化妆师要具

图 13-8　舞剧《朱鹮》剧照（朱洁静供图）

备很好的造型概括和模仿能力，要能找到动物的主要特征，并用简练的手法把所要表现的动物形象地展现在孩子们面前，得到他们的认同。比如我们化妆一只猫，它长长的尾巴和尖尖的耳朵，还有身上的斑纹就是猫的显著特征。再比如兔子的耳朵，老鼠的尖嘴，野猪的尖牙、狮子的鬣毛、山羊的胡子等。另外，如果表演儿童剧的演员是成年人，成年人的脸相对会比较长，把成人化妆成可爱的儿童还需要通过调整发型使头部与脸的比例关系接近儿童，并尽量缩小五官之间的距离，使之和儿童的五官比例接近。

五、电影化妆

电影化妆最大的特性是逼真性，对技术的要求特别高。因为电影会把人物的局部放大几倍甚至几十倍，任何一点化妆中的小小瑕疵被放大之后都会在银幕上格外明显，所以电影艺术排斥化妆的虚假性，这点和舞台化妆有着本质的区别。舞台化妆为了达到某些典型化的效果，往往具有一定的夸张性和装饰性，人物造型多运用象征的手法。另外，电影胶片的感光还需要化妆师在用色上能够适应，所有的细节处理都完全要符合真实。

电影化妆的另一大特性是运动性。由

于镜头是处于连续运动中的，因此人物造型不仅平面效果要求完美，还要注意其三维立体的空间效果，应该做到360度全方位无死角的完美与可信，这对造型师的要求是很高的。另外，电影由于很多是在户外拍摄，光线的自由性和变化性较大，有时一两个小时之间的色温和照射角度就有很大变化，这也会直接影响人物的色调和结构关系。中午的高色温光对色彩的还原度比较高，傍晚的低色温光则对色彩的还原度比较低，由此，色温的变化就导致对同一个人物的化妆策略也要相应发生调整。高色温光环境下的妆面要更细致、更写实、更自然；低色温光环境下的妆面颜色和轮廓则要更加强化一些、色彩要更浓郁。因此，怎样随时保持和环境相和谐也是电影化妆的一大要求。

此外，电影化妆还具有综合性的特点，场景、照明、摄影、音效、表演、服装、道具等各个环节对电影化妆既起到烘托和渲染的作用，也制约和限制着化妆造型。因此，只有与各部门之间充分沟通和良好协作，才能创作出优秀的电影化妆作品（图13–9）。

图13–9 电影《酒和狐狸》剧照（肖英供图）<

图13–10 电视剧《相煎上海滩》剧照（肖英供图）>

六、电视化妆

电视化妆一方面具有和电影化妆相同的特性，即逼真性、运动性、综合性，还会受到电视成像原理的影响。因为电视屏幕采用横向扫描的方式，使得物体有被拉宽的视觉效果，所以化妆时要考虑让演员的面部结构更加立体，以此来减弱上镜后脸部轮廓变胖的问题。这也是为什么选演员都喜欢选脸小且身材纤瘦的原因。此外，摄像机感光元件像素的空间频率与影像中条纹的空间频率接近时，会产生一种新的波浪形的干扰图案，即所谓的摩尔纹，因此拍摄电视时还尽量避免穿细条纹和细格纹的服装。

另外，由于过去电视摄像机磁带对形象和色彩的还原程度不是很精确，容易出现五官模糊不清、色彩改变等情况。因此化妆时要扬长避短，有重点地进行刻画，对色彩的变化要有预见性，例如红色和黑色上镜后会比原本的色调深一些，白色则容易反光和出现毛边等（图13–10）。但是现在由于改用数码摄像了，这些问题已经得到了很大的缓解，电视化妆和生活化妆已经没有很大的区别了。

同时，不同的电视节目和拍摄方式对化妆也会有不同的要求。电视剧中的人物化妆和电视主持人的化妆就有所不同，户外和

演播室内的化妆又有所不同。例如电视节目主持人的化妆就要根据主持人所参与的节目性质来进行设计，还要考虑与搭档、背景、灯光的和谐搭配。比如新闻节目主持人的形象要符合所在地区的人群对新闻代言者的角色期待，一般追求真实、可信赖，有亲和力，化妆不追求时髦，不会有太明显的化妆痕迹，也不能佩戴夸张的首饰（图 13–11）。而娱乐节目主持人的化妆造型就会设计得时髦一些，起到引导时尚的作用。[1]

七、化妆器具

影视舞台化妆发展很快，并且和科技发展密切相关。除了采用一般生活化妆品和工具之外，还会使用很多专业化妆材料与器具，因为有许多艺术创作的形象是传统化妆工具和材料所无法体现的，尤其在电影化妆中，新材料和科技含量占据越来越重要的地位。在一些科幻题材及具有特技效果的影片中，往往需要借助特殊的材料和高科技的手段才能达到效果。

比如表现烧伤的水泡效果，就需要使用到塑形泥、凡士林、乳胶等来倒模出水泡的造型，然后再将水泡粘贴到演员皮肤上，再上色做效果；也可以用果冻状凝胶材料直接倒在所需部位，再塑形上色。疤痕的效果则会用到泡沫乳胶或者火棉胶。表现断指的效果则需要用到肤蜡、万能刀、人造血浆等（图 13–12）。制作血浆一般会用到食用红色素；如果要制作流动的、透明的鲜血，可以用食用红色素、水、蜂蜜（或麦芽糖精）进行调和；还有一种白色粉末状的血粉，一遇水就会变成血液状；如果是要做在衣服上的血效果，则可以考虑用食用红色素、水、洗涤精进行调和，这样清洗起来也比较容易。

遇到影视造型中需要改变演员面部五官和结构的时候，就需要用到塑形材料和塑形技术。塑形材料包括一次性的肤蜡，可以反复使用的乳胶和泡沫乳胶等。其中，影视特效化妆中运用最新、最广的塑形材料就是泡沫乳胶。泡沫乳胶材料是由基本材料加入发泡所必需的化学物质加工而成的，在实验室中要经过搅拌、灌模、烘烤等一系列的步骤，并且每一步要严格按照相应的比例、温度和时间标准来完成。虽然泡沫乳胶材料的制作有一定难度，但其良好的弹性和对皮肤的黏附性是其他材料所无法比拟的。像为《西游记》中众多的神仙妖怪做造型时，就需要先从演员面部翻模，并将演员面部模型雕塑成设计图中的形象，再根据雕塑制成相应的泡沫乳胶头套。头套与皮肤衔接的地方要尽可能避

图 13–11 新闻节目主持人造型

1 本章节内容主要参考①吴娴：《影视舞台化妆》，上海人民美术出版社，2016；②徐家华：《舞台化妆设计与技术》，中国戏剧出版社，2006。

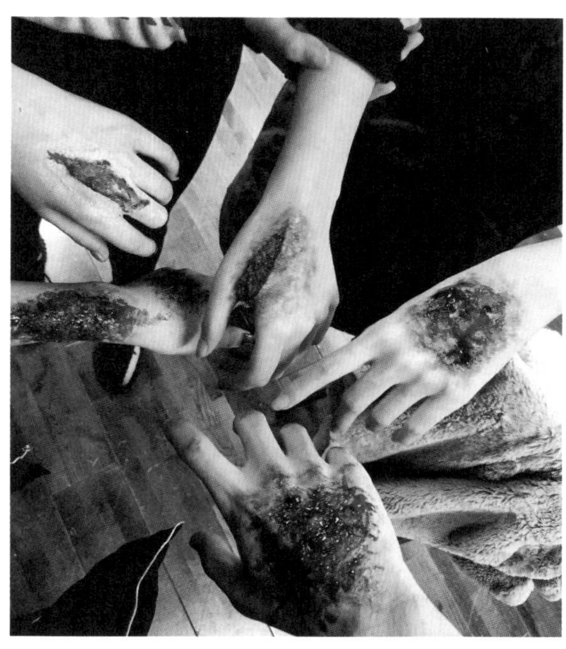

图 13–12 左为制作疤痕效果的肤蜡、血浆、海绵和塑型刀；右为疤痕制作效果（李依洋供图）

免“露假”，接边处应掩藏在不显眼的部位或用毛发遮挡。

制作皱纹也属于塑形化妆的范畴。如果演员的皮肤本身具有一定的松弛度，塑造出来的皱纹立体感就会比较强；如果演员的皮肤太紧，则可以考虑采用皱纹吹塑和塑形零件相结合的方法来进行老年角色的塑造。吹塑皱纹时普遍也会使用乳胶这种材料，乳胶的原材料是橡树胶，其特点是稳定性强，又具有一定的韧性和黏附性，遇热收缩，不溶于水。

上了年纪的演员需要扮演青年角色时，则会采用牵引的化妆方法。牵引主要是用牵引纱等工具将演员脸上松弛的皮肤绷紧，使脸部的皱纹减轻或消除，皮肤看上去紧致而年轻。

总之，影视舞台化妆所用到的化妆材料和器具一直在随着科技的发展与时俱进，其丰富性和科技性远超生活化妆。[1]

课后思考

1. 影视舞台化妆主要有哪几种风格？
2. 为实现影视舞台化妆的效果，主要有哪几种化妆法？
3. 影视舞台化妆的化妆器具相比于生活化妆有哪些新特色？

1 路遇：《影视舞台化妆理论与技法》，中国戏剧出版社，2019。

参考文献

[1] (汉)刘熙．释名[M]．北京：商务印书馆，1939.
[2] (晋)崔豹撰，(后唐)马缟集，(唐)苏鹗纂．古今注、中华古今注、苏氏演义[M]．北京：商务印书馆，1956.
[3] (宋)高承．事物纪原[M]．上海：商务印书馆，1937.
[4] (明)宋应星．天工开物[M]．北京：中国社会出版社，2004.
[5] (明)王三聘．古今事物考[M]．北京：商务印书馆，1937.
[6] (清)虫天子．香艳丛书[M]．北京：人民文学出版社，1990.
[7] (清)王初桐．奁史[M]．据清嘉庆二年伊江阿刻本影印．
[8] (清)李渔．闲情偶寄[M]．延吉：延边人民出版社，2000.
[9] 二十五史[M]．中华书局校勘本．
[10] 沈从文．中国古代服饰研究·增订本[M]．上海：上海书店出版社，1997.
[11] 李之檀．中国服饰文化参考文献目录[M]．北京：中国纺织出版社，2001.
[12] 周汛，高春明．中国历代妇女妆饰[M]．香港：三联书店(香港)有限公司，上海：学林出版社，1988.
[13] 周汛，高春明．中国衣冠服饰大辞典[M]．上海：上海辞书出版社，1996.
[14] 李芽．脂粉春秋：中国历代妆饰[M]．北京：中国纺织出版社，2015.
[15] 华梅．人类服饰文化学[M]．天津：天津人民出版社，1995.
[16] 李芽．耳畔流光：中国历代耳饰[M]．北京：中国纺织出版社，2015.
[17] 李芽，陈诗宇．中国妆容之美[M]．长沙：湖南美术出版社，2021.
[18] 李芽．中国古代妆容配方[M]．北京：中国中医药出版社，2008.
[19] 邓莉丽．锦奁曾叠——古代妆具之美[M]．北京：中华书局，2023.
[20] 李泽厚．美的历程[M]．北京：文物出版社，1981.
[21] 刘巨才．选美史[M]．上海：上海文艺出版社，1997.
[22] 陈来．宋明理学[M]．北京：生活·读书·新知三联书店，2011.
[23] 戴平．中国民族服饰文化研究[M]．上海：上海人民出版社，2000.
[24] 台北故宫博物院．故宫藏画精选[M]．香港：读者文摘亚洲有限公司，1981.
[25] 台北故宫博物院编辑委员会．故宫藏画大系[M]．台北：台北故宫博物院，1993.
[26] 中国历代帝后像[M]．民国有正书局珂罗版影印本．
[27] 海外藏中国历代名画编辑委员会．海外藏中国历代名画[M]．长沙：湖南美术出版社，1998.
[28] 金易，沈义羚．宫女谈往录[M]．北京：紫禁城出版社，2010.
[29] 王受之．世界时装史[M]．北京：中国青年出版社，2002.
[30] 袁仄，胡月．百年衣裳：20世纪中国服装流变[M]．北京：生活·读书·新知三联书店，2010.
[31] 吴昊．中国妇女服饰与身体革命(1911–1935)[M]．上海：东方出版中心，2008.
[32] 李媛媛．“韩流”对中国当代明星文化的影响研究[D]．兰州：西北师范大学，2021.
[33] 秦方．20世纪50年代以来中国服饰变迁研究[D]．西安：西北大学，2004.
[34] 王国维．宋元戏曲史[M]．上海：上海古籍出版社，2011.

[35] 廖奔，刘彦君．中国戏曲发展史 [M]. 北京：中国戏剧出版社，2013.
[36] 贾志刚．中国近代戏曲史 [M]. 北京：文化艺术出版社，2011.
[37] 余从，王安葵．中国当代戏曲史 [M]. 北京：学苑出版社，2005.
[38] 张连．中国戏曲舞台美术史论 [M]. 北京：文化艺术出版社，2000.
[39] 龚和德．舞台美术研究 [M]. 北京：中国戏剧出版社，1987.
[40] 张庚，郭汉城．中国戏曲艺术大系：中国戏曲通论 [M]. 北京：中国戏剧出版社，2010.
[41] 张庚．戏曲美学论 [M]. 上海：上海书画出版社，2004.
[42] 梅兰芳．舞台生活四十年 [M]. 北京：中国戏剧出版社，1987.
[43] 中国戏剧家协会．梅兰芳文集 [M]. 北京：中国戏剧出版社，1962.
[44] 廖奔．中国戏剧图史 [M]. 北京：人民文学出版社，2013.
[45] 刘月美．中国京剧衣箱 [M]. 上海：上海辞书出版社，2002.
[46] 马静．传统京剧旦角化妆技法 [M]. 北京：中国戏剧出版社，2009.
[47] 杨连启．清升平署戏曲人物扮相谱 [M]. 北京：中国戏剧出版社，2016.
[48] 刘占文．梅兰芳藏戏曲史料图画集 [M]. 石家庄：河北教育出版社，2001.
[49] 黄克，杨连启．清宫戏出人物画 [M]. 石家庄：花山文艺出版社，2005.
[50] 宋俊华．中国古代戏剧服饰研究 [M]. 广州：广东高等教育出版社，2011.
[51] 路遇．影视舞台化妆理论与技法 [M]. 北京：中国戏剧出版社，2019.
[52] 吴娴．影视舞台化妆 [M]. 上海：上海人民美术出版社，2016.
[53] 徐家华．舞台化妆设计与技术 [M]. 北京：中国戏剧出版社，2006.
[54] 李媛媛．"韩流"对中国当代明星文化的影响研究 [D]. 兰州：西北师范大学，2021.
[55] 张佳沁．身体解放运动影响下我国女性服饰变迁研究 [D]. 无锡：江南大学，2020.
[56] 颜訚．大汶口新石器时代人骨的研究报告 [J]. 考古学报 .1972（1）：91–122.
[57] 田晓岫．仡佬族"打牙"习俗初探 [J]. 贵州民族研究 .2003（4）：55–59.
[58] 唐星煌．"黑齿"管窥 [J]. 东南文化 .1990（3）：52–55.
[59] 龚维英．关于《"黑齿"管窥》的通信 [J]. 东南文化 .1991（Z1）：270.
[60] 费玲伢．长江下游新石器时代玉耳珰初探 [J]. 东南文化 .2010（2）：77–82.
[61] 张乐，常晓梦．"杀马特"现象的社会学解读 [J]. 中国青年研究，2014（7）：16–19.
[62] 周乾坤．杀马特的美学解读 [J]. 绵阳师范学院学报，2021（6）：33–37.
[63] 林树华．论说：对于女界身体残毁之改革论 [J]. 妇女杂志，1915（12）.
[64] 李芽．轻妆容重护肤的草原风情——辽元妆容现象分析 [J]. 文史知识，2023（4）：17–20.
[65] 李芽，蒋婉仪．民国时期的妆品与都市女性妆容形象解析 [J]. 服饰导刊，2022（5）：77–82.
[66] 林芹．流行文化传播下的中国当代男性妆扮变迁 [J]. 服饰导刊，2022（4）：40–47.
[67] 李芽．从马王堆一号汉墓出土妆奁探析汉代妆饰文化 [M]// 朱青生．中国汉画研究：第四卷．桂林：广西师范大学出版社，2011.

后 记

从 1999 年攻读硕士研究生开始，我就踏上了研究中国古代妆饰文化的漫长征程，至今已有二十余年。在这二十多年中，时有成果出炉，从 2004 年的第一本专著《中国历代妆饰》诞生，到 2008 年的《中国古代妆容配方》，再到 2021 年的《中国妆容之美》，借助妆容复原的成果终于完成了中国古代妆容图谱的制作。这期间也曾开小差，从妆容文化转向首饰文化的研究，出版了博士论文《耳畔流光：中国历代耳饰》，并和团队合作完成了中国第一部近百万字的首饰研究通史《中国古代首饰史》。一路走来，磕磕绊绊，但从未止步。我的研究领域也从二十多年前的冷板凳，随着国潮的兴起突然变得炙手可热起来，各种访谈、上节目的机会忽然就多了起来。但是风水的轮转，其实对于研究的心境并无多大影响，我的耳畔永远有一个声音在悄悄地跟我说："慢慢走，但不要停。"

终于，在研究妆容文化二十余年后，我可以有底气撰写《中国化妆史》了。之前也无数次地想过，但一直不敢涉足，因为在我心目中写史是一件很严肃也很重大的事情。更何况至今为止，中国化妆通史类的著作都还是出版界的空白，没有多少前辈的经验可以借鉴。因此，我决定先以教材的形式撰写，并录制配套课程，希望能够抛砖引玉，为这一冷僻的研究领域打好基础。

本教材古代化妆史部分借鉴了很多我自己的前期研究成果，民国时期的化妆、中华人民共和国成立后的化妆和戏曲化妆部分，是全新的输出。本书付梓之际，要感谢很多人。书中唐、宋、明三章的化妆参考了陈诗宇的部分研究成果；化妆器具部分，江苏大学的邓莉丽老师提供了很多帮助，她的新著《锦奁曾叠——古代妆具之美》是重要的参考书目；民国时期的化妆部分，我的博士生蒋婉仪提供了很多资料；中华人民共和国成立后的化妆部分，

李东田老师提供了宝贵的思路；戏曲化妆部分，上海京剧院的林佳老师、严庆谷老师、尚长荣老师，还有龚和德老师都提供了宝贵的资料；影视舞台化妆部分，徐家华、吴娴、路遇的书籍提供了宝贵的参考。此外，收藏家陈国桢老师无偿提供了很多珍贵的妆盒图片，中国歌剧舞剧院的方绪玲老师，上海戏剧学院的王琦老师、肖英老师、吴娴老师和黄雨娟同学，河北传媒学院的李依洋老师，歌手张蔷，杨钰莹，造型师李东田，舞蹈家朱洁静，戏曲表演艺术家史依弘都无私地为我提供了很多珍贵的照片。我还要感谢东华大学马文娟老师，她积极推动了本教材的立项和完成；感谢多多对我写作期间疏于照顾的理解和支持；也衷心地感谢上海戏剧学院，给予我平静而又宽松的治学环境。

教材中有一部分文物图片摘录自各大博物馆及研究者的画册，也有一部分照片和剧照摘自网络，在这里一并致谢！因客观条件限制，我很难一一寻找书中所有照片的作者，请有关作者与本书责任编辑联系，并提供足够的证明材料，以便及时支付稿酬！

教材付梓之际，难免疏漏百出，不慎惶恐，望各位专家朋友们不吝指正！

2023 年 10 月 李芽

第十三章

影视舞台化妆